高等院校艺术学门类『十三五』规划教材

Flash网络设计与制作

Flash WANGLUO SHEJI YU ZHIZUO

主编 刘璞 王娟 周宇 胡瑞年
副主编 庾坤 龚应军 王娜 李娇 陈玲
参编 王鑫 徐琳 喻荣 曹世峰 詹云
吉毅 刘融融 伍琼 熊刚 闫萍
李铀 于志博

华中科技大学出版社
http://www.hustp.com
中国·武汉

内容简介

《Flash 网络设计与制作》包括七章内容：Flash 概述，Flash 绘图设计，Flash 网络贺卡设计，Flash 网络短片设计，Flash 网络广告设计，Flash 交互相册设计，Flash 网页设计。本书将 Flash 软件技术与网络设计紧密结合，讲述了不同类型 Flash 网络设计与制作的流程和技法。注重引导和启发读者进行创意设计，将软件技术和商业设计有机融为一体，使读者逐步掌握 Flash 网络设计与制作的流程和技法，从而实现从基础到专业的提升。

图书在版编目（CIP）数据

Flash 网络设计与制作 / 刘璞等主编. — 武汉 : 华中科技大学出版社, 2014.8

ISBN 978-7-5680-0339-1

Ⅰ.①F… Ⅱ.①刘… Ⅲ.①动画制作软件 - 高等学校 - 教材 Ⅳ.①TP391.41

中国版本图书馆 CIP 数据核字(2014)第 183154 号

Flash 网络设计与制作 刘璞 王娟 周宇 胡瑞年 主编

策划编辑：曾 光 彭中军
责任编辑：何 赟
封面设计：龙文装帧
责任校对：祝 菲
责任监印：张正林
出版发行：华中科技大学出版社（中国·武汉）
武昌喻家山 邮编：430074 电话：（027）81321913
录 排：龙文装帧
印 刷：湖北新华印务有限公司
开 本：880mm×1230mm 1/16
印 张：9
字 数：283 千字
版 次：2019 年 6 月第 1 版第 2 次印刷
定 价：49.00 元

序言

随着网络技术与数字互动娱乐的发展，网络视觉设计成为了新兴的设计行业，Flash 应用于网络中的卡秀、广告、游戏、动画、网页、课件等各类设计中。而“Flash 网络设计与制作”成为了各大高校广告和数字媒体等专业的必修课程。市面上的同类教材，或相对单一，或缺乏实战，鲜有实用性突出的教材。

本书根据专业的特点与人才的需要，通过实践教学提高教学质量，提高学生的实践动手能力。本书建立了一个探讨实习实训的教学平台，使之具有一定的应用和推广价值。通过对本书各章的学习，将使读者由浅入深、举一反三地逐步掌握 Flash 动画设计的各项技能，真正实现精彩动画的制作方法。

本书适合高等院校的广告专业、数字媒体专业、动漫专业、游戏专业以及培训机构作为相关课程的教材使用，也可供 Flash 多媒体制作人员和 Flash 爱好者学习使用。本书重点在于引导和启发读者的设计创意，将软件技术和商业创作有机融为一体，实现从基础到专业的提升。

衷心感谢武昌理工学院的王娟老师、庚坤老师、胡瑞年老师参与本书的编写。感谢武汉软件工程职业学院的周宇老师，福建江夏学院的龚应军老师，华中农业大学楚天学院的王娜老师，武汉理工大学华夏学院的李娇老师，武昌理工学院的喻荣老师、曹世峰老师、闫萍老师、李铀老师，武汉职业技术学院的王鑫老师，武昌工学院的吉毅老师为本书提供的素材。

感谢武昌理工学院艺术设计学院院长张瑞瑞教授、教学院长李刚副教授，党总支书记郑有旺同志对本书编写的关心和支持。

本书的编写过程中参阅了部分专家、学者的作品，由于诸多原因未能一一列明，敬请谅解。

武昌理工学院　刘璞

2014 年 4 月

目录

Flash WANGLUO SHEJI YU ZHIZUO

第一章

Flash 概述

Flash GAISHU

★任务概述

通过对本章的学习，可使读者了解 Flash 的起源与发展、Flash 的特点，理解 Flash 的相关概念，掌握 Flash 的基本操作，从而获得对 Flash 的初步认识。

★能力目标

对 Flash 有一个正确的认识和定位，为后续运用 Flash 网络设计奠定坚实的理论基础。

★知识目标

了解 Flash 的特点，掌握 Flash 的形式与分类，并能表述出自己的观点。

★素质目标

使读者具备自学能力，并对 Flash 有多方面的理解。

第一节 Flash 简介

Flash 是目前应用最广泛的二维动画制作软件，它最早是美国 Macromedia 公司推出的网络媒体交互工具，具有强大的多媒体编辑功能，支持动画、声音及交互功能。用它制作的动画不但流畅生动、画面精美，而且对制作者的知识背景要求不高，简单易学，因此在动画制作领域受到广大用户的青睐，并占据了动画制作行业的主流地位。本章将对 Flash 软件做简单介绍，为后面的学习奠定基础。

一、Flash 发展史

Flash 的前身是 Future Wave 公司的 Future Splash，是世界上第一个商用的二维矢量动画软件，用于设计和编辑 Flash 文档。Future Splash 是一种小的图形软件，在生成压缩的基于矢量的图形和动画方面拥有令人惊叹的能力。

1996 年 11 月，美国 Macromedia 公司收购了 Future Wave，并将其改名为 Flash，最初的版本是 Flash2.0，从 Flash3.0 开始，Macromedia 公司加大了对它的宣传力度，Flash 与同时推出的 Dreamweaver2.0，Fireworks2.0 一起被 Macromedia 公司命名为“网页制作三剑客”。很快，它们在 Web 界好评如潮并荣获当年众多的国际奖项。之后，Macromedia 公司又陆续推出了 Flash4.0、Flash5.0、Flash MX 2004，直至 2005 年 8 月 Macromedia 公司再度重拳出击——Flash Professional 8 横空出世，这次软件升级带来了更多的惊喜，不是 MX 版本升级到 MX 2004 时那么简单，而是实现了新的突破。

2005 年 12 月 Macromedia 公司被 Adobe 公司收购，Flash 也就成为了 Adobe 旗下的软件。（Macromedia 最后一个版本为 Flash8，Adobe 收购后第一个发布的版本为 Flash CS。）Adobe 公司继续对 Flash 进行了后续开发，陆续推出了 Flash CS3、Flash CS4、Flash CS5、Flash CS5.5。事实证明，目前还没有哪个网页制作软件能像 Flash 一样，能够既容易又出色地创作出一个高效、全屏并具有交互式动画效果的网页。Flash 的用户界面被重新设计，用户在使用它时倍感舒适，Flash 的优越性能使之成为绝大多数专业设计师喜欢的创作工具之一。

无论是需要创建动画、广告、短片或是制作 Flash Web 站点，Flash 都是最佳选择，因此它是目前最专业的网络矢量动画软件。现在 Flash 发展到了最新的 Adobe Flash CS6 版本，如图 1–1 所示，与以前的版本相比，它具有更强大的功能和灵活性。

图 1–1　Adobe Flash Professional CS6

二、Flash 的应用

Flash 可跨平台操作，具有强大的多媒体与交互功能，因此在互联网中得到了广泛的推广与应用。在现阶段，Flash 的应用主要有以下几个方面。

1. 网络贺卡

利用 Flash 制作的电子贺卡，不但图文并茂，而且可以伴有背景音乐，是目前网络中比较流行的一种贺卡形式，如图 1–2 和图 1–3 所示。

图 1–2　心情贺卡

图 1–3　新年贺卡

2. 网络动画短片

网络动画短片是当前最火爆，也是“闪客”们最热衷运用的一个领域，利用 Flash 制作各种风格的动画短片，以供大家娱乐。在国内相继涌现出了许多出色的全 Flash 作品：例如网络著名的搞笑动画《大话三国》，如图 1–4 所示；卜桦的版画风格作品《猫》，如图 1–5 所示；以及本书后面将提到的范例《龙子太郎》，如图 1–6 和图 1–7 所示。

图 1–4 《大话三国》

图 1–5 《猫》

图 1–6 《龙子太郎》一

图 1–7 《龙子太郎》二

3. 教学课件

教学课件是以 Flash 动画的形式传达教学讲述的内容，能交互式地演示，如图 1–8 和图 1–9 所示。

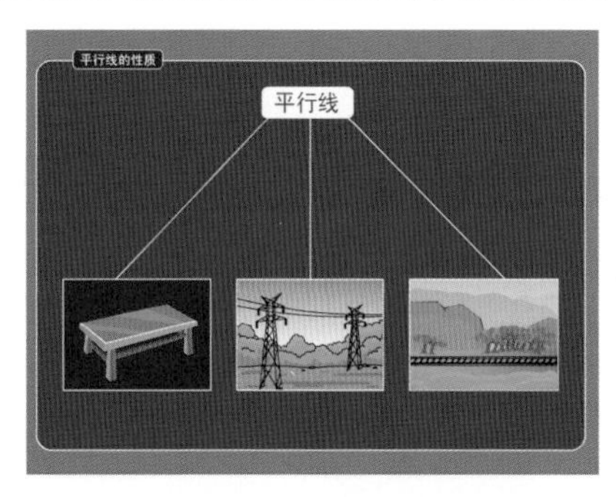

图 1–8 数学课件

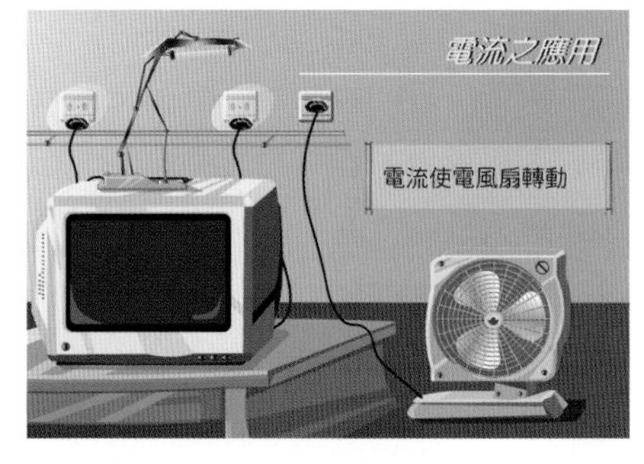

图 1–9 物理课件

4. 交互相册

或许你见到过用 Powerpoint 或 Authorware 制作的“电子相册”，而使用 Flash 的交互特性来展示相片，能容易实现更炫的动画效果，如图 1–10 和图 1–11 所示。

图 1–10 我的家乡

图 1–11 风景如画

5. 网络游戏

利用 Flash 中的 ActionScript 脚本语言功能，可以制作出简单有趣的 Flash“迷你”小游戏，如图 1–12 和图 1–13 所示。很多大公司把网络广告与网络游戏结合起来，让受众也参与其中，大大增强了广告效果。

图 1–12 游戏《黄金矿工》

图 1–13 游戏《填色》

6. 网络广告

除此之外，各大网站上精彩眩目的广告，也是 Flash 主要的应用领域之一，如图 1–14 所示为网络上常见的横幅广告条。

图 1–14 横幅广告条

7. 网站主页及个人网站

为了达到一定的视觉冲击力，企业往往在浏览者进入主页之前首先播放一段进站动画，或者整个网站都用 Flash 动画来实现，这样的网站交互性很强，内容丰富绚丽，十分个性化，如图 1–15 所示。

图 1–15 网站首页

其实 Flash 还有很多应用上面没有提到，作为一种功能强大的网络动画开发工具，Flash 必将得到越来越广泛的应用。

三、Flash 的特点

Flash 之所以能够在互联网上得到广泛的应用，除了简单易学，操作方便，还因为它具有以下几个特点。

Flash 的图像质量高，因为它的图形系统是基于矢量的，采用了矢量技术，矢量图是采用数学方式描述绘制在屏幕上的图形，即使多倍放大矢量图，也只是改变了数学式里的某些数值，图像都不会失真，如图 1–16 和图 1–17 所示。而且其占用的存储空间同位图相比具有更明显的优势，生成的文件体积非常小，适合应用于互联网。

图 1–16　缩小后的图形

图 1–17　放大后的图形

极其灵巧的图形绘制功能，能导入专业级绘图工具（如 Freehand、Illustrator）绘制的矢量图形，并产生翻转、拉伸、擦除、倾斜等效果，还可以将图形分离成许多单一的元素进行编辑。

能非常容易地创建物体的补间动画，其效果完全由 Flash 自动生成，无需人为地在两个动画对象之间插入关键帧。

支持对媒体元素的编辑，可以导入点阵图、声音和视频元素并对其进行编辑。

Flash 使用插件的工作方式，用户只要在浏览器端安装一次插件，以后就可以快速启动并观看动画。

Flash 采用“流式技术”播放动画。动画在下载传输的过程中即可播放，这大大减少了用户在浏览器端等待的时间，因此非常适合在网络上传输。

Flash 具有强大的交互性，这一特性可以让动画的欣赏者更容易参与到动画当中。

Flash 具有强大的脚本编辑功能，使用 Flash 自带的 ActionScript 脚本语言给网页设计创造了几乎无限的创意空间，可以制作互动课件、互动游戏以及功能强大的电子商务网站。Flash CS6 具备了更完整的 ActionScript 程序语言构架，当然，这也意味着学习者必须具备一定的程序编写经验，才可以真正得心应手地完成开发目的。

第二节 Flash 操作环境

操作环境是指进入软件后的整个操作界面，包括菜单、面板以及各种辅助工具等，学习软件的第一步就是要熟悉它的操作环境。启动 Flash CS6，进入主界面，曾经使用过 Flash 其他版本的用户可能会对 Adobe Flash Professional CS6 操作界面感到特别亲切，该版本在界面上做了很大的改动。具体来说，这个界面更具有亲和力，布局更加合理、设计更加人性化、功能上有很大改进，操作和使用也比以前方便，Flash CS6 不但简化了编辑过程，还为用户提供了更大的自由发挥的空间。Flash CS6 的典型界面如图 1–18 所示。

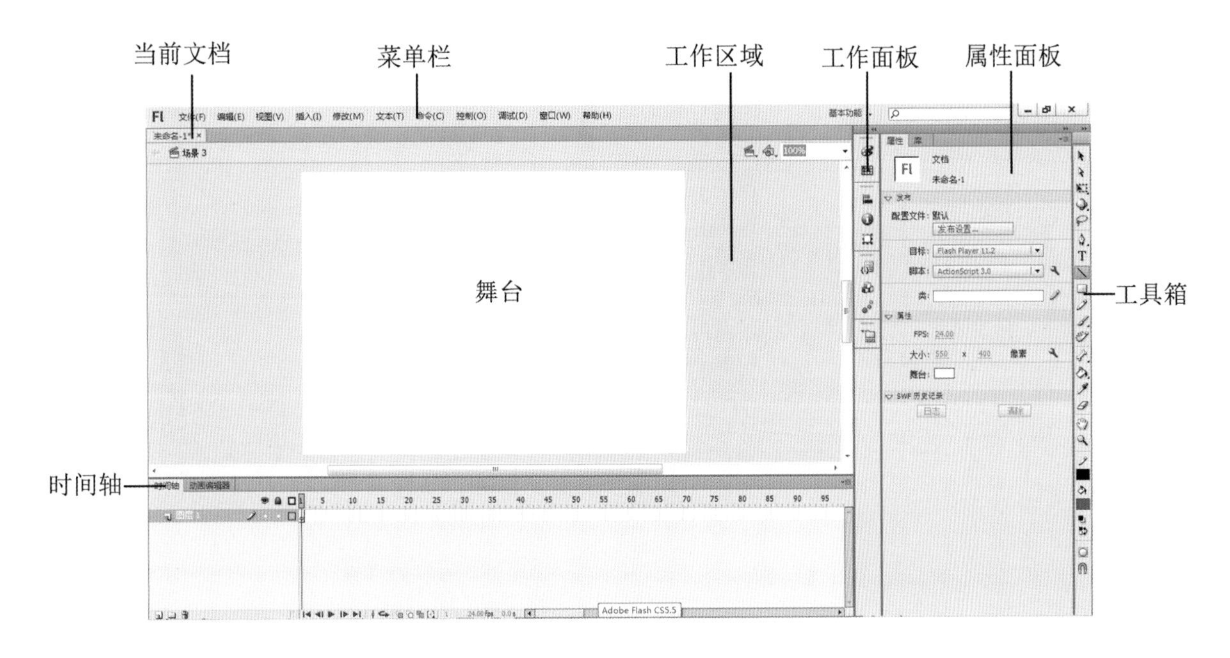

图 1-18 Flash CS6 界面

一、菜单栏

Flash CS6 的界面窗口也采用了典型 Windows 窗口设计——菜单栏位于标题栏的下方，提供了几乎所有的 Flash CS6 的命令。菜单栏中共有 11 个菜单，分别为“文件”、“编辑”、“视图”、“插入”、“修改”、“文本”、“命令”、“控制”、“调试”、“窗口”和“帮助”，每一个菜单中都包括若干二级菜单命令，如图 1-19 所示。

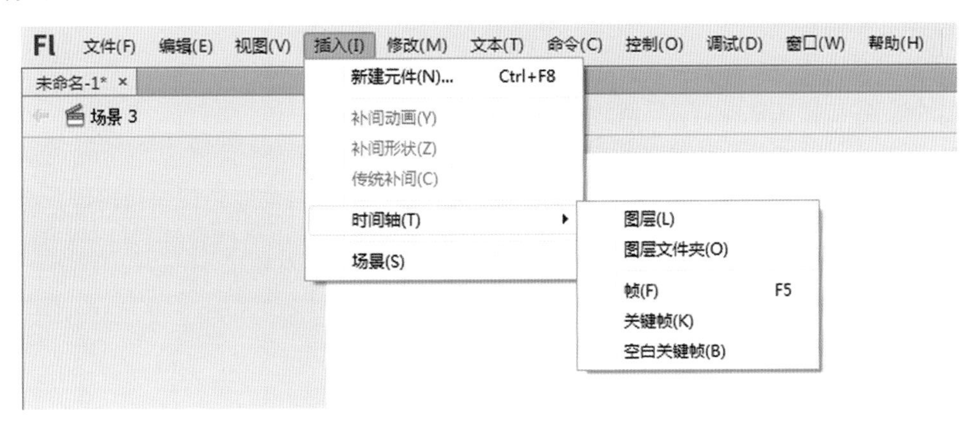

图 1-19 菜单栏

菜单后面的按键组合为该命令的快捷键，另外，菜单命令也可以利用“Alt”键加方向键或菜单命令后的字母进行选择。

二、时间轴

时间轴用于组织和控制文档内容在一定时间内播放的图层数和帧数。图层就像堆叠在一起的多张幻灯胶片一样，每个层中都排放着自己的对象。好比小时候看的卡通影片，这些卡通影片，都是事先绘制好一帧一帧的连续动作的图片，然后让它们连续播放，利用人的眼睛“视觉暂留”特性，在大脑中便形成了动画效果。Flash 动画的制作原理也一样，它是把绘制出来的对象放到一格格的帧中，然后再来播放，时间轴的一些功能介绍如图 1-20 所示。

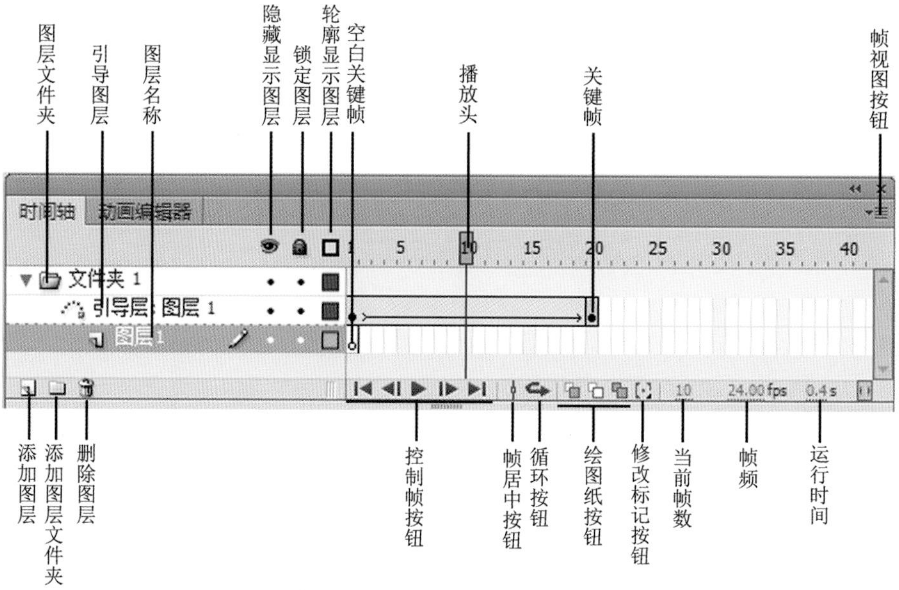

图 1-20　时间轴面板

三、工具箱

工具箱位于界面的左侧，包括绘图工具、查看工具、颜色工具及选项工具，这里集中了一些编辑过程中最常用的命令，如图形的绘制、修改、移动、缩放等操作，都可以在这里找到合适的工具来完成，从而大大提高了编辑工作的效率。

工具箱分为如下 4 个部分。

(1) 工具箱包括绘画、涂色和选择工具，等等。

(2) 查看部分包括在工作区窗口内进行缩放和移动操作的工具。

(3) 颜色部分包括用于笔触颜色和填充颜色的按钮。

(4) 选项部分显示了选定工具的功能设置按钮，这些按钮会影响工具的涂色或编辑操作，选择的工具不同，选项也自然不同。比如，选中刷子工具后，选项中可供选择的有刷子的大小、形状等。每个工具的使用方法会在第二章详细讲解。

四、场景

这里所说的场景是指工作区，也就是画布以及其上的时间轴，如图 1-21 所示。通过场景面板将多个场景按一定的顺序排列在一起进行播放，就像拍电影一样将不同地点不同时间拍摄的胶片剪接起来，如图 1-22 所示。而每个场景都会包含自己的时间轴和元件，也可以与其他场景共用元件。

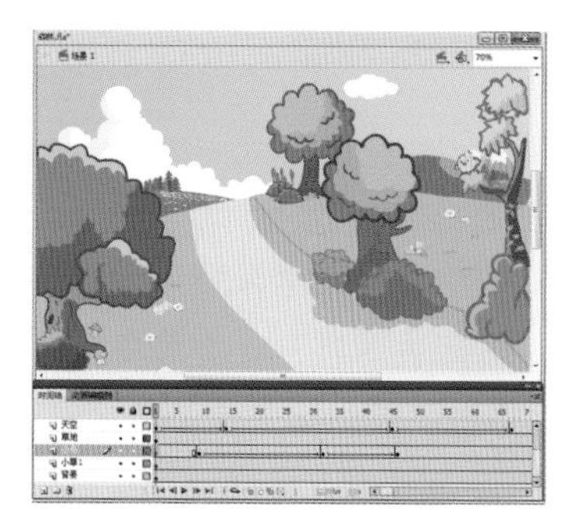

图 1-21　工作区

图 1-22　场景面板

提示:“场景”面板中所示的场景排列顺序也就是它们在动画播放中的先后顺序。

可以在不同场景编辑环境之间进行切换，如图 1–23 所示。也可通过单击面板中的场景名进行切换。单击工作区右上方的编辑场景按钮 ，能迅速进入到某一元件的编辑环境，如图 1–24 所示。

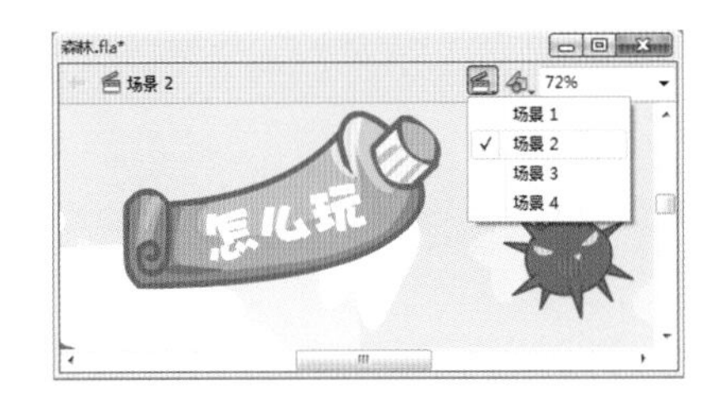

图 1–23 编辑场景

图 1–24 编辑元件

在场景面板中选择某一场景，然后单击面板右下角的“重制场景” 按钮，如图 1–25 所示，也可以单击“添加场景” 按钮为影片添加新的场景，如图 1–26 所示。

双击场景名可为场景重命名，如图 1–27 所示，还能按住鼠标左键拖动某一场景来调节场景在影片中的播放顺序，如图 1–28 所示。选中场景单击“删除场景” 按钮，能将选中的场景删除。

图 1–25 重制场景

图 1–26 新建场景

图 1–27 重命名场景

图 1–28 调整场景顺序

此外，通过工作区左上方的视图缩放比率的下拉列表，选择用来查看画布及其上面对象的比率，如图 1–29 和图 1–30 所示分别对应 40%和 100%的缩放比率。

图 1-29 40%的缩放比率

图 1-30 100%的缩放比率

五、面板与自定义操作环境

Flash CS6 加强了对面板的管理，把所有面板都嵌入到一个面板集中。利用面板集可以对应用程序的面板布局进行排列，来适应工作的需要。面板中集合了一些同类或相似的命令，比如对齐面板，如图 1-31 所示，它集成了“修改”→“对齐”菜单下的所有命令。但是面板中有些操作也是命令不可替代的，比如脚本命令就只能在动作面板中进行添加，如图 1-32 所示。

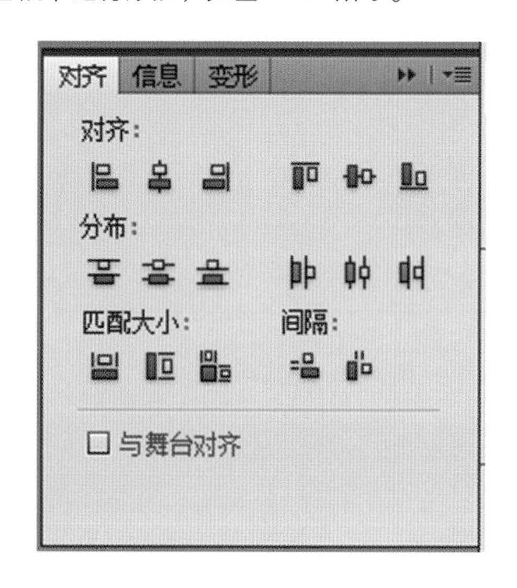

图 1-31 对齐面板

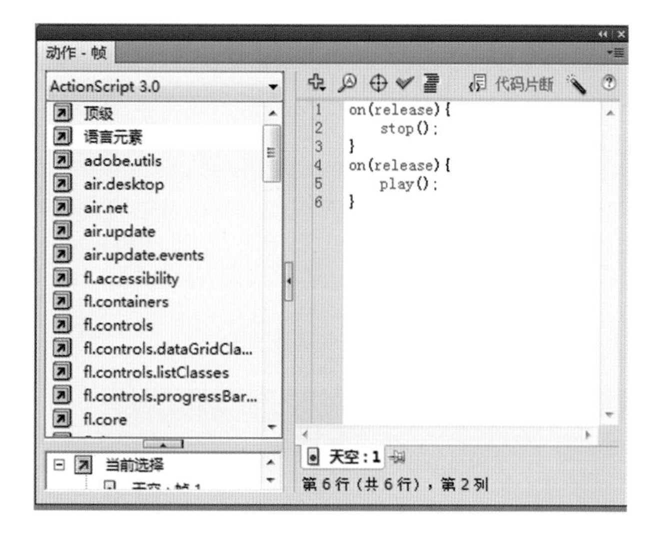

图 1-32 动作面板

运行软件时，所有的面板都是整合在一起的，但有时为了使用方便，可按自己的喜好来组合面板。打开可移动的整合面板，如图 1-33 所示，按住需要独立的单个面板标签，往外拖曳至任何地方即可生成单个项目面板。如图 1-34 所示。反之，若想将单个项目面板整合，按住单个项目面板标签，然后再拖曳至要整合的面板中即可。

如果打开的面板太多，会觉得空间不够，可以单击面板的标题栏，暂时将不用的面板折叠起来。折叠面板后只显示标题栏，且标题栏左侧向下的箭头变成向右。所谓自定义面板是将常用的面板进行组合或重新排列位置后，执行“窗口→工作区→新建工作区”命令，在弹出“新建工作区”对话框，为新布局起一个名字进行保存，如图 1-35 所示，如果不小心把布局弄乱，“窗口→工作区”菜单下找到用户命名的新布局，单击该菜单名即可马上切换到自定义的操作环境。

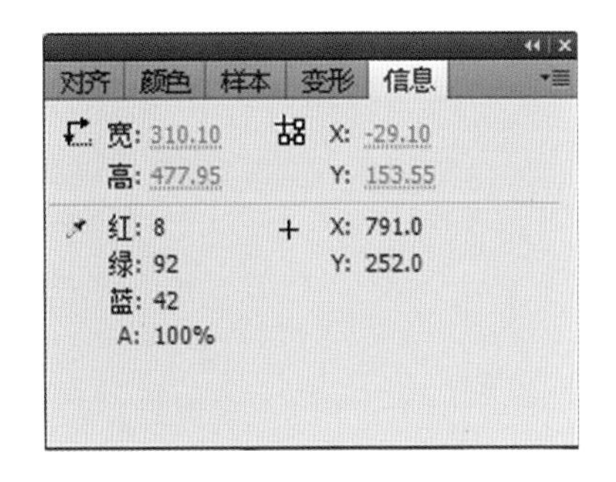

图 1-33 打开整合面板

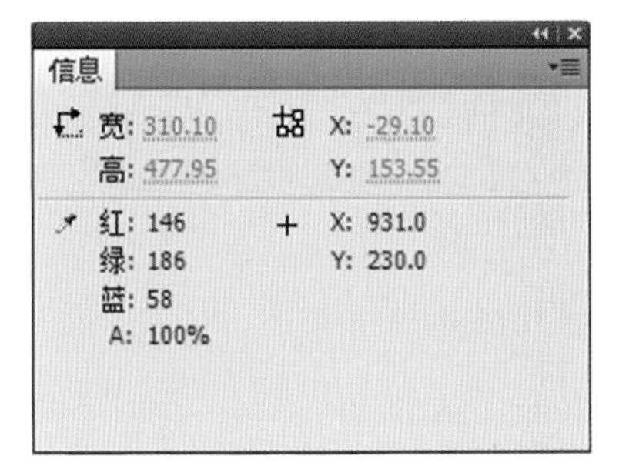

图 1-34 单个项目面板

图 1-35 "新建工作区"对话框

实 训 一

实训名称：理解 Flash 网络设计的概念

实训目的：通过理解 Flash 网络设计的基本知识，使学生初步理解 Flash 设计在网络生存与发展中潜在功能与作用。

实训内容：分小组讨论自己所理解的 Flash 网络设计，并对三个问题展开讨论：Flash 是什么、Flash 能做什么、为什么要学习 Flash，并将小组讨论的结果编写成文字稿交任课老师点评。

实训要求：尝试用自己的观点来进行表述。

实训步骤：分组、个人分析、小组讨论，归纳同学的讨论发言，编写成文字报告。首先欣赏每幅插画作品，然后再对其进行分析，表述自己的观点。

实训向导：将讨论的重点放在学习 Flash 的目的，通过具体是商业实例来阐述观点。

实 训 二

实训名称：熟悉 Flash 的操作环境

实训目的：通过对 Flash 操作界面的讲解，使学生对 Flash 的操作环境有一个初步印象，并能与之前所学的 Photoshop 进行比较。

实训内容：用自己的语言表述 Flash 界面中每一部分的功能与作用，并编写成文字稿交老师点评。

实训要求：Flash 主界面中每一板块之间是相互联系，必须作为一个整体进行表述。

实训步骤：个人分析，编写成文字报告。

实训向导：在表述时，与其他熟悉的软件工具进行对比，比如 Photoshop，则更具有说服力。

第二章

Flash 绘图设计

Flash HUITU SHEJI

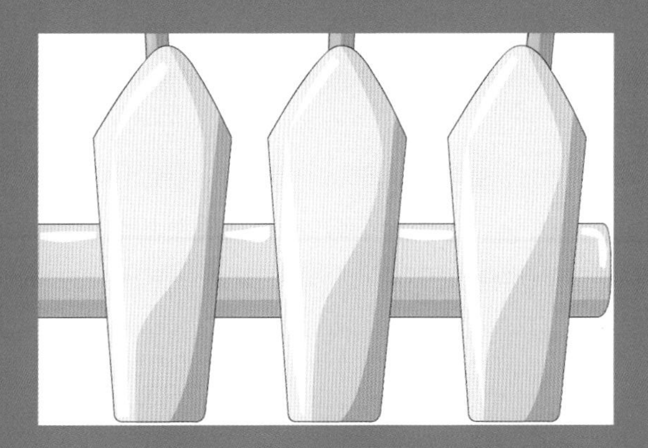

★任务概述

通过绘图实例的设计制作，使读者了解 Flash 绘图的要点、掌握 Flash 绘图工具的运用与技巧，并学会图层与帧、元件、实例、库的创建与编辑。

★能力目标

对 Flash 绘图技巧有一定的掌握，为后续的 Flash 动态设计奠定基础。

★知识目标

了解 Flash 绘图的要点，掌握 Flash 绘图技巧与方法。学会灵活使用绘图工具来绘制作所需要的形象。

★素质目标

使读者具备独立设计制作的能力。

第一节 Flash 绘图概述

绘图是动画创建的基础，没有了图形对象，动画创作就成了无源之水。好的 Flash 作品离不开生动的背景和惟妙惟肖的角色，要创建精彩的动画，先必须掌握如何创建精彩的图形对象，不仅要学会绘图工具的使用以及图形的编辑，更重要的是灵活运用各种工具来绘制需要的形象。

一、认识工具面板

Flash 界面最右边是工具面板，包括了 Flash 所有的绘图工具和选择工具。绘图工具箱上半部分是绘图和选取工具，下半部分是每个工具的附属选项按钮，如图 2-1 所示。在 Flash 中，不仅可以绘制线条、椭圆及矩形等基本图形，设置其笔触的样式，还可以使用颜色填充工具对已绘制的图形进行颜色填充或调整，利用 Flash 提供的各种绘图工具，可以方便而快捷地绘制出想要的图形，并对其进行加工和修饰。

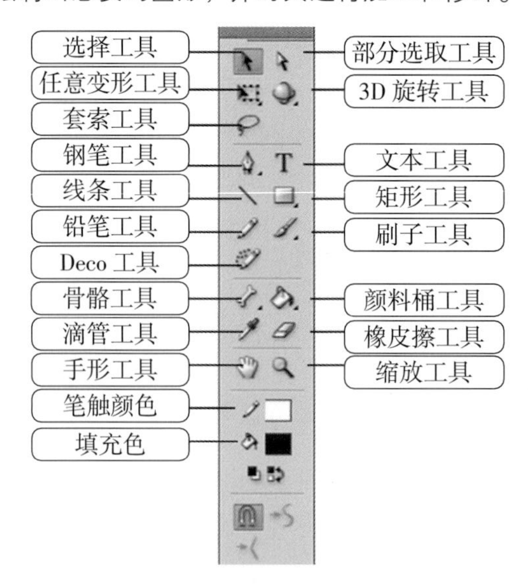

图 2-1 Flash 工具面板

二、矢量图与位图

Flash 是一款矢量动画软件，在学习 Flash 绘图之前，必须先了解一下位图图像和矢量图像的区别。

(1) 位图又称点阵图像，是由许多的点（像素）组成的，位图的显示质量与分辨率有关，位图图像放大后则变模糊，如图 2–2 所示。

(2) 矢量图又称向量图像，是以数学的向量方式来记录图像，包括线条的起止位置、线型等，矢量图与分辨率无关，矢量图放大后始终保持清晰，如图 2–3 所示。

图 2–2 位图图像放大后变模糊

图 2–3 矢量图形放大后仍保持清晰

第二节 绘图设计

一、绘图设计案例分析

本例是绘制图形组合画面，画面内容有卡通动物和花卉组成，在绘制的过程中既要把握造型的整体感，也要注重画面构图、色彩搭配的变化。制作流程分为四步，效果如图 2–4 所示。

图 2–4 本例效果演示

首先，在舞台中适当的位置绘制背景，注意层次变化；然后，绘制本例的角色——狗狗；接着，绘制栅栏花丛；最后，给画面添加适当文字说明。

二、操作步骤

(1) 执行“文件→新建”，打开“新建文档”对话框，如图 2–5 所示。选择“ActionScript3.0”或“Action-Script2.0”，单击“确定”，按“Ctrl+S”组合键将文件进行保存，名字为“绘图”。

(2) 在“舞台”中单击右键打开快捷键菜单选择“文档设置”对话框，在弹出的如图 2-6 所示的“文档设置”对话框中，分别将尺寸的参数设置为“宽”800px，“高”600px，其他选项均使用默认，单击“确定”按钮。

图 2-5 “新建文档”对话框

图 2-6 参数设置

(3) 将“图层 1”重新命名为“地面”，选择工具箱中的“刷子工具”，再对工具箱下方如图所示的“刷子模式”、“刷子大小”进行设置，如图 2-7 所示。比如，刷子模式就有五个不同的选项，如图 2-8 所示。

图 2-7 刷子工具选项

图 2-8 刷子模式

(4) “刷子工具”的属性设置好后，在舞台中绘制浅绿色（#EFFFD9）图形，如图 2-9 所示。

图 2-9 在舞台中绘制草地

(5) 接着执行“窗口→颜色”命令，打开“颜色”面板重新设置刷子的颜色为浅绿色（#EFFFD9）如图 2-10 所示，接着在舞台中绘制如图 2-11 所示图形。

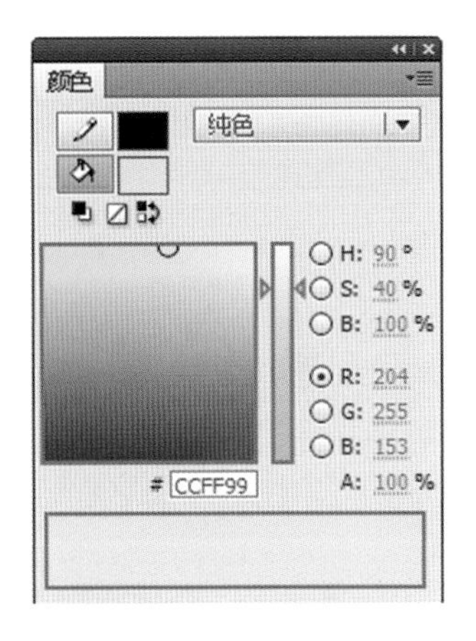

图 2-10　选择颜色

图 2-11　绘制草地层次

（6）将图层“地面”隐藏，新建名为“动物”的图层，如图 2-12 所示。接着在舞台中绘制动物的轮廓线，单击工具箱中的“钢笔工具”在舞台中绘制如图 2-13 所示的线条，先绘制长线条，再绘制短线条。

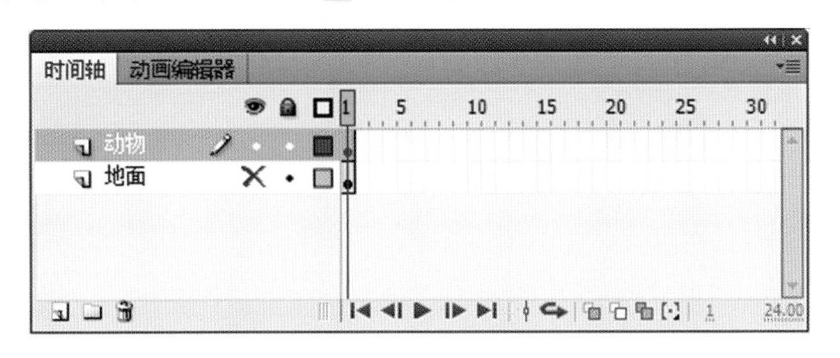

图 2-12　新建图层

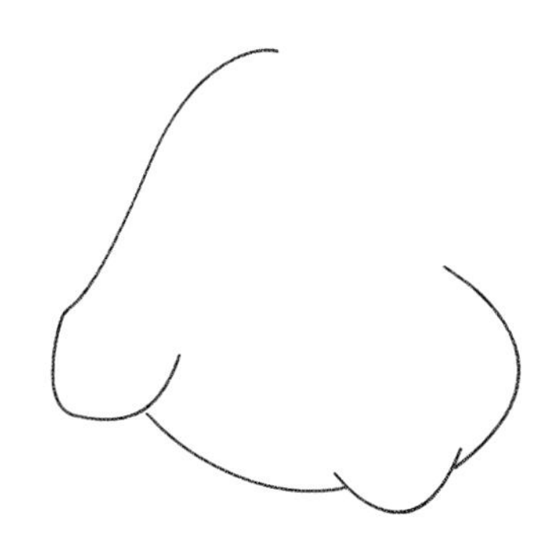

图 2-13　绘制轮廓线

提示：使用“钢笔工具”在舞台内进行单击可产生一个节点，连续单击可以使线条组成几何图形，在角色造型的绘制中，“钢笔工具”有很重要的作用。

（7）为了进一步使线条变得圆润平滑，单击工具箱中的“部分选择工具”，双击舞台内的线条将选择如图 2-14 所示的节点对其进行调整。

（8）调整之后的线条效果如图 2-15 所示。接下来绘制动物的头发，单击工具箱中的“线条工具”，在舞台内绘制如图 2-16 所示的线条。单击工具箱中的“选择工具”对舞台内的线条进行拖放，将其修改为曲线，如图 2-17 所示。

图 2-14　调整轮廓线　图 2-15　调整后效果　图 2-16　绘制直线　图 2-17　修改为曲线

提示：将“选择工具”移至直线中间的位置，可以将直线拖放为曲线，将“选择工具”移至线的两端拖动，可以改变端点的位置。

（9）然后用同样的方法使用工具箱中的“线条工具”配合“选择工具”绘制动物的眉毛和额头，如图 2-18 所示。单击工具箱中的“椭圆工具”按钮，在工具栏中的选项中设置填充色为，如图 2-19 所示。

（10）接着来绘制动物的眼睛，在舞台中如图 2–20 所示的位置绘制两个有重叠部分的椭圆，并删除重叠部分的线条，接着再画两个小圆形，单击工具箱中的“颜料桶工具”将小圆形填充为黑色。使用“线条工具”和“部分选择工具”绘制眼睛下方的线，效果如图 2–21 所示。

图 2–18 绘制轮廓线

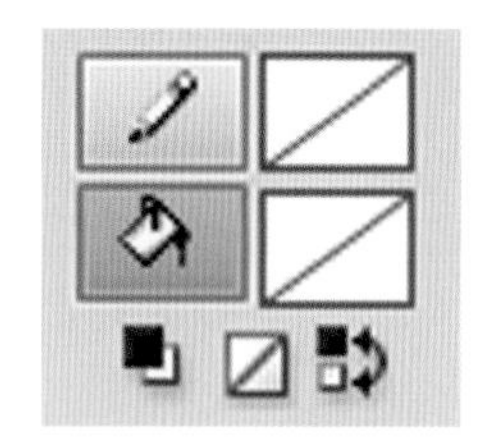

图 2–19 无填充设置

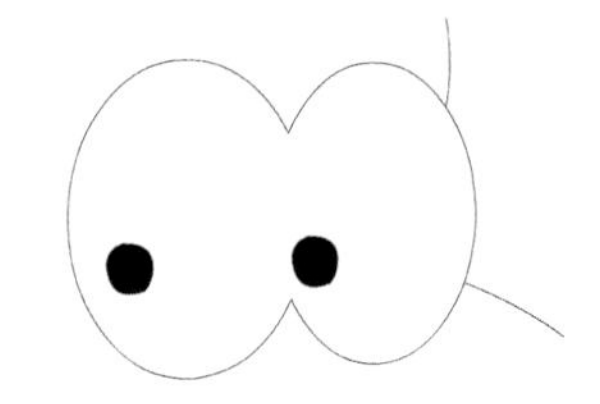

图 2–20 填充黑色

图 2–21 绘制线条

（11）继续用同样的方法，单击工具箱中的“钢笔工具”配合“部分选择工具”绘制动物的身体部分，效果如图 2–22 所示。

（12）单击“颜料桶工具”，移动鼠标到刚绘制的轮廓线内，单击鼠标左键给卡通动物填充黄色（#FFFF00），效果如图 2–23 所示。但在填充前确定线条轮廓是否完全处于封闭，因为颜料桶工具在默认情况下只对完全封闭的线条进行填充。

图 2–22 绘制轮廓线

图 2–23 填充颜色

（13）接着单击工具箱中的“线条工具”在舞台内绘制表现动物暗部的轮廓线，接着使用“选择工具”对舞台内的线条进行拖放，效果如图 2–24 所示。

（14）单击“颜料桶工具”，移动鼠标到刚绘制的轮廓线内，单击鼠标左键给卡通动物填充深黄色（#FFD611），单击“选择工具”选择刚刚绘制的轮廓线，按键盘上的“Delete”，将选中的部分删除，效果如图 2–25 所示。

（15）为了使所绘图形更有层次感和立体感，我们继续用“线条工具”配合“选择工具”绘制高光部分，并按键盘上的“Delete”键，将轮廓线删除，效果如图 2–26 所示。

图 2–24 勾画阴影部分轮廓线

图 2–25 填充阴影部分色彩

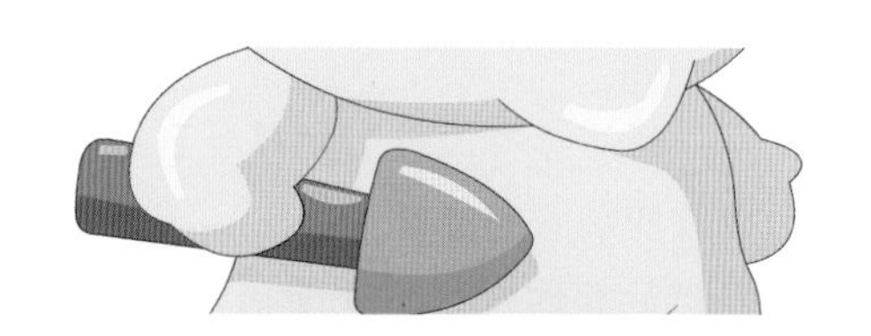

图 2–26 绘制高光部分

（16）新建一个名为“花”的图层，如图 2-27 所示。使用工具箱中的“钢笔工具”配合“部分选择工具”绘制花朵的轮廓线，使用“线条工具”配合“选择工具”绘制枝干部分轮廓线，效果如图 2-28 所示。

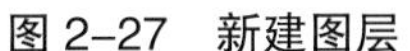
图 2-27 新建图层

图 2-28 绘制花朵轮廓线

（17）画面中图形效果的处理手法应该保持一致，使用相同的方法绘制花的暗部与高光部分的轮廓线，如图 2-29 所示。并填充如图 2-30 所示的颜色。

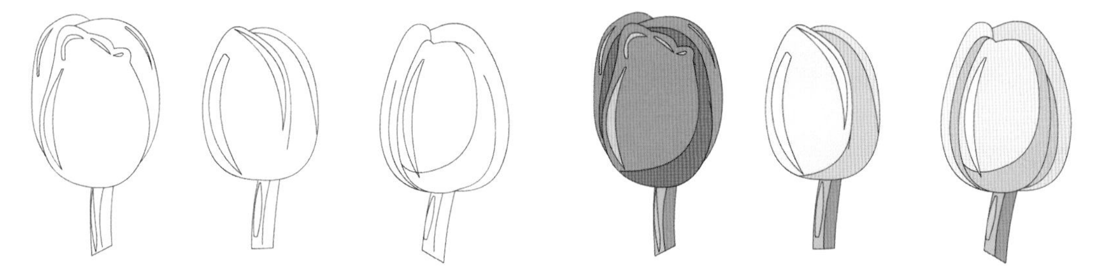
图 2-29 绘制花朵的轮廓线　　图 2-30 填充花朵的色彩

提示：连续双击右键，可以同时选择更多的轮廓线。

（18）删除花朵暗部与高光部分的轮廓线，然后新建名为“栅栏”的图层，使用“线条工具”配合“选择工具”绘制栅栏以及暗部、高光的轮廓线，效果如图 2-31 所示。

（19）使用“颜料桶工具”进行不同颜色的填充，然后删除栅栏暗部与高光部分的轮廓线，效果如图 2-32 所示。

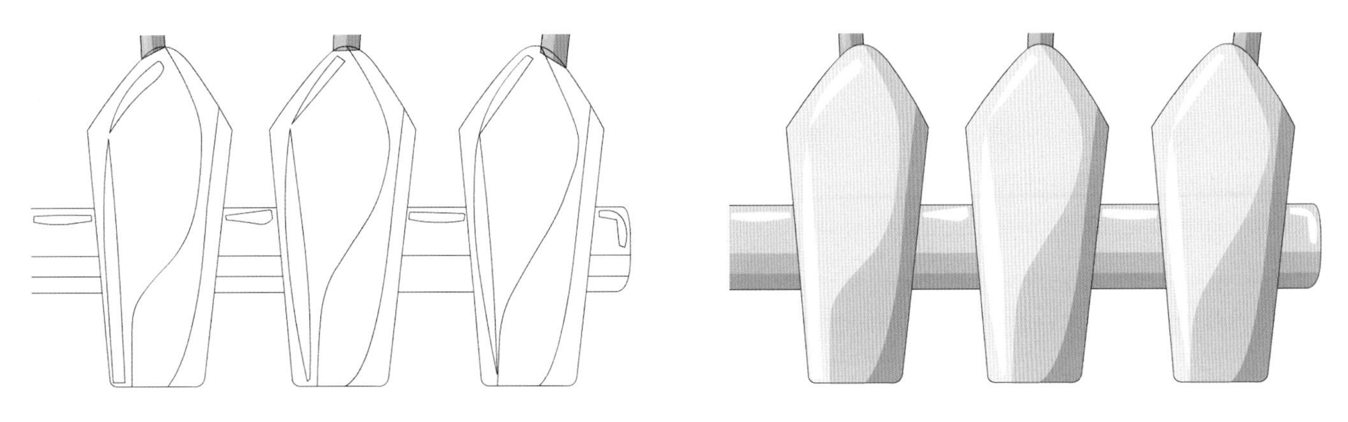
图 2-31 绘制栅栏的轮廓线　　图 2-32 填充栅栏的色彩

（20）图形部分全部处理完毕，接下来新建一个名为“文字”的图层，单击工具箱中的“文本工具”在如图 2-33 所示的位置输入静态文本，字体颜色设置为黑色。

（21）将刚刚输入的文本进行复制，使用“选择工具”单击静态文本，然后按下“Ctrl+C”组合键对其进行复制，然后再按下“Ctrl+V”键对其进行粘贴，并调整文本的位置，如图 2-34 所示。

我喜欢种花，虽然种花很累，但我每天都有一份好心情。

图 2–33 输入文本

我喜欢种花，虽然种花很累，但我每天都有一份好心情。

我喜欢种花，虽然种花很累，但我每天都有一份好心情。

图 2–34 复制文本

（22）执行“修改”→“变形”→“垂直翻转”命令，将复制的文本进行翻转处理，然后单击“任意变形工具”对文本进行水平倾斜变形，如图 2–35 所示。

（23）接着将文本的颜色修改填充为浅灰色（#CCCCCC），最后按下“Shift”键,同时使用“线条工具”在两个文本之间绘制一条黑色的水平线，效果如图 2–36 所示。

虽然种花很累，但我每天都有

图 2–35 翻转文本

我喜欢种花，虽然种花很累，但我每天都有一份好心情。

图 2–36 文本倒影效果

（24）按“Ctrl+S”组合键将文件进行保存，文件名字为“绘图 1”，最后我们可以发布动画进行测试，最终效果如图 2–37 所示。

我喜欢种花，虽然种花很累，但我每天都有一份好心情。

图 2–37 测试效果

[知识链接] 图层与帧

1. 图层的学习

Flash 与其他图形图像编辑软件一样也有层的概念。当创建新文档时，默认状态只有一个图层，可以通过添加新图层来组织动画中的形象、动画元素和其他对象。每个图层都包含一些舞台中的动画元素（包括声音或 action 指令语句），上面图层中的元素遮盖下面图层中的元素。

图层区的最上面有三个图标。用来控制图层中的元件是否可视；像一把小锁，单击后该图层被锁定，图层的所有的元素不能被编辑；是轮廓线，单击后图层中的元件只显示轮廓线，填充将被隐藏，这样能方便编辑图层中的元件。

图层之间的位置可以随意拖动互换，图 2–38 所示为时间轴面板内的图层编辑区。

2. 图层的类型

“图层文件夹”：组织动画序列的组件和分离动画对象，有两种状态，是打开时的状态，是关闭时的状态。“引导层”：引导层起到辅助静态对象定位的作用，无须使用被引导层就可以单独使用，层上的内容不会被输出，和辅助线差不多。传统引导层”：使“被引导层”中的元件沿引导线运动，该层下的图为“被引导层”。“遮罩层”：使被遮罩层中的动画元素只能透过遮罩层被看到，该层下的图层就是“被遮罩层”。“普通图层”：放置各种动画元素，图层类型如图 2-39 所示。

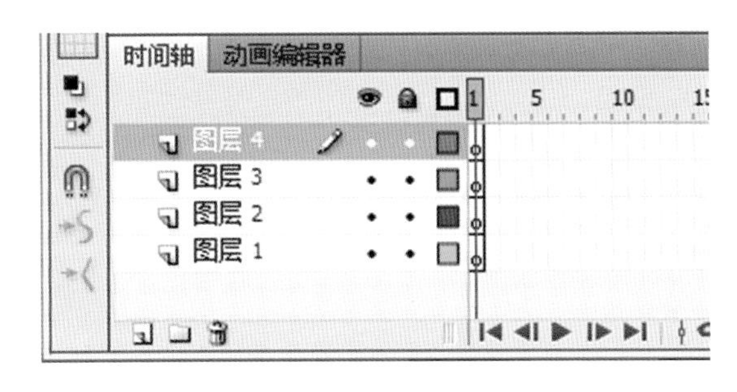

图 2-38　图层编辑区

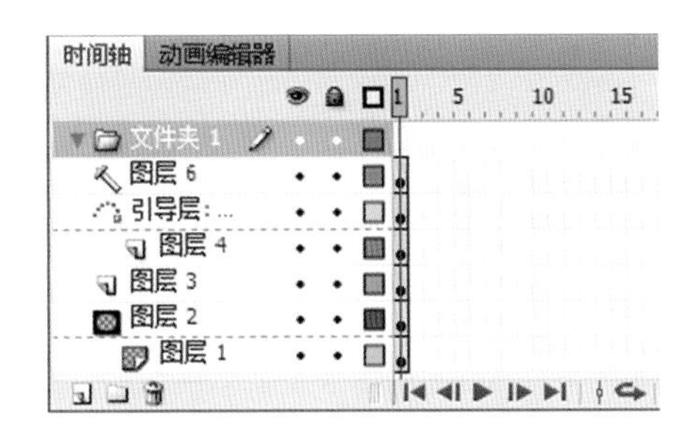

图 2-39　图层的类型

3. 帧的类型

Flash 动画是通过连续播放一系列静止画面，给视觉造成连续变化的动画效果，基本原理与电影、电视等一样也是利用视觉原理。在 Flash 中，一个静态画面就叫做帧，显示在“时间轴”面板中，所形成的动画就是以时间帧为基础的动画。帧是 Flash 动画中最小时间单位里出现的画面，所以帧的多与少也就是衡量动画长度的参考标准，而帧播放的速度也就是动画的播放速度。

Flash 中帧分为普通帧、关键帧、空白关键帧三种。

普通帧：普通帧显示为一个个的单元格。无内容的帧是空白的单元格，有内容的帧显示出一定的颜色。不同的颜色代表不同类型的动画，如动作补间动画的帧显示为浅蓝色，形状补间动画的帧显示为浅绿色，如图 2-40 所示。

关键帧：关键帧定义了动画的变化环节，在时间轴中关键帧显示为实心的圆，当制作逐帧动画时、每一帧都是关键帧。而传统补间动画是在动画的重要点上创建关键帧，再由 Flash 自己创建关键帧之间的内容，如图 2-40 所示。

空白关键帧：舞台内没有任何动画元素的关键帧，它在时间轴的显示以空心圆点作为标记，如图 2-41 所示。

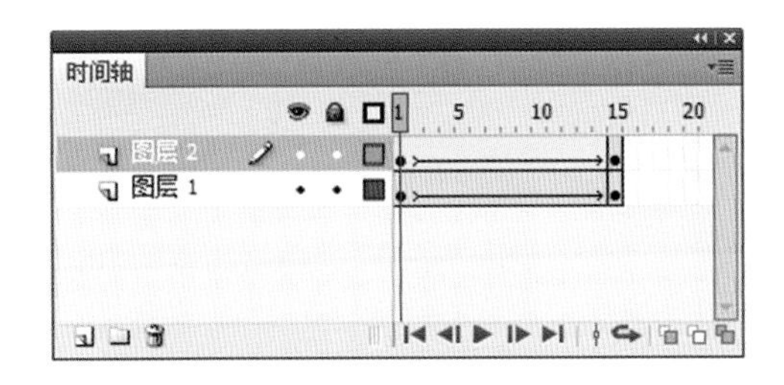

图 2-40　普通帧与关键帧

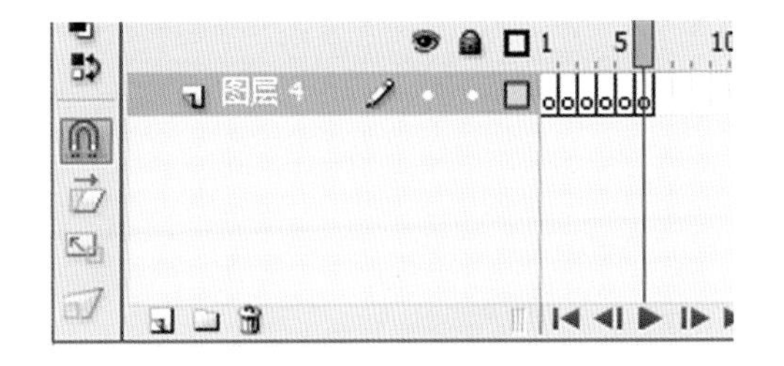

图 2-41　空白关键帧

4. 帧的内容

时间轴好比“导演工作台”，画布相当于“舞台”，还要有演员才能演出一幕有声有色“舞台剧”，在场景中的动画元素就是演员，一般常用的有以下几种：矢量图形、位图图像、文字对象、声音对象，还包括按钮、影片剪辑、图形这三大元件，以及动作脚本语句。

动作脚本是 Flash 的脚本撰写语言，通过它能随心所欲地创建影片、实现场景之间的跳转、指定和定义实例的各种动作等。动作脚本语句可添加在时间帧、实例、按钮上。如果添加在时间帧上，在时间帧面板的相应帧上，会出现一个“α”字，如图 2-42 所示。

图 2-42　添加动作脚本语句后时间帧上的标记

在影片剪辑、按钮上添加动作脚本语句的方法要先选择要添加的对象，然后在“动作”面板中进行定义。以上只是对帧内容的简单介绍，更详细的讲解和应用请你参阅本书的其他相关章节。

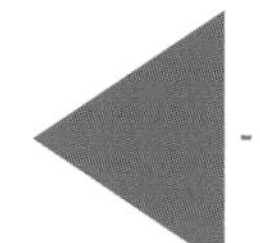

第三节 图形制作

一、绘图工具的使用

1. 直线

直线是 Flash 中最简单的工具，用鼠标单击“线条工具”，移动鼠标到舞台上，按住鼠标并拖动，松开鼠标，一条直线就画好了。用直线能画出许多风格各异的线条来，打开属性面板，可以定义直线的颜色、粗细和样式，如图 2-43 所示。

在属性面板中，单击其中的笔触颜色按钮，会弹出一个“调色板”，此时鼠标变成滴管状。用滴管直接拾取颜色或者在文本框里直接输入颜色的十六进制数值，十六进制数值以 # 开头，如：#FF0099，如图 2-44 所示。

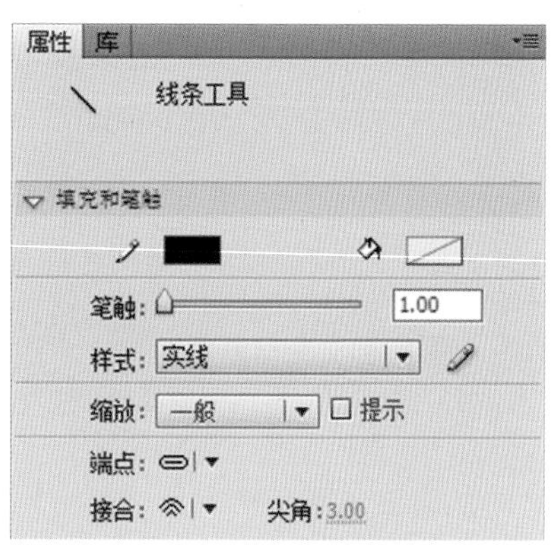

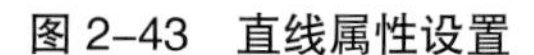
图 2-43　直线属性设置

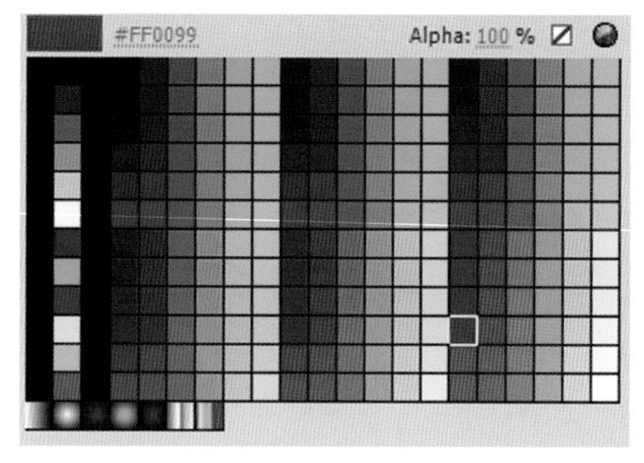

图 2-44　调色板

接着画各种不同的直线。单击“属性”面板中的“样式”，会弹出一个笔触样式对话框，如图 2-45 所示。为了方便观察，把线的粗细设置为“3”，在类型中选择不同的线型和颜色，设置完后单击确定，来看设置不同笔触样式后画出的线条，如图 2-46 所示。

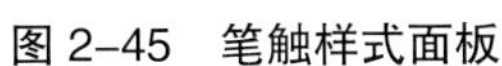
图 2-45　笔触样式面板

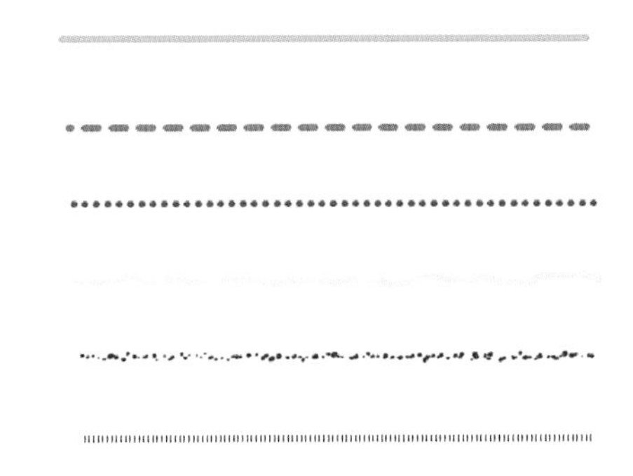
图 2-46　不同笔触样式效果

2. 椭圆

选择绘图工具栏的“椭圆工具”直接在舞台上拖动，就能够绘制标准的椭圆。按住“Shift”功能键的同时拖动鼠标，将得到一个正圆。椭圆或正圆边框的线型、宽度与颜色是由“属性”面板的设置决定的。通过“颜色”面板的设置改变填充椭圆或正圆的边框及填充的颜色。

绘制椭圆的方法非常简单，选择绘图工具栏的“椭圆工具”之后，在舞台上拖动鼠标，确定椭圆的大致轮廓，释放鼠标之后，规定长度与宽度的椭圆将显示在屏幕上。为了设置椭圆的边框属性，用户可打开“属性”面板，改变它的线型、宽度与颜色。

选择“窗口”→“属性”命令，打开“属性”面板；确定椭圆的边框属性之后，选择绘图工具栏的椭圆工具按钮，在舞台上拖动鼠标，确定椭圆的长半轴与短半轴，释放鼠标。这样椭圆就画好了，如果图形之间互相重叠，那么重叠部分将被覆盖。如图 2-47 所示，如果使用颜色进行填充，那么重叠区域的下方将是不可见的。

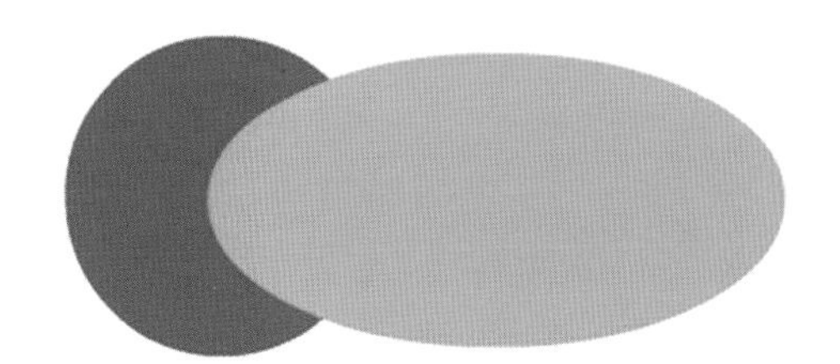
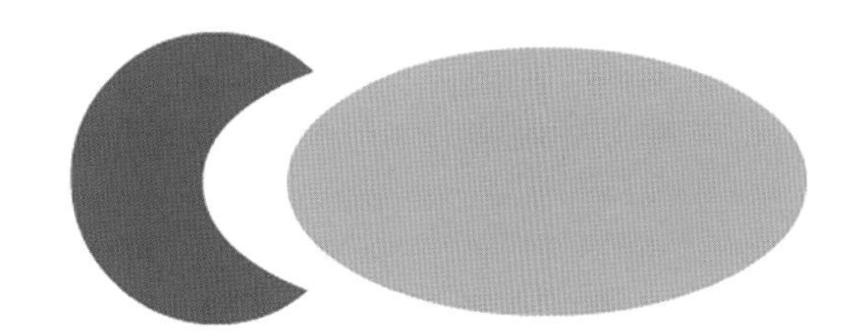

图 2-47　图形的重叠与切割

3. 矩形

绘制矩形的方法与绘制圆形非常相似，通过“属性”面板的设置，可改变矩形边框的颜色、宽度与线型。通过“颜色”面板的设置，可决定是否对矩形进行填充以及填充的模式。按住 Shift 功能键时，将在舞台上得到正方形。

在“属性”面板中，确定矩形边框的颜色、线型与宽度，选择“窗口”→“颜色”菜单命令，打开“颜色”面板，确定矩形的填充模式，然后单击绘图工具栏的“矩形工具”按钮，在舞台上确定矩形的外部轮廓，释放鼠标。

4. 铅笔

点击工具栏的“铅笔工具”按钮，在工具箱底部选择绘制模式，如图 2-48 所示。

伸直模式：在伸直模式下画的线条，它把线条转成接近形状的直线。

平滑模式：把线条转换成接近形状的平滑曲线。

墨水模式：不加修饰，完全保持鼠标轨迹的形状。

下面是三种模式所画的线条，如图 2-49 所示。

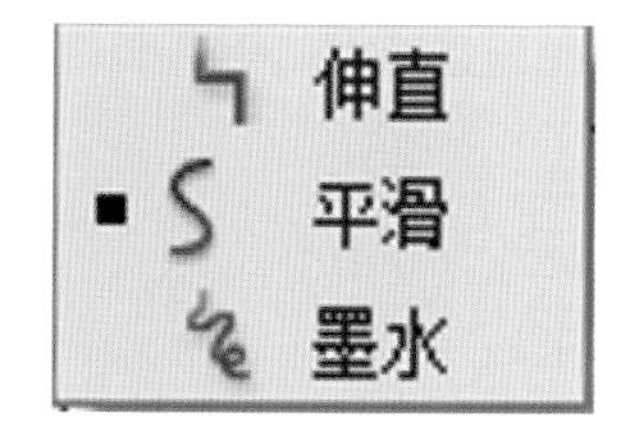

图 2-48　铅笔模式

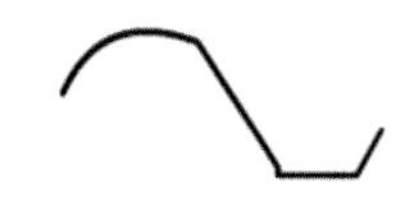

图 2-49　不同模式的线条效果

二、填充属性

1. 填充变形工具

填充变形工具是对填充色进行移动、旋转与缩放的工具。

先画一个矩形，用选择工具选择该矩形。点击填充色，并从中选择“线性渐变”，在工具栏中单击“任意变形工具”右下角的小三角图标，选择“渐变变形工具” 则矩形周围会出现两个修改手柄。拖动方形修改手柄，可以调整填充色的间距，如图 2-50 所示。拖动右上角的圆形旋转手柄，可调整色彩的填充方向，如图 2-51 所示；将鼠标移动到矩形中心的空心圆点上，鼠标变为带四个箭头的移动柄，移动它可以改变渐变色的填充位置，如图 2-52 所示。

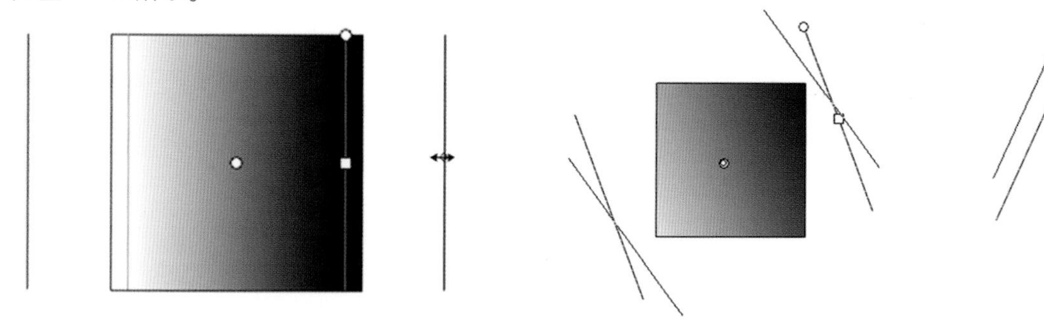

图 2-50　控制渐变范围　　图 2-51　旋转渐变填充　　图 2-52　修改渐变色的位置

2. 实例制作——绘制花朵

（1）执行“文件”→“新建”，打开“新建文档”对话框，单击“确定”，按“Ctrl+S”组合键将文件进行保存，名字为“绘图 2”。执行“插入”→“新建元件”命令，弹出“创建新元件”对话框，输入元件名称为“花瓣”，选择“类型”为“图形”，单击“确定”按钮，如图 2-53 所示。

（2）进入“花瓣”元件的编辑状态，单击”椭圆工具”按钮，“填充颜色”为无，在舞台中绘制出一个圆形，如图 2-54 所示。

图 2-53　新建元件

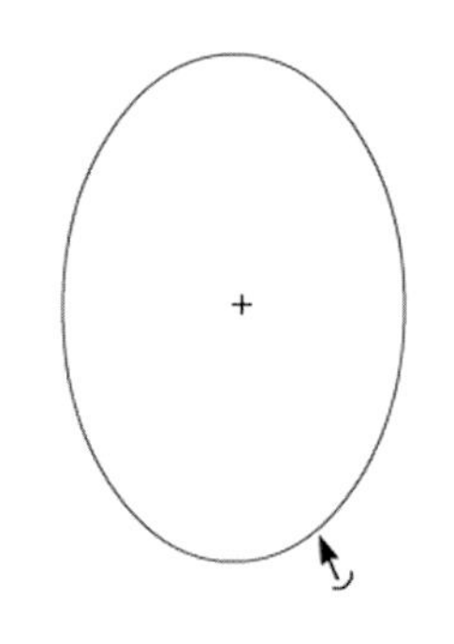

图 2-54　绘制椭圆

(3)然后将鼠标移至圆形的边缘，鼠标下方会出现一条如图 2–55 所示的弧线，单击“选择工具” 将圆形进行形状调整，最后调整成如图 2–56 所示的花瓣形状。

(4) 执行“窗口”→“颜色”命令，在“颜色”面板中选择填充类型为“线性渐变”，然后分别点击下方按钮，设置花瓣颜色为大红(#FF0066)到浅红(#FFDFDF)的渐变，如图 2–57 所示。给舞台中的花瓣从下至上拉出渐变颜色，然后删除外框线条，如图 2–58 所示。

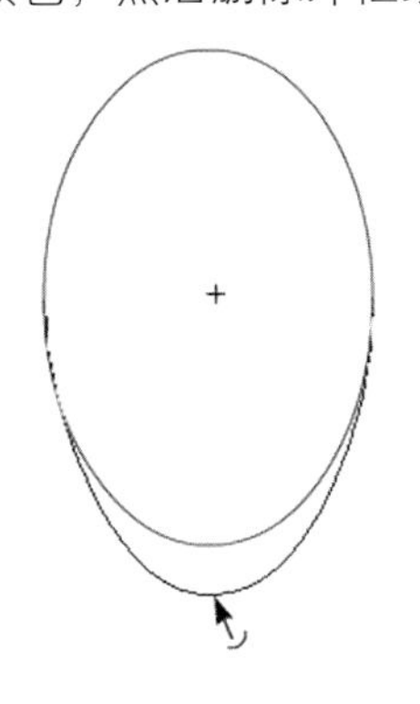

图 2–55　形状调整

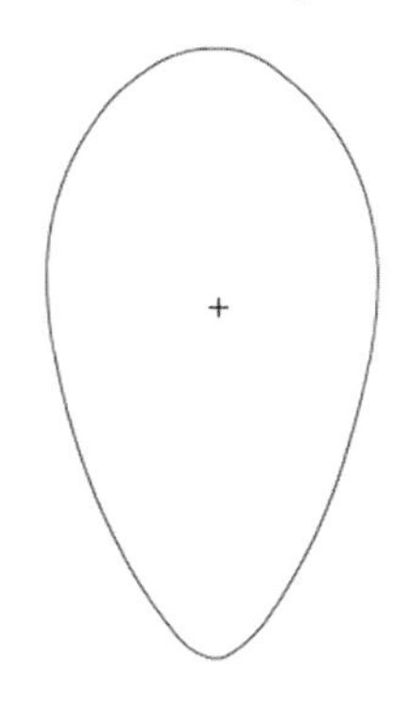

图 2–56　调整后的效果

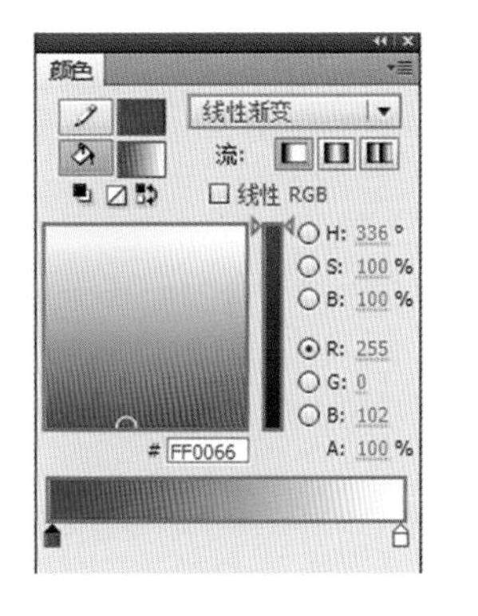

图 2–57　面板参数设置

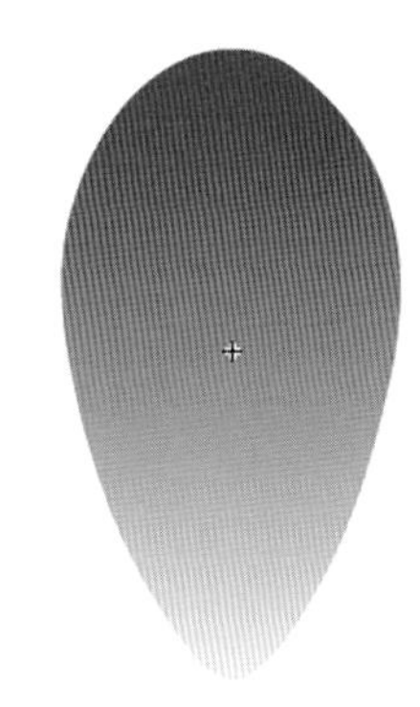

图 2–58　花瓣填充颜色

(5) 执行“插入”→“新建元件”命令，弹出“创建新元件”对话框，输入元件“名称”为“花朵”，选择“类型”为“图形”，单击“确定”按纽，如图 2–59 所示。

(6) 进入“花朵”元件的编辑状态，将刚刚绘制好的“花瓣”元件从“库”面板中拖放到场景中，然后用“任意变形工具” 将这个图形实例的中心点移动到花瓣图形的下端，如图 2–60 所示。

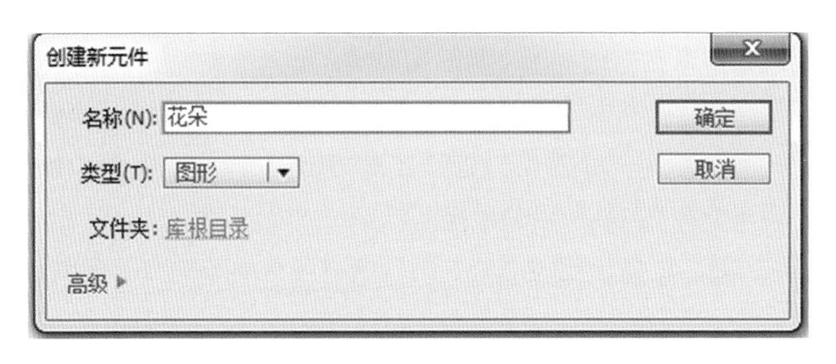

图 2–59　新建元件

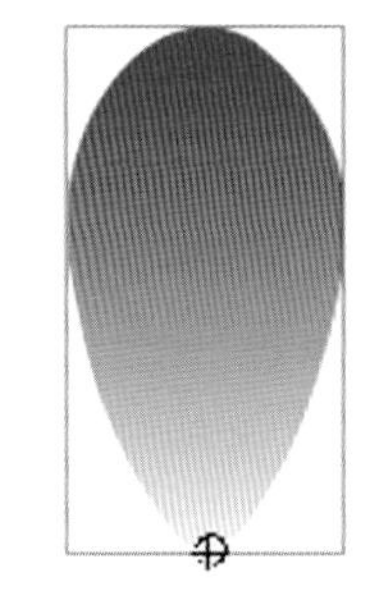

图 2–60　调整元件中心点

(7) 保持场景中的“花瓣”元件处于激活状态，执行“窗口”→“变形”命令，弹出“变形”面板，在“变形”面板中，设置“旋转”为 72° ，如图 2–61 所示。

(8) 单击“复制并应用变形” 按钮，这时你会发现原来的花瓣旁边出现了一个同样的花瓣图形，接着再单击“复制并应用变形” 按钮 3 次后，花就制作好了，如图 2–62 所示。如果你觉得花瓣形状不太满意，可以随时进入打开“花瓣”元件内部进行调整，花朵形状会随之而发生变化。

图 2–61　变形面板参数设置

图 2–62　复制一朵完整的花

提示：拖入到舞台中的“花瓣”元件要保证在变形面板中的比例为 100%，不要改变其大小，否则再单击“复制并应用变形” 按钮时，复制出来的元素就会大小不一。

3. 实例制作——绘制小鸭

(1) 新建一个名为“小鸭”的图形元件，进入“小鸭”元件的编辑状态，单击“椭圆工具” 按钮，设置“填充颜色”为 无，绘制出一个椭圆形，作为小鸭的身体。接着在第一个椭圆形右上放在绘制出一个圆形，作为小鸭的头部，如图 2–63 所示。

(2) 单击“椭圆工具” 在小鸭尾部和头部各画一小圆圈作为鸭嘴和鸭翅膀，用“选择工具” 调整形状，如图 2–64 所示。

(3) 执行“窗口”→“颜色”命令，在“颜色”面板中选择“径向渐变”，然后分别点击下方 按钮，设置颜色从浅黄（#FDFC62）到深黄（#F99D06）的渐变，效果如图 2–65 所示。

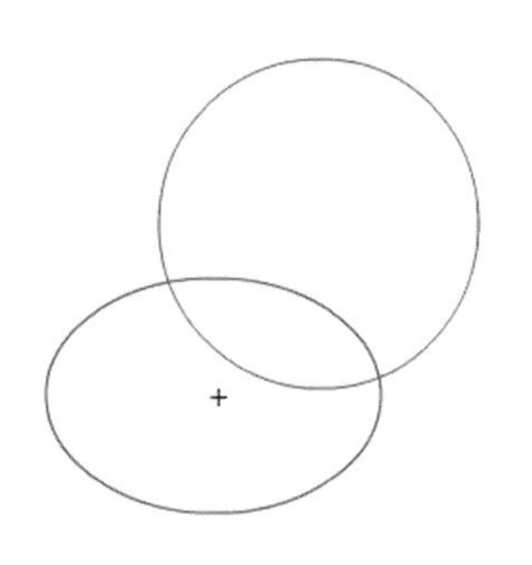

图 2–63 画鸭子大结构

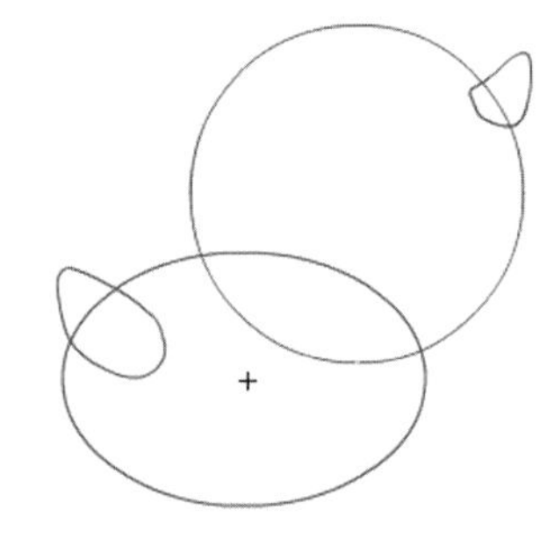

图 2–64 画鸭嘴和鸭翅膀

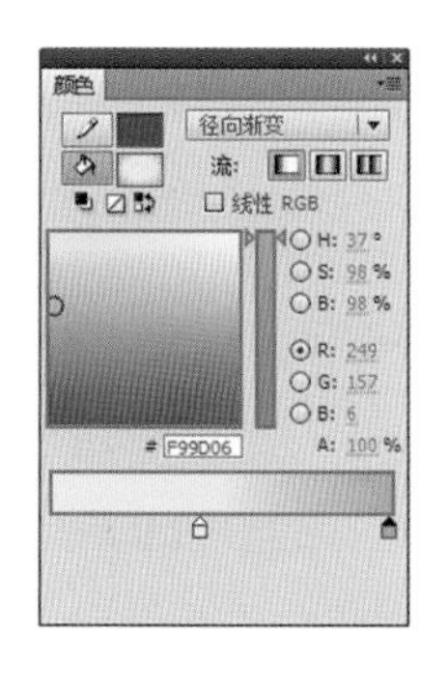

图 2–65 设置颜色

(4) 单击工具箱中的“颜料桶工具” ，分别填充小鸭身体、头部和尾部，如图 2–66 所示。

(5) 在“颜色”面板重新设置填充颜色。选取“径向渐变”，然后分别点击下方 按钮，设定渐变颜色从黄色（#FFCC00）到浅褐色（#F38C30）、深褐色（#A0590A）的变化，如图 2–67 所示。单击工具箱中的“颜料桶工具” 填充鸭嘴，并用“渐变变形工具” 调整如图 2–68 所示的效果。

(6) 删除小鸭的轮廓线，单击“刷子工具” ，选择合适大小的笔刷，填充黑色给小鸭点上眼睛，如图 2–69 所示。

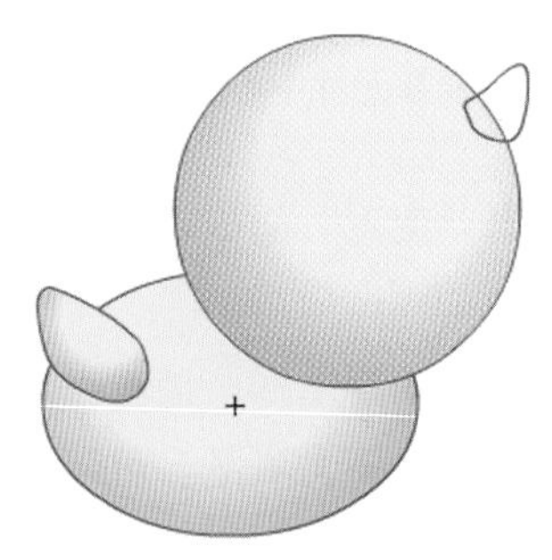

图 2–66 填充渐变色

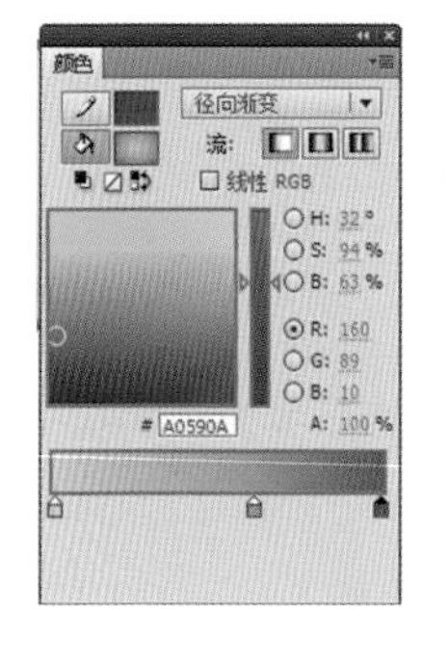

图 2–67 设置渐变色

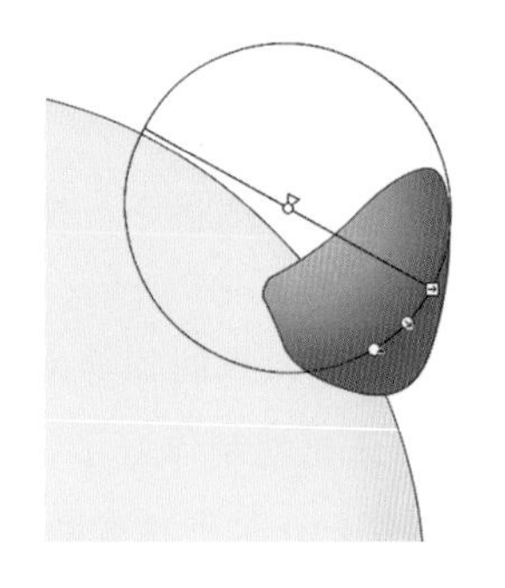

图 2–68 调整渐变色

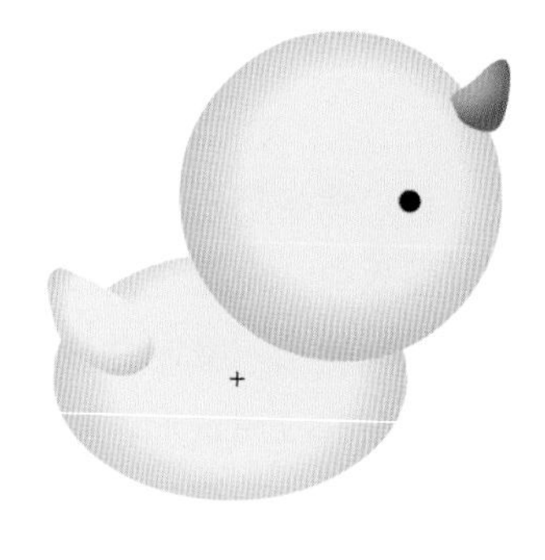

图 2–69 点画眼睛

[知识链接] 元件、实例、库

1. 元件的类型

元件是舞台的基本演员，在 Flash 中，元件的类型有“图形”、“按钮”、“影片剪辑”三种，它们是组成 Flash 动画的关键帧元素，“元件”保存于“库”中，能够重复使用，元件之间有各自的作用与特定的使用时段。

“图形元件”好比“群众演员”，可用于静态图像，并可用来创建连接到主时间轴的可重用动画片段。图形元件与主时间轴同步运行。但交互式控件和声音在图形元件的动画序列中不起作用。

“按钮元件”是个“特别演员”，利用它能实现“交互”动画，使用按钮元件可以创建响应鼠标点击、滑过或其他动作的交互式按钮。能定义与各种按钮状态关联的图形，然后将动作指定给按钮实例。

“影片剪辑元件”是个“万能演员”，它能创建出丰富的动画效果，能使导演想得到的任何灵感变为现实。可以创建可重用的动画片段，影片剪辑拥有自身的独立于主时间轴的多帧时间轴。可以将影片剪辑看作是主时间轴内的嵌套时间轴，它们可以包含交互式控件、声音甚至其他影片剪辑实例。也可以将影片剪辑实例放在按钮元件的时间轴内，以创建动画按钮。

2. 创建元件

(1) 创建图形元件

创建“图形元件”的元素可以是导入的位图图像、矢量图形、文本对象以及用 Flash 工具创建的线条、色块等。

选择舞台中的对象元素，按键盘上的“F8”键，弹出“转换为元件”对话框，在“名称”中输入元件的名称，在“行为”中选择“图形”，单击“确定”。这时，在“库”中生成相应“元件”，如图 2–70 所示。“图形元件”中可包含“图形元素”或者其他“图形元件”，它接受 Flash 中大部分变化操作，如大小、位置、方向、颜色设置以及动作变形等。

图 2–70 图形元件转换

(2) 创建按钮元件

创建“按钮元件”的元素可以是导入的位图图像、矢量图形、文本对象以及用 Flash 工具创建的任何图形，选择要转换为“按钮元件”的对象，按快捷键“F8”，弹出“转换为元件”对话框，在“行为”中选择“按钮”，如图 2–71 所示，单击“确定”，即可完成“按钮元件”的创建。

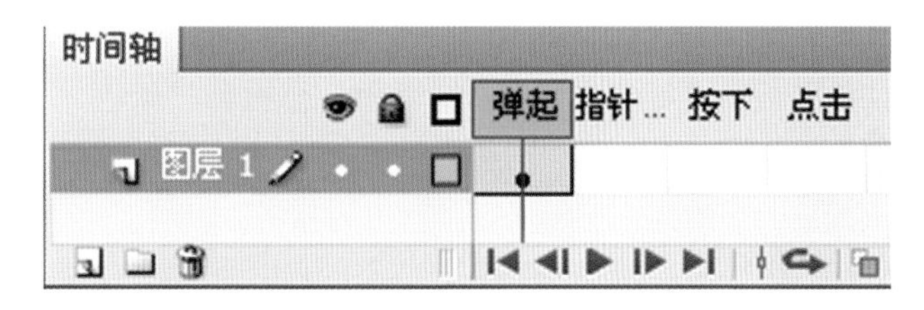

图 2–71 按钮元件转换

“按钮元件”除了拥有“图形元件”的全部变形功能，其特殊性在于它具有 3 个“状态帧”和 1 个“有效区帧”，3 个“状态帧”分别是“一般”、“鼠标经过”、“按下”，在这 3 个状态帧中，可以放置除了按钮元件本身以外的所有 Flash 对象，按钮可以对用户的操作作出反应，所以是“交互”动画的主角。

(3) 创建影片剪辑元件

“影片剪辑元件”就是平时常听说的“MC”(Movie Clip)。把“舞台”上任何可视的对象，甚至整个“时间轴”内容创建为一个“MC”。还能把这个“MC”放置到另一个“MC”中。也可以将一段动画转换成“影片剪辑”元件。创建“影片剪辑元件”可以相当灵活，而创建过程非常简单，选择“舞台”上需要转换的对象，按快捷键

“F8”，弹出“转换为元件”对话框，在“行为”中选择“影片剪辑”，如图 2–72 所示，单击“确定”按钮。

图 2–72 影片剪辑元件转换

3. 实例

沿用上面的比喻，演员从“后台”走上“舞台”就是“演出”，同理，“元件”从“库”中进入“舞台”就被称为该“元件”的“实例”，是这个比喻与现实中的情况有点不同，“演员”从后台走上“舞台”时，“后台休息室”中的“演员原型”还会存在，或者把走上前台的“演员”称之为“替身演员”也即实例。

如图 2–73 所示，从“库”中把“元件 1”向场景拖放 4 次（也可以复制场景上的实例），“舞台”中就有了“元件 1”的 4 个“实例”。分别把各个“实例”的颜色、方向、大小设置成不同样式，具体操作可以用不同面板配合使用。

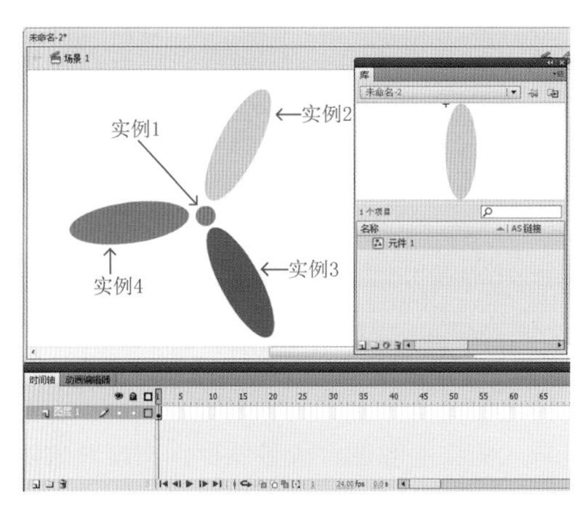

图 2–73 “元件 1”的 4 个实例

“实例 1”在“属性”面板中重新设置它的“宽”、“高”参数，如图 2–74 所示。“实例 2”改变了外形及颜色属性，这些属性的改变可以通过“变形”面板和“颜色”面板设置，具体设置如图 2–75 所示。同“实例 2”一样，“实例 3”也在“变形”面板和“变形”面板中进行设置，具体属性值设置如图 2–76 所示，“实例 4”的设置情况如图 2–77 所示。

图 2–74 “实例 1”的属性设置

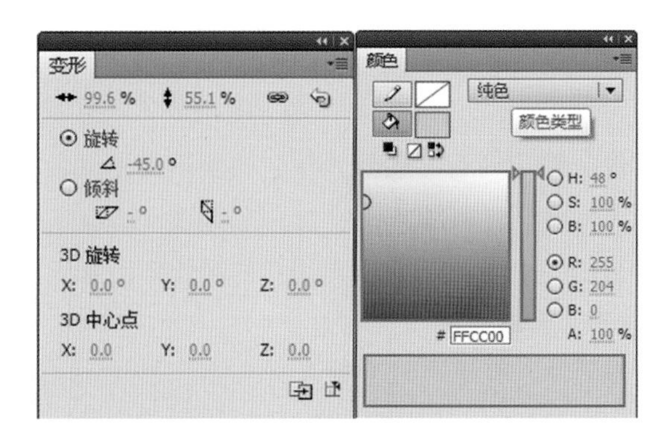

图 2–75 “实例 2”的属性设置

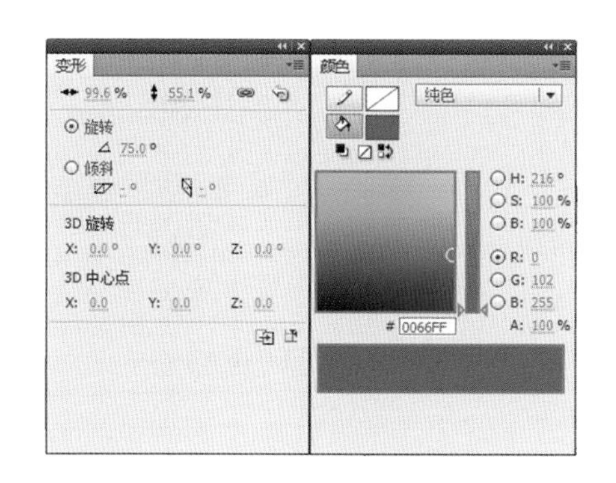

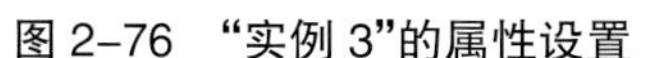

图 2-76 “实例 3”的属性设置

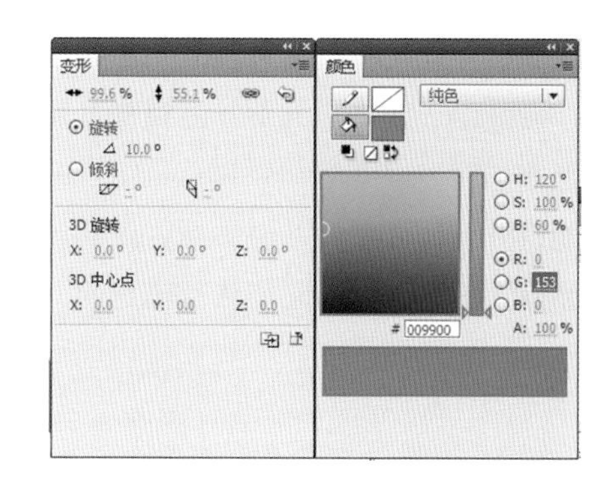

图 2-77 “实例 4”的属性设置

提示：对于实例的位置、外形、旋转、倾斜等属性的编辑可以直接用鼠标进行，但利用相关面板可以精确设置属性的数值。

在“变形”面板的操作中，注意“约束”选项，如果该选项被选中，那么实例的“宽”、“高”将同步改变，另外，“旋转”设置框中“正”号是顺时针，而“负”号是逆时针旋转。实例不仅能改变外形、位置、颜色等属性，你还可以通过“属性”面板改变它们的“类型”，如图 2-78 所示。

再分别选择 4 个“实例”，观看它们的“属性”面板，发现它们的“身份”始终没变，都是“元件 1 的实例”。也就是说，一个演员的“替身演员”在舞台上可以穿上不同服装，扮演不同角色，这是 Flash 的一个极其优秀的特性。

4. “库”的管理与使用

“库”是使用频度最高的面板之一，被安置在“面板集合”中，鉴于它的重要性，建议把“库”从“面板集合”中取出，让它单独存放于“舞台”上。

打开“库”的快捷键为“F11”键或者“Ctrl+L”组合键，它是个“开关”按钮，重复按下“F11”键能在“库”窗口的“打开”、“关闭”状态中快速切换。“库”面板上还有“库菜单”，以及元件的“项目列表”和编辑按钮，在保存 Flash 源文件时，“库”的内容同时被保存。“库”存放着动画作品的所有元件，合理管理“库”对动画制作极其重要，如图 2-79 所示。

图 2-78 实例可改变类型

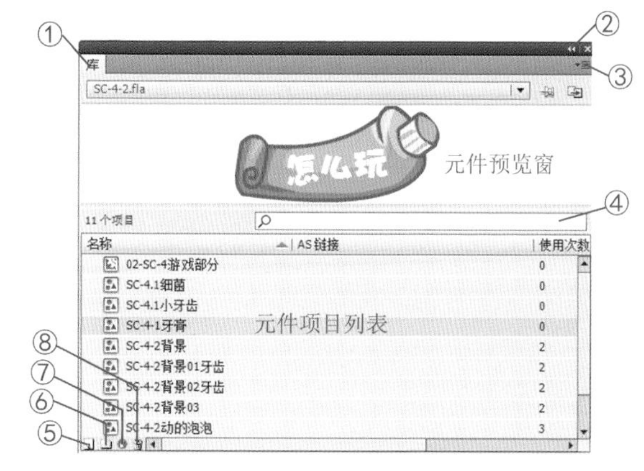

图 2-79 “库”面板

在图 2-79 中，除了“元件预览窗”、“元件项目列表”，就是“库”操作按钮，解释如下：

(1) 拖动它，能够随意地移动“库”面板，如果“库”包含在“面板集”中，只有拖动此处才可脱离“面板集”；

(2) 单击它能将面板“折叠”起来，再次单击可“展开”；

(3) 单击它能打开库面板菜单；

(4) 在此输入关键字便可以快速查找到所需要的元件；

(5) 单击它，会弹出“添加新元件”对话框，用来新增元件；

(6) 单击它能在“库”中新增文件夹；

(7) 单击它能打开“元件属性”对话框，在对话框中可改变元件的属性；

(8) 这是“删除”按钮，单击它能删除被选的元件。

实 训 三

实训名称：图形绘制

实训目的：通过本章学习，掌握 Flash 绘图技巧与方法。

实训内容：请参考如图 2-80、图 2-81 所给出的效果，结合本次课所讲解的内容进行场景设计制作练习。

实训要求：学会灵活使用绘图工具来绘制作所给图例的场景。

实训步骤：创建图层；绘制远景；绘制中景；绘制近景。

实训向导：运用图层与帧、元件进行绘图。

图 2-80 效果演示一

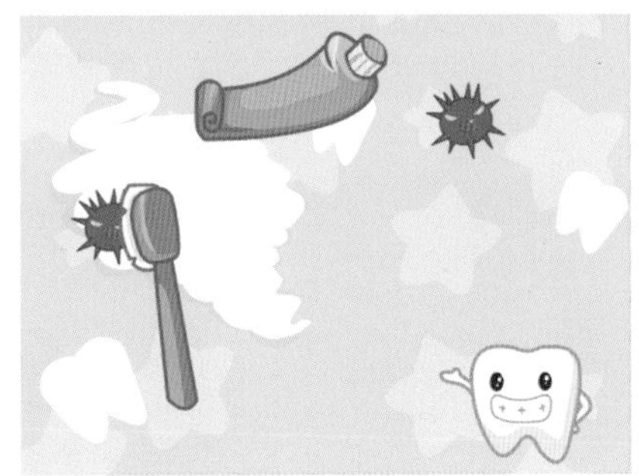

图 2-81 效果演示二

第三章

Flash 网络贺卡设计

Flash WANGLUO HEKA SHEJI

★任务概述

通过网络贺卡案例的设计制作，使读者了解网络贺卡的特点与设计要领，在实践中掌握如何使用 Flash 设计主题突出的网络贺卡，并学会补间动画的创建与声音素材的编辑。

★能力目标

对 Flash 网络贺卡设计有一定的掌握，为后续的 Flash 设计奠定坚实的理论基础。

★知识目标

了解 Flash 网络贺卡的特点，掌握网络贺卡的制作技巧和流程，学会灵活使用相关工具及命令制作出网络贺卡所需要的效果，并能融会贯通、举一反三地进行练习。

★素质目标

使读者具备独立设计网络贺卡的能力。

第一节 Flash 网络贺卡设计基础

与传统贺卡相比，由于网络贺卡具有发送快捷、可交互和节省费用等方面的技术优势，受到很多人的喜爱。因此，很多大型网站都提供了大量网络贺卡供访问者使用，如“kardshow”网站是一个专门提供网络贺卡的站点。由此可见，网络贺卡的需求量相当大，但是制作有特色的商业网络贺卡也需要一定设计方法和技巧。

一、网络贺卡的特点

(1) 创意新颖，不论是动态贺卡还是静态贺卡，制作中最重要的是创意。

(2) 短小精悍，情节不要过于复杂，作品的播放时间只有短短的数秒钟，应让使用者在短时间内看到贺卡的全部内容，舞台的尺寸不要太大，最好与现实中的贺卡一样大。

(3) 色彩明亮，使用色彩对比强的颜色，能使贺卡的感觉更为鲜明。

(4) 声情并茂，注重画面气氛的烘托，充分表达出主题的氛围。

(5) 互动控制，可按照使用者的需要添加互动程序。

二、网络贺卡的设计要领

(1) 根据所表达的意思或主题来确定贺卡的构思或脚本。

(2) 图形、动画、文字、音乐的完美结合。

(3) 网络贺卡的实际一定要区别于设计动画短片和音乐 MV。

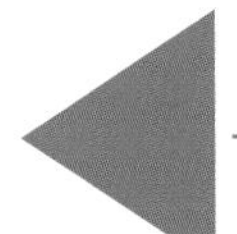

第二节 祝福贺卡设计

一、案例分析

祝福贺卡主要以动画形式表现，也就是流行的 Flash 贺卡，这种贺卡通常称为动态贺卡，本例以清晰的设计思路和条理分明的步骤介绍制作过程。制作流程分为四步，效果如图 3–1 所示。

首先，在图形元件中制作图形素材，天空、草地、树、房屋、飞鸟、春夏秋冬四个字。然后，把制作好的图形分别放置到场景相对应的图层中，用美术设计的要求来安排动画元素，并创建动画效果。最后，添加文本、制作文本的动画效果，并将制作好的影片发布进行测试。

图 3–1　本例演示的画面

二、操作步骤

（1）运行 Flash，执行“文件”→“新建”，打开“新建文档”对话框，选择“ActionScript3.0”或“Action-Script2.0”，单击“确定”。按“Ctrl+S”组合键保存名为“四季”的文件，在“舞台”中鼠标右键单击，打开快捷键菜单选择“文档设置”对话框，参数设置如图 3–2 所示。

（2）在 场景 1 中，将“图层 1”改名为“天空”，然后选择工具箱中的“矩形工具”，在舞台中绘制“宽”550px，“高”400px 的浅蓝色（#00CCFF）矩形，其大小刚刚覆盖舞台，效果如图 3–3 所示。

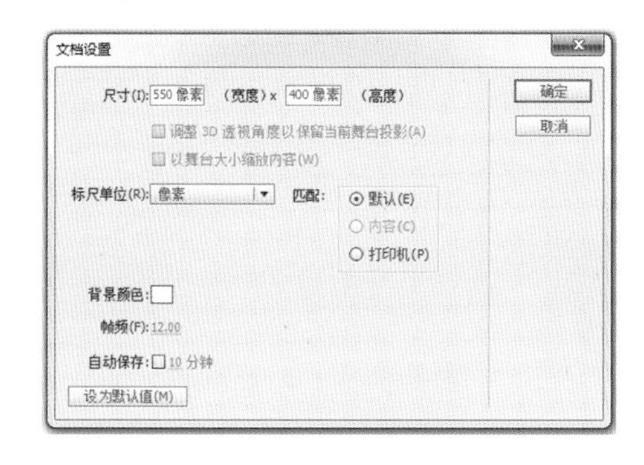

图 3–2　文档参数设置

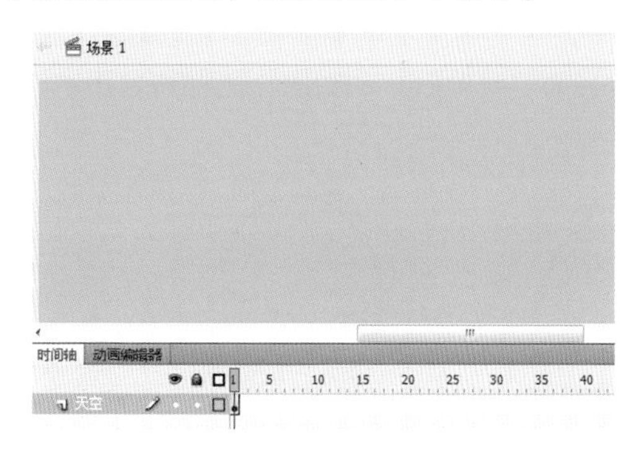

图 3–3　绘制天空

(3) 新建名为“云”的图层，选择“线条工具”在舞台内绘制如图 3-4 所示的线条。接着使用工具箱中的“选择工具”对舞台内的线条进行拖放，把直线修改得平滑一些，如图 3-5 所示。

(4) 选择工具箱中的“部分选择工具”，双击舞台内的线条对如图 3-6 所示的节点对其进行调节。使用“部分选择工具”配合“选择工具”将舞台内的线条轮廓拖放至如图 3-7 所示的效果。

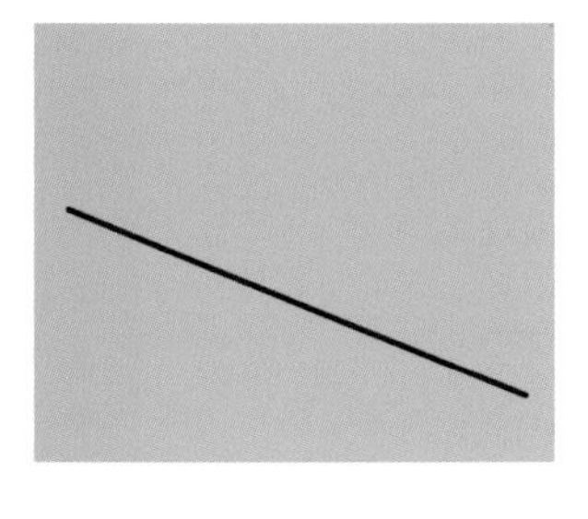

图 3-4 绘制直线

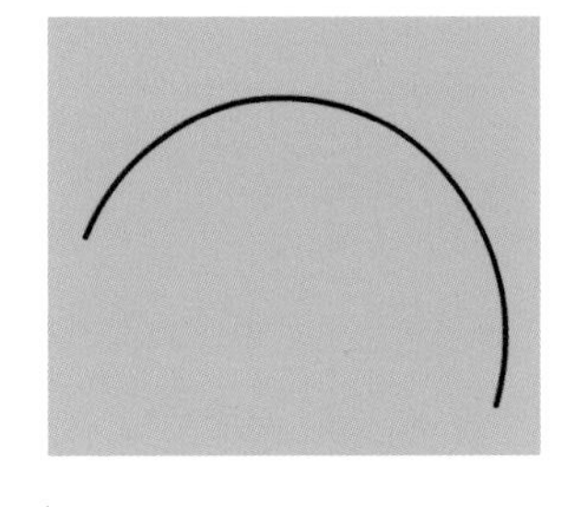

图 3-5 编辑直线

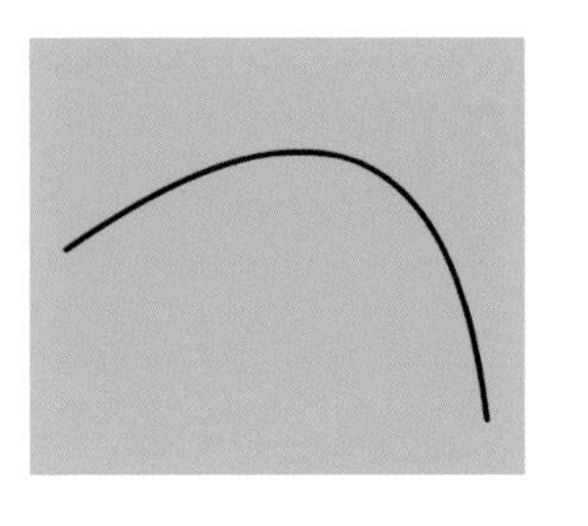

图 3-6 调整节点

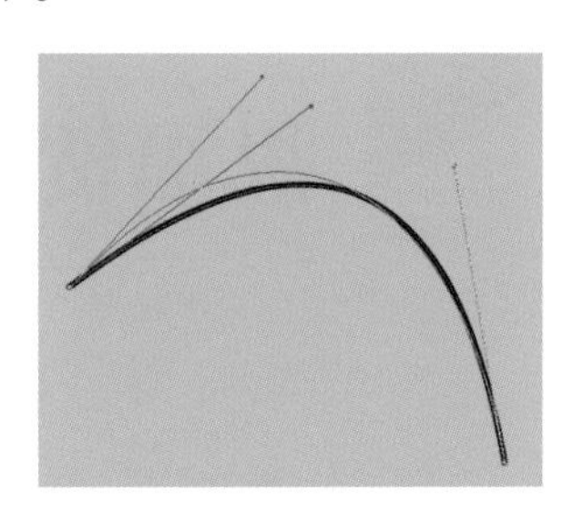

图 3-7 最终效果

提示：绘制轮廓的同时使用“选择工具”和“部分选择工具”进行辅助修改可以将很方便得到所需要的线条形状。

(5) 按照刚才绘制轮廓线条的方法，制作一朵完整的云，如图 3-8 所示。选择工具箱中的“颜料桶工具”将舞台内的轮廓线填充白色，接着使用“选择工具”将舞台内的轮廓线删除，效果如图 3-9 所示。

(6) 新建名为“房子”的图层，选择“线条工具”在舞台内绘制黑色轮廓线，如图 3-10 所示的效果。选择工具箱中的“颜料桶工具”将房子填充如图 3-11 所示的颜色，并删除轮廓线。

图 3-8 绘云的轮廓线

图 3-9 填充颜色

图 3-10 绘房子的轮廓线

图 3-11 填充颜色

提示：在绘制复杂的轮廓线之前，一定要先选择工具栏中的“贴紧至对象”，在绘制轮廓线的过程中，才能保证线条的端点能够连在一起。

(7) 新建名为“树”的图层，选择“椭圆工具”在舞台内绘制椭圆形，继续单击“铅笔工具”在椭圆形内画一条曲线区分树的两个面，如图 3-12 所示。使用“线条工具”配合“选择工具”绘制树干的轮廓线，如图 3-13 所示。选择工具箱中的“颜料桶工具”给树填充三种不同的颜色，浅绿色（#0DF700）与深绿色的（#339900）的树叶、褐色的（#957B04），然后选择工具箱中的“选择工具”将轮廓线删除，如图 3-14 所示。

(8) 新建名为“草地右”的图层，选择舞台中的“线条工具”在舞台内绘制如图 3-15 所示的三角形，填充黄色（FFEE51）。

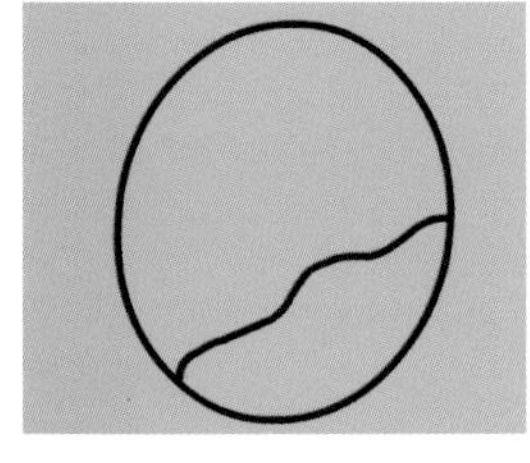

图 3-12 树的轮廓线

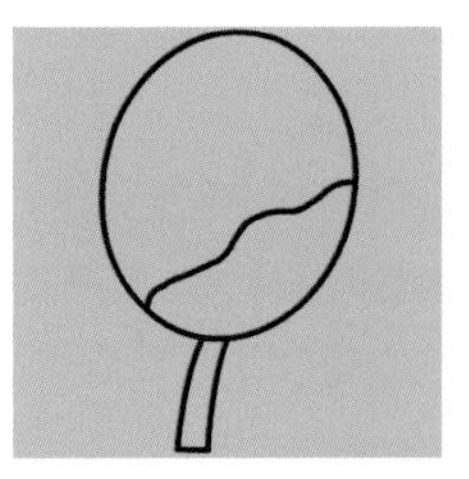

图 3-13 树干的轮廓线

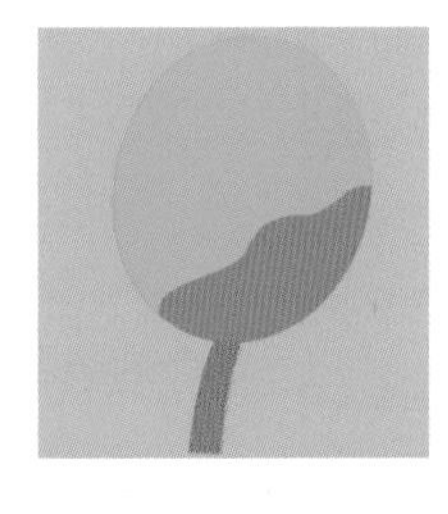

图 3-14 填充颜色

图 3-15 绘制三角形

(9) 单击“选择工具” 对三角形的一条边线进行拖放，要把它修改得平滑一些，然后删除轮廓线，如图 3–16 所示。新建名为“草地左”图层，选择舞台中的“线条工具” 在舞台内绘制三角形，填充绿色(54DA27)。使用“选择工具” 对三角形的一条边线进行拖放，删除轮廓线，如图 3–17 所示。

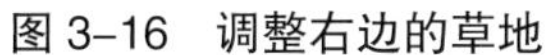
图 3–16 调整右边的草地

图 3–17 绘制左边的草地

(10) 同时选择 场景 1 中所有图层的第 100 帧，单击鼠标右键选择“插入帧”，如图 3–18 所示。或直接按“F5”插入帧，如图 3–19 所示，将动画的播放时间延长。

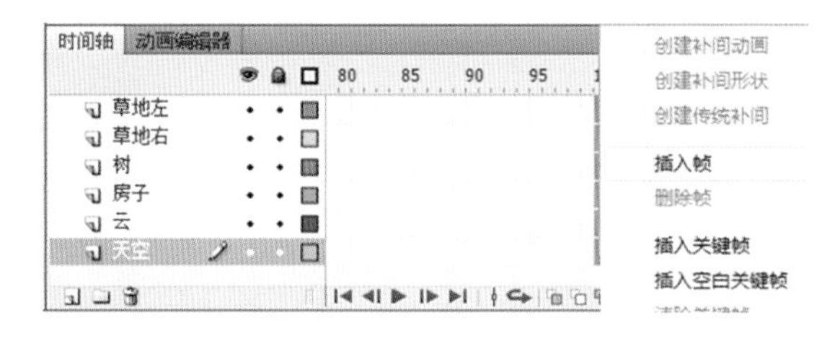

图 3–18 选择插入帧

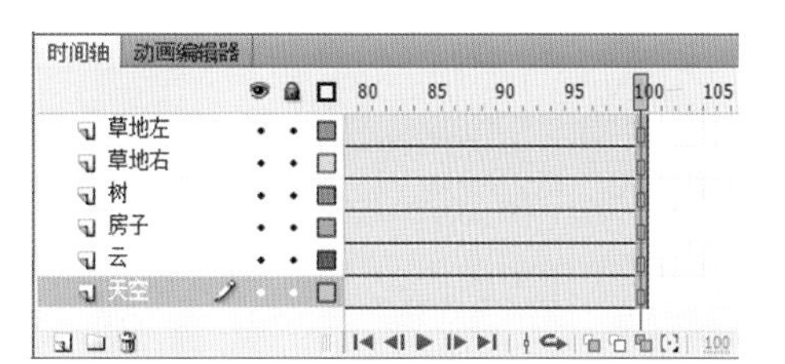

图 3–19 将图层帧数增加到 100

(11) 选择图层“天空”、“树”、“草地右”、“草地左”这四层的第 15 帧按“F6”插入关键帧，并且在该帧内将这些图形的颜色填充为夏季的颜色，天空填充深蓝色 (#0000CC)、右边草地填充大红 (#FF0000)、左边草地填充褐色 (#64361E)，效果如图 3–20 所示。

(12) 继续选择图层“天空”、“树”、“草地右”、“草地左”这四个图层的第 30 帧按“F6”插入关键帧，并且在该帧内将这些图形的颜色填充为秋季的颜色，天空填充蓝紫色 (#9999FF)、右边草地填充橘黄色 (#FFAD33)、左边草地填充浅褐色 (#CC6600)，效果如图 3–21 所示。继续选择图层“天空”、“树”、“草地右”、“草地左”这四个图层的第 45 帧按“F6”插入关键帧，并且在该帧内将这些图形的颜色填充为冬季的颜色，天空填充蓝色 (#A2E0FF)、右边草地填充浅蓝色 (#D7FFFF)、左边草地填充蓝灰色 (#98EAFE)，效果如图 3–22 所示。

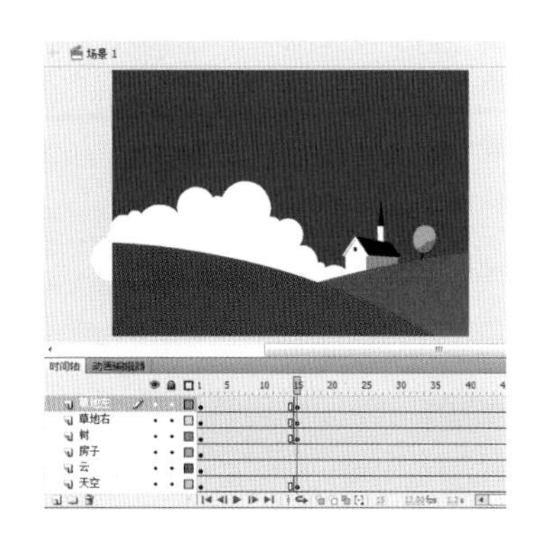

图 3–20 填充夏季的颜色

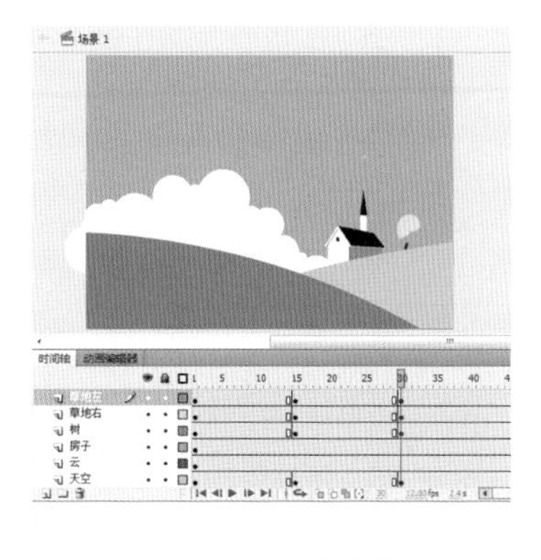

图 3–21 填充夏季的颜色

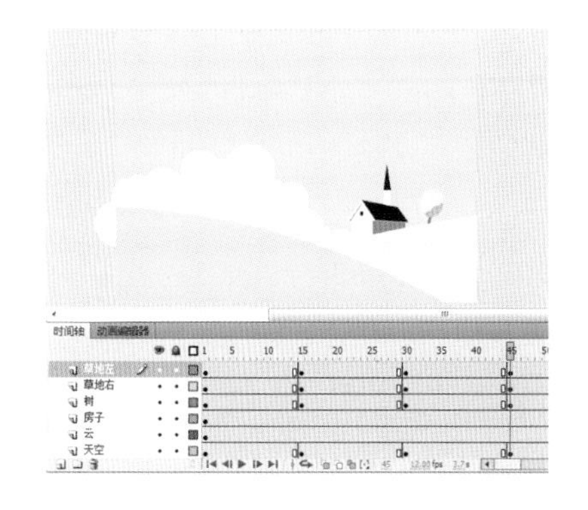

图 3–22 填充冬季的颜色

(13) 在图层“天空”、“树”、“草地右”、“草地左”的第 1 帧和第 15 帧之间，单击鼠标右键选择“创建补间形状”命令，如图 3–23 所示。对后面的帧用样的方法进行“创建补间形状”命令。

图 3-23 创建补间形状

（14）新建一个名为“鸟”的图层，选择舞台中的“线条工具”在舞台内绘制直线，使用“选择工具”对舞台内的线条进行拖放，把直线调整为曲线，如图 3-24 所示。为了进一步使线条变得圆润平滑，选择工具箱中的“部分选择工具”双击舞台内的线条，节点对其进行调节，效果如图 3-25 所示。选择工具箱中的“颜料桶工具”给鸟填充颜色，并用“选择工具”将舞台内的轮廓线删除，并将它移到如图 3-26 所示的位置。

图 3-24 绘制飞鸟轮廓线

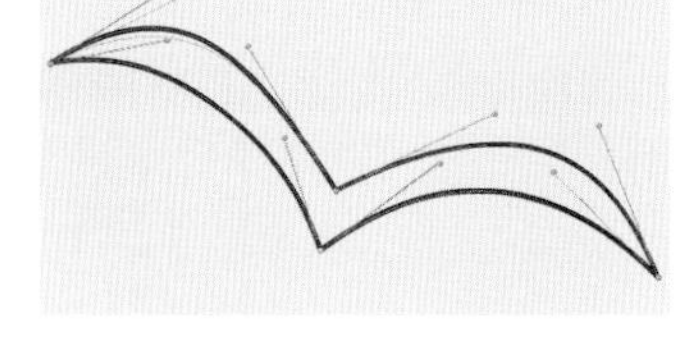

图 3-25 编辑轮廓线

图 3-26 填充效果

（15）在图层“鸟”的第 20 帧按“F6”插入关键帧，将该帧中的鸟移至如图 3-27 所示的位置。在图层“鸟”的第 45 帧按“F6”插入关键帧，将帧中的鸟移至画布以外右侧，如图 3-28 所示。

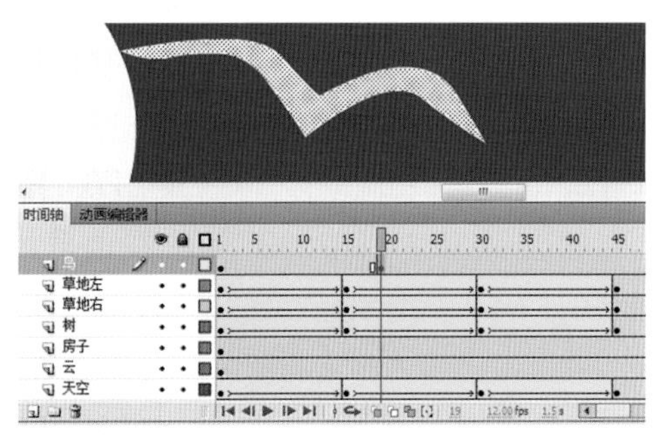

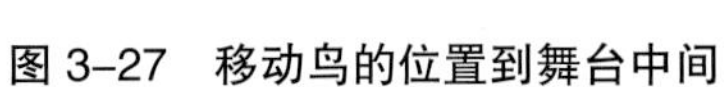

图 3-27 移动鸟的位置到舞台中间

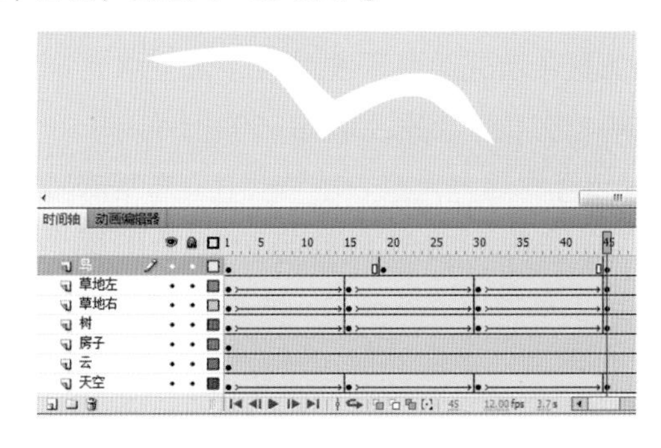

图 3-28 移动鸟的位置到舞台右边

（16）在图层“鸟”的第 1 帧和第 20 帧之间、第 20 帧和第 45 帧之间，单击鼠标右键选择“创建补间形状”命令，效果如图 3-29 所示。

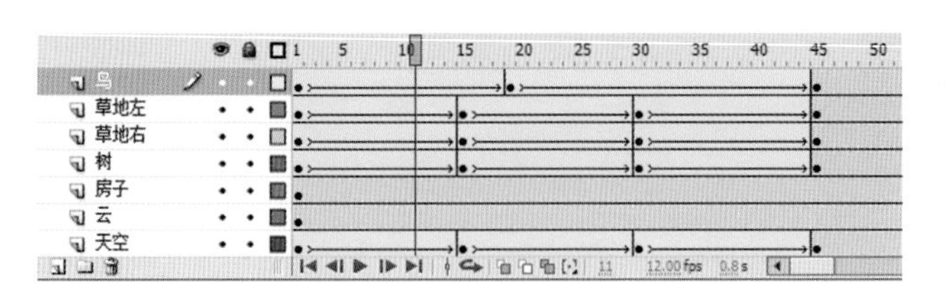

图 3-29 创建补间形状

（17）新建名为“四季”的图层，选择“文本工具”在如图所示的位置输入静态文本“春”，字体颜色设置为黑色，如图 3-30 所示。在图层“四季”第 15 帧按“F8”插入空白关键帧，选择“文本工具”在如图所示的位置输入静态文本“夏”，如图 3-31 所示。

提示：插入空白关键帧的图层是为了在后面的动画编辑中再次利用，在动画的制作中尽量减少图层的使用对我们以后的修改和查看有很大的帮助。

(18) 在图层“四季”第 30 帧按“F8”插入空白关键帧，选择“文本工具”T 在如图 3-32 所示的位置输入静态文本“秋”。在图层“四季”第 45 帧按“F8”插入空白关键帧，选择“文本工具 T 在如图 3-33 所示的位置输入静态文本“冬”，然后在第 55 帧按“F8”插入空白关键帧。

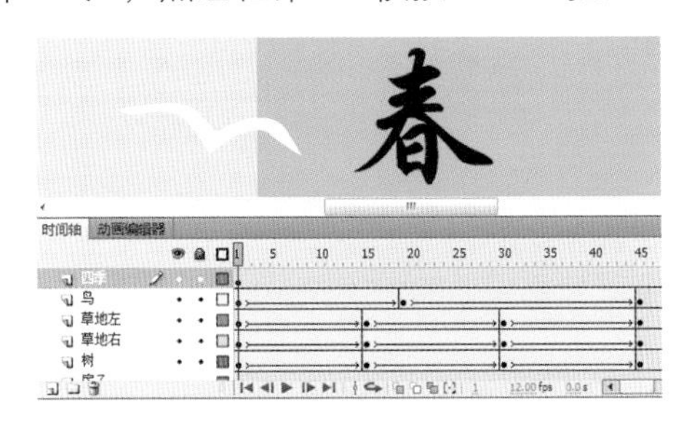

图 3-30 输入文本“春”

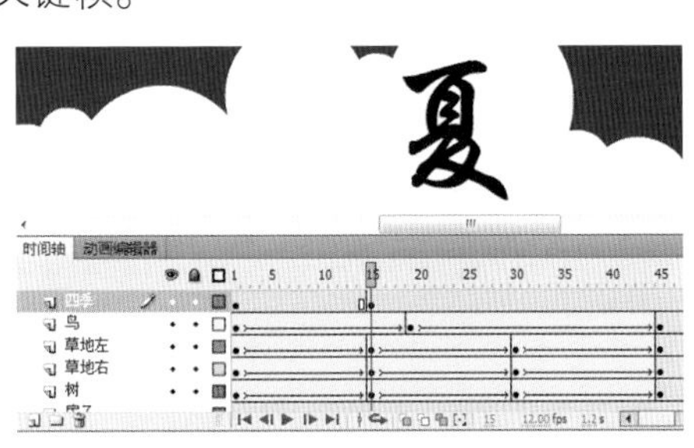

图 3-31 输入文本“夏”

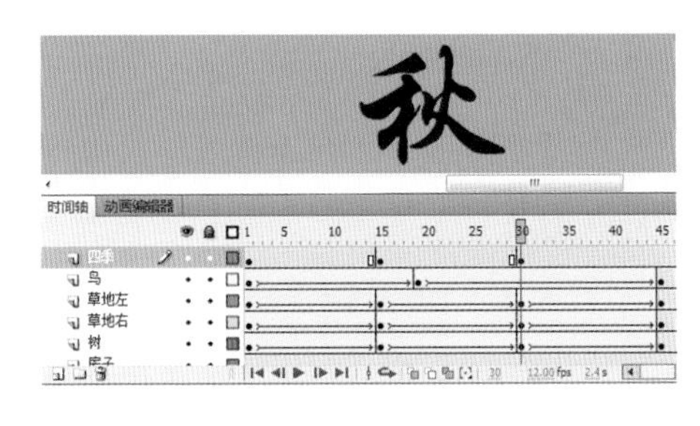

图 3-32 输入文本“秋”

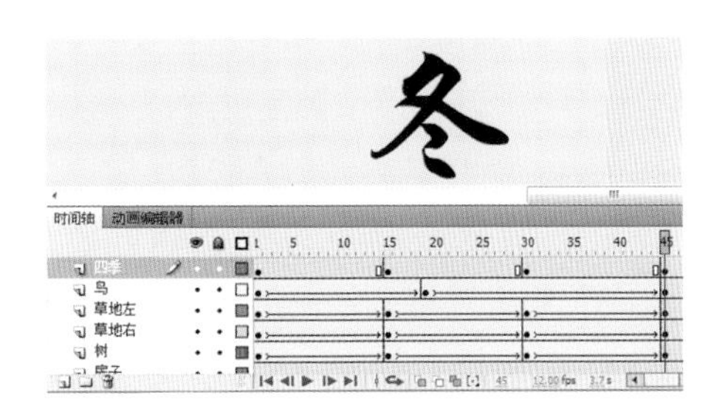

图 3-33 输入文本“冬”

(19) 新建名为“文本 1”的图层，第 55 帧按“F8”插入空白关键帧，选择“文本工具”T 在如图 3-34 所示的位置输入静态文本“岁月流转”，再用“选择工具” 选择“岁月流转”这四个字，连续按“Ctrl+B”将文字分离。在图层“文本 1”的第 63 帧、第 71 帧、第 78 帧插入关键帧，同时打开“颜色”面板，把第 55 帧和第 78 帧文字的“A”（Alpha）值设置为“0”，如图 3-35 所示。

(20) 在图层“文本 1”的第 55 帧和第 63 帧之间、第 71 帧和第 78 帧之间，单击鼠标右键选择“创建补间形状”命令，效果如图 3-36 所示。

图 3-34 输入文本

图 3-35 设置颜色

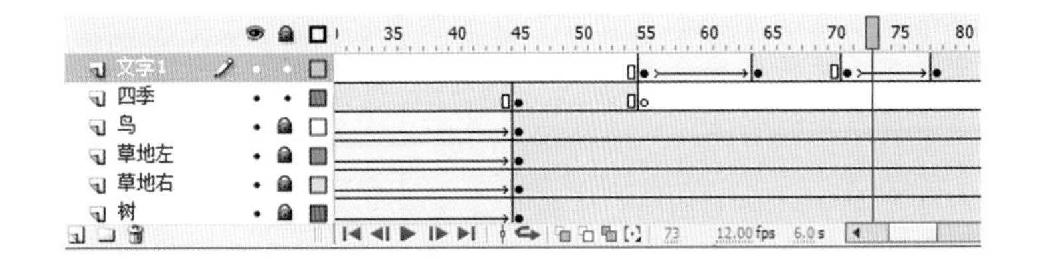

图 3-36 创建文本的补间动画

(21) 新建一个名为“文本 2”的图层，第 75 帧插入空白关键帧，选择“文本工具”T 在如图 3-37 所示的位置输入静态文本“祝福永恒”，再用“选择工具” 选择“祝福永恒”这四个字，连续按“Ctrl+B”将文字分离。在图层“文本 2”的第 83 帧插入关键帧，同时把第 75 帧文字的“A”（Alpha）值设置为“0“，如图 3-38 所示。

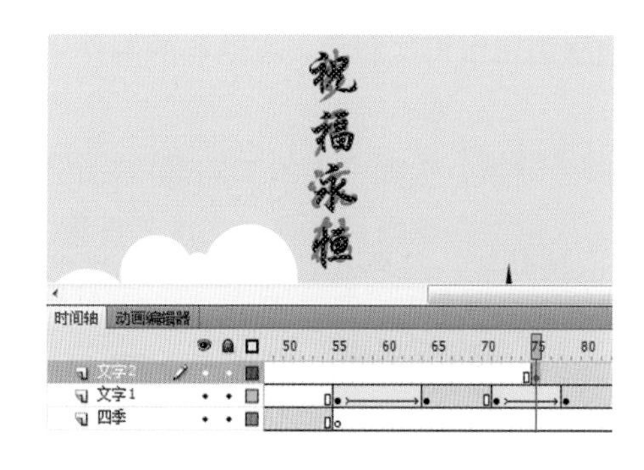

图 3-37　输入静态文本

图 3-38　设置文本颜色

（22）在图层“文本 2”的第 75 帧和第 83 帧之间，单击鼠标右键选择“创建补间形状”命令，如图 3-39 所示。

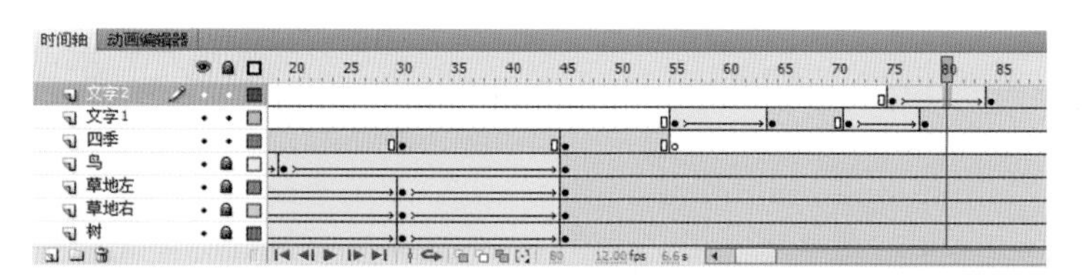

图 3-39　创建补间形状

（23）按“Ctrl+S”组合键将文件进行保存，文件名字为“贺卡 1”，最后按“Ctrl+Enter”组合键发布动画进行测试，最终效果如图 3-40 所示。

图 3-40　“贺卡 1”最终效果

[知识链接] 形状补间动画

形状补间是 Flash 中非常重要的表现手法之一，运用它，可以变幻出各种奇妙的、不可思议的变形效果。

一、形状补间动画的概念

在一个关键帧中绘制一个形状，然后在另一个关键帧中更改该形状或绘制另一个形状，Flash 根据二者之间的帧的值或形状来创建的动画被称为“形状补间动画”。

二、构成形状补间动画的元素

形状补间动画可以实现两个图形之间颜色、形状、大小、位置的相互变化，其变形的灵活性介于逐帧动画和动作补间动画二者之间，使用的元素多为用鼠标或压感笔绘制出的形状，如果使用图形元件、按钮、文字，则必先“打散”才能创建变形动画。

三、形状补间动画在时间帧面板上的表现

形状补间动画建好后，时间帧面板的背景色变为淡绿色，在起始帧和结束帧之间有一个长长的箭头，如图 3–41 所示。

四、创建形状补间动画的方法

在时间轴面板上动画开始播放的地方创建或选择一个关键帧，并设置要开始变形的形状，一般一帧中以一个对象为好，在动画结束处创建或选择一个关键帧并设置要变成的形状，然后在两个关键帧之间单击鼠标右键，打开快捷键菜单选择“创建补间形状”命令。此时，一个形状补间动画就创建完毕。

五、认识形状补间动画的属性面板

Flash 的“属性”面板随鼠标选定的对象不同而发生相应的变化。当我们建立了一个形状补间动画后，单击帧，可以看到“属性”面板的变化，如图 3–42 所示。

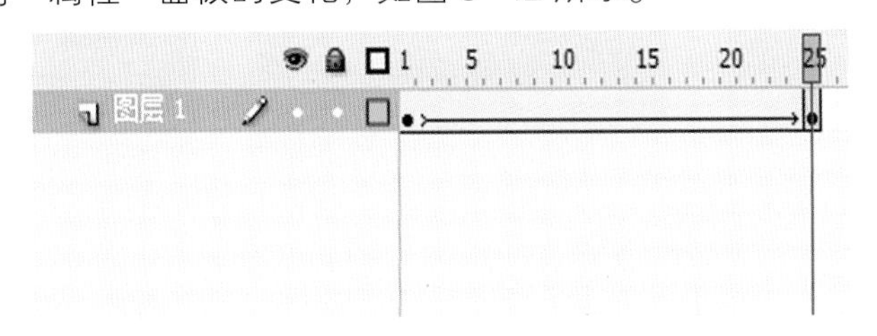

图 3–41 形状补间动画在时间轴上的表现

图 3–42 形状补间动画的“属性”面板

形状补间动画的“属性”面板上只有两个参数。

（1）“缓动”选项

单击“缓动”后的“缓动值”，用鼠标左右拖动便可以调节参数值，当然也可以在文本框中直接输入具体的数值，设置后，形状补间动画会随之发生相应的变化，如图 3–43 所示。在 1 到 –100 的负值之间，动画运动的速度从慢到快，朝运动结束的方向加速度补间。在 1 到 100 的正值之间，动画运动的速度从快到慢，朝运动结束的方向减慢补间。默认情况下，补间帧之间的变化速率是不变的。

（2）“混合”选项

“混合”选项中有“分布式”选项和“角形”选项供选择。“分布式”选项是指创建的动画中间形状比较平滑和不规则。“角形”选项是指创建的动画中间形状会保留有明显的角和直线，适合于具有锐化转角和直线的混合形状。如图 3–44 所示。

图 3–43 “缓动”选项

图 3–44 “混合”选项

第三节 新年贺卡设计

一、案例分析

本例以清晰的设计思路和条理分明的步骤介绍制作过程，效果如图 3–45 所示。

图 3–45 贺卡演示

首先，制作背景的素材，天空、星星、建筑物、地面。然后，制作前景动画部分的素材，彩带、钟、钟声、礼物。接着，把制作好的素材分别放置到场景的图层中，用美术设计的要求来安排动画元素，并创建动画效果。最后，给动画添加背景音乐和互动控制，将制作好的影片发布进行测试，效果如图 3–45 所示。

二、操作步骤

（1）新建名为“新年快乐”的 Flash 文档。打开“文档设置”对话框，参数设置为“宽”352px，“高”288px，背景色为白色，其他选项均使用默认，单击“确定”按钮，如图 3–46 所示。

（2）将“图层 1”改名为“天空”，然后选择工具箱中的“矩形工具”在舞台中绘制“宽”352px，“高 288px 的黑边蓝底的矩形，矩形的大小刚刚覆盖舞台，如图 3–47 所示。

图 3–46 属性参数设置

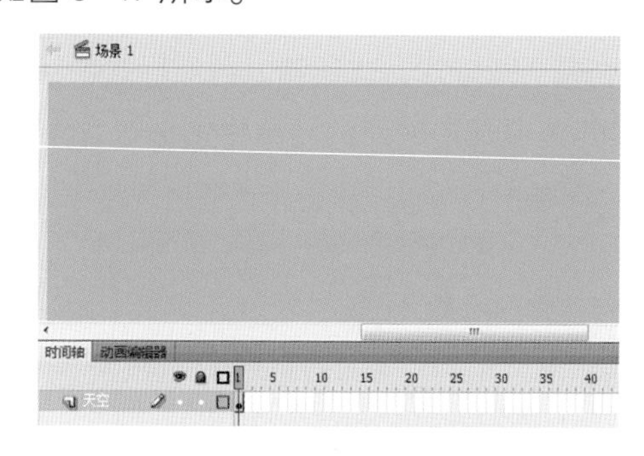

图 3–47 绘制矩形作为背景

（3）将刚绘制的矩形进行色彩处理，打开“颜色”面板选择“类型”为“放射状”，将左边的滑动色块将其色彩设置为深蓝色（#5656FE），选择右边的色块将其设置为黑色（#000000），面板参数设置如图 3–48 所示。

（4）选择舞台中的矩形，接着选择工具箱中的“颜料桶工具”，移动鼠标到所选的矩形上，单击鼠标左键给矩形填充颜色，如图 3–49 所示。

（5）按“Ctrl+F8”组合键新建名为“星星”的影片剪辑，进入其编辑状态，选择工具箱中的“多角星形工具”，如图 3–50 所示。再选择“属性”→“选项”，打开“工具设置”对话框，选择“样式”为“星形”，其参数设置如图 3–51 所示。

图 3–48 渐变设置

图 3–49 制作矩形渐变

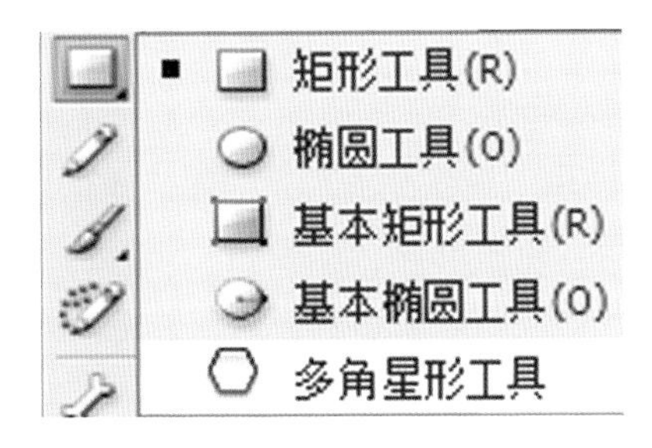

图 3–50 多角星形工具

图 3–51 工具设置

提示：本例所有出现的动画元素都转换成元件，这样可以方便直接从“库”中查找和修改。

（6）在舞台中绘制浅黄色（#FFFF66）五角星，接着删除轮廓线，在影片剪辑“星星”的第 5 帧和第 9 帧插入关键帧，如图 3–52 所示。选择第 5 帧的星星图形，使用“任意变形工具”将图形缩小至如图 3–53 所示效果，并将其填充色的“A”（Alpha）值在“颜色”面板中设置为“0”，最后给第 1 帧至第 9 帧创建补间形状。

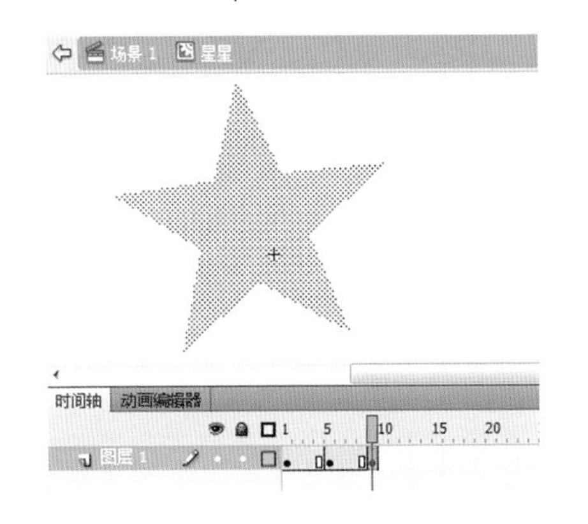

图 3–52 绘制星星

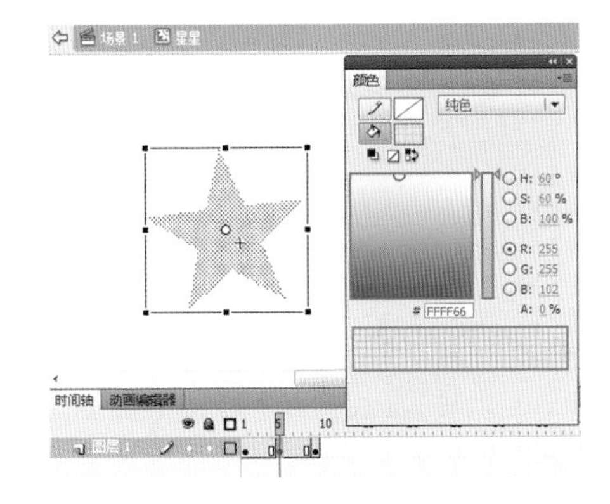

图 3–53 创建星星的动画

（7）返回 场景 1，将“库”中的影片剪辑“星星”拖入到舞台中，在舞台中复制多个，并且重新调整它们的大小与位置，如图 3–54 所示。

（8）新建名为“背景”的图层，然后按“Ctrl+F8”组合键新建名为“背景”的影片剪辑元件，进入其编辑状态，使用“线条工具”绘制建筑物的轮廓线，并用“选择工具”建将筑物轮廓线进行拖曳为如图 3–55 所示弧形。

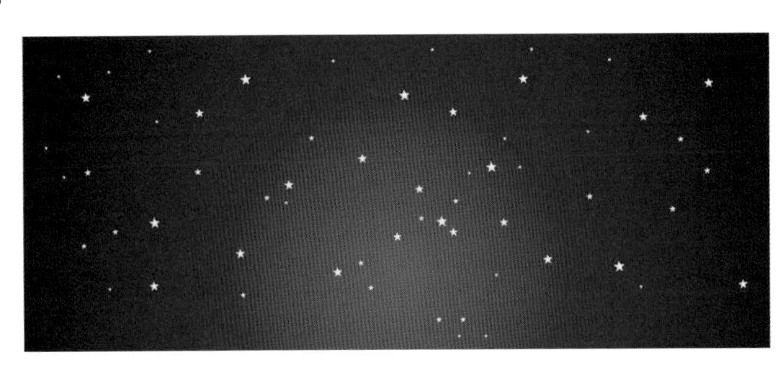

图 3–54 复制星星

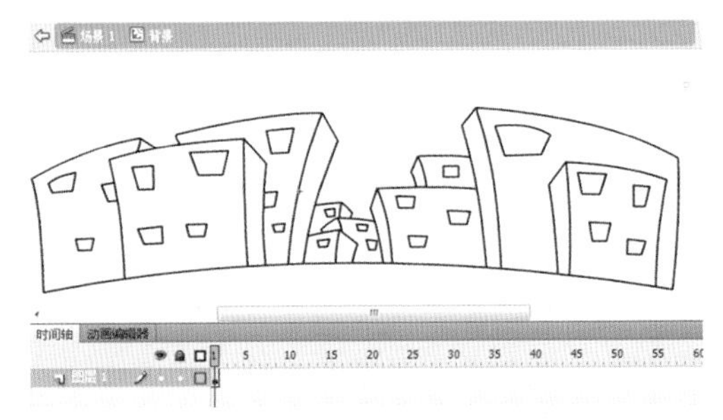

图 3–55 绘制背景轮廓线

（9）打开“颜色”面板在其选项“类型”中选择“放射状”，然后选择左边的滑动色块将其色彩设置为浅蓝色（#8BDCFE），再选择右边的色块将其设置为深蓝色（#0A3DA5），面板参数设置如图 3–56 所示。

（10）单击“颜料桶工具”给建筑物轮廓线填充颜色，如图 3–57 所示。选择填充颜色，使用“渐变变形工具”，将图形填充的中心点移动到如图 3–58 所示的位置。

（11）按照刚才的方法，选择“径向渐变”填充类型给所有的建筑物填充不同深浅的蓝色，然后，选用“颜料桶工具”给建筑物的窗户填充黄色，如图 3–59 所示。

提示：每填充一次，必须使用“渐变变形工具”，重新调整填充的中心点位置，以及填充的大小和方向。

（12）接着绘制地面，使用“矩形工具”绘制“深黄色（#FFCC00）”的矩形，单击“选择工具”对其中的一条边线进行拖放，修改成如图 3–60 所示的弧形，并将其移动到建筑物的下方。

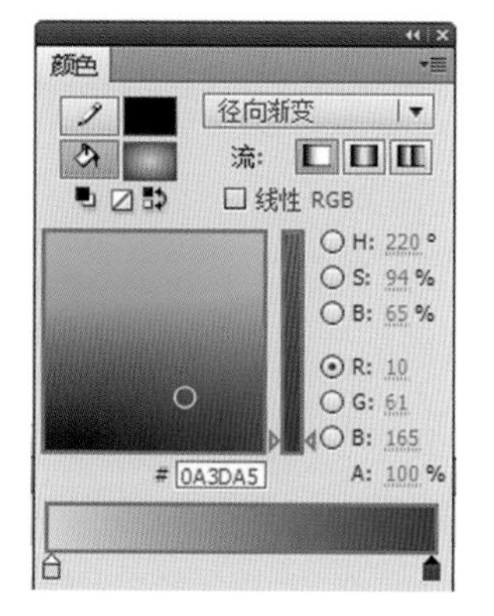

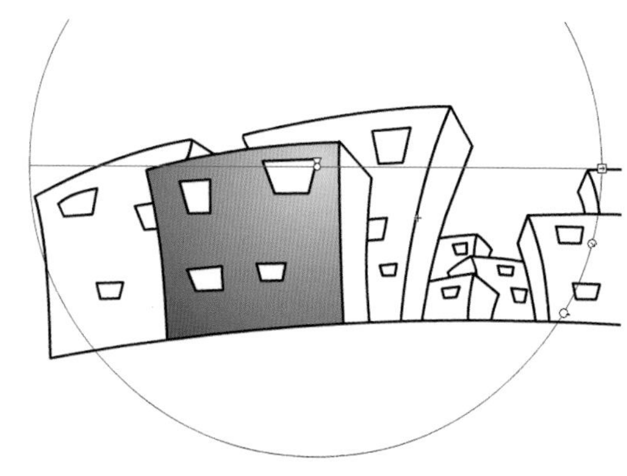

图 3–56　渐变色的填充设置　　图 3–57　填充颜色　　图 3–58　调整线性填充

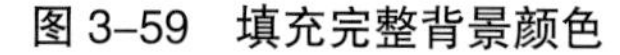

图 3–59　填充完整背景颜色　　图 3–60　绘制地面

（13）继续使用“矩形工具”在舞台的空白区域绘制矩形，使用“选择工具”对其中的一条边线进行拖放，然后删除轮廓线，如图 3–61 所示。

（14）打开“颜色”面板在其选项“类型”中选择“径向渐变”，选择左边的滑动色块将其色彩设置为黄色（#FFFF00），将右边的色块设置为黄色（#FFFF00）的透明度为“0”，如图 3–62 所示。

（15）单击“颜料桶工具”给图形填充颜色，如图 3–63 所示。选择填充颜色，使用“渐变变形工具”，将颜色调整为如图 3–64 所示的效果。

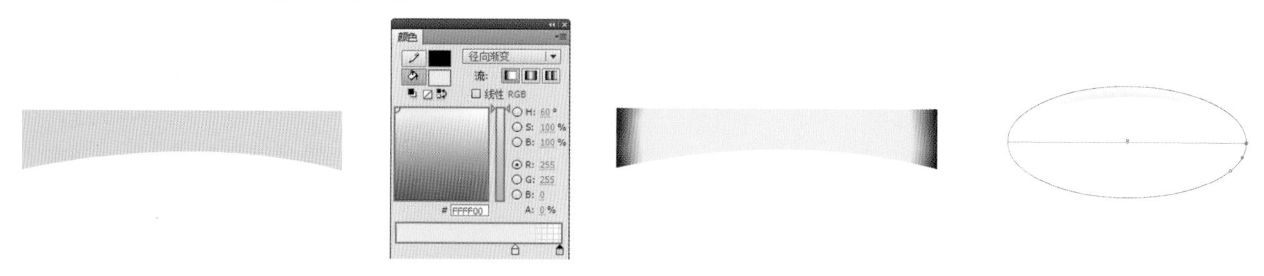

图 3–61　绘制并修改矩形　图 3–62　渐变色的填充设置　图 3–63　填充颜色　图 3–64　调整线性填充

(16) 将刚绘制的图形移动到适合位置，返回 场景 1，将“库”中的影片剪辑“背景”拖入到舞台中，并且重新调整它们的大小与位置，效果如图 3–65 所示。

(17) 新建名为“彩带”的图层，然后按“Ctrl+F8”组合键新建名为“彩带”的影片剪辑元件，进入其编辑状态，使用“线条工具”配合“选择工具”绘制彩带的轮廓线，然后绘制暗部的轮廓线，如图 3–66 所示。

(18) 选择“颜料桶工具”给彩带填充不同的颜色，接着使用“墨水瓶工具”调整图形轮廓线的颜色，使填充色与轮廓线的颜色协调，如图 3–67 所示。

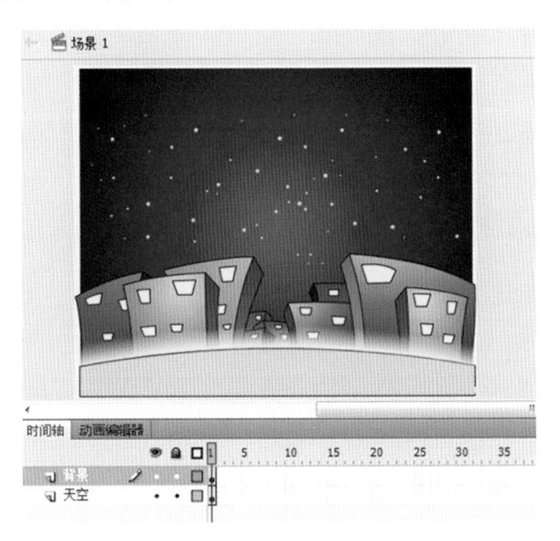

图 3–65　调整背景画面

图 3–66　绘制彩带轮廓线

图 3–67　填充彩带颜色

(19) 新建名为“风铃”的图层，然后按“Ctrl+F8”组合键新建名为“风铃”的影片剪辑元件，进入其编辑状态，使用“椭圆工具”配合“任意变形工具”绘制风铃和果子的轮廓线，使用“线条工具”配合“选择工具”绘制叶子轮廓线，如图 3–68 所示。

(20) 使用“线条工具”配合“选择工具”绘制风铃暗部的轮廓线与高光轮廓线，选择工具箱中的“铅笔工具”绘制果子的高光轮廓线，如图 3–69 所示。

(21) 使用“颜料桶工具”给风铃填充不同的颜色，并用“墨水瓶工具”调整图形轮廓线的颜色，如图 3–70 所示。

图 3–68　绘制风铃轮廓线

图 3–69　绘制高光与暗部轮廓线

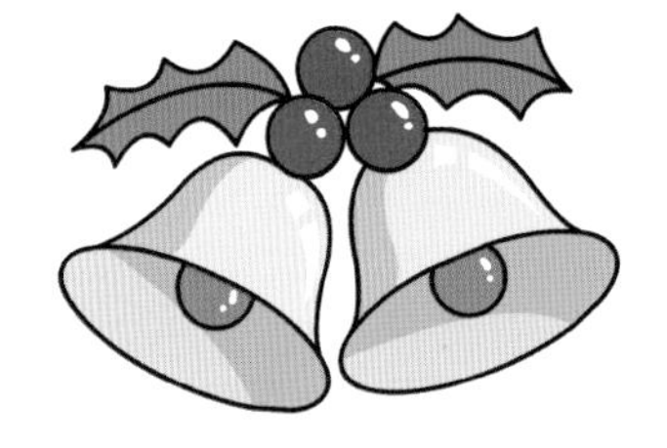

图 3–70　填充颜色

(22) 新建名为“礼物 1”的图层，然后按“Ctrl+F8”组合键新建一个名为“礼物 1”的影片剪辑元件，进入其编辑状态，使用“椭圆工具”配合“线条工具”绘制盒子的轮廓线，用“线条工具”配合“选择工具”绘制蝴蝶结的轮廓线，如图 3–71 所示。对礼品盒进行填充上色处理，效果如图 3–72 所示。

(23) 按“Ctrl+L”组合键打开“库”面板，选择影片剪辑元件“礼物 1”，单击鼠标右键，选择“直接复制”，如图 3–73 所示，打开“直接复制元件”面板，复制名为“礼物 2”的影片剪辑元件，如图 3–74 所示。

（24）进入影片剪辑元件“礼物 2”的编辑状态，使用“颜料桶工具”对礼品盒重新填充上色，如图 3–75 所示为调整之后的礼品盒效果。

图 3–71　绘制“礼物 1”轮廓线

图 3–72　填充“礼物 1”颜色

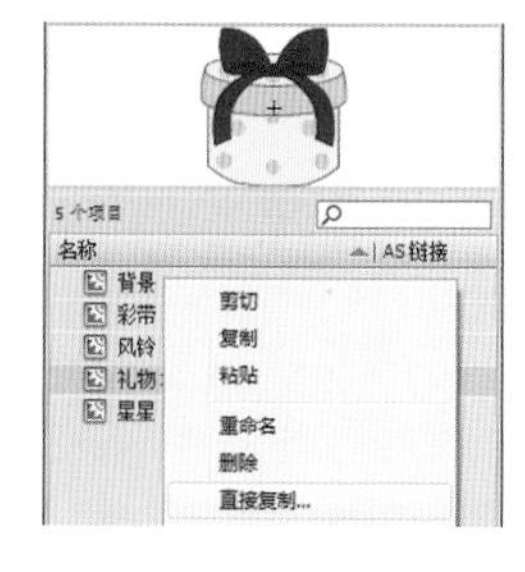

图 3–73　将“礼物 1”直接复制

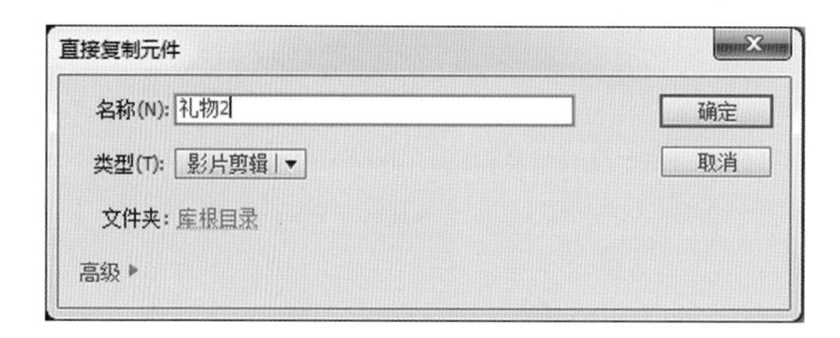

图 3–74　复制为“礼物 2”

图 3–75　填充“礼物 2”颜色

（25）按“Ctrl+F8”组合键新建名为“礼物 3”的影片剪辑元件，进入其编辑状态，使用“线条工具”配合“钢笔工具”在舞台内绘制如图 3–76 所示的轮廓线。使用“颜料桶工具”给礼品盒填充上色，如图 3–77 所示。

（26）接着将影片剪辑元件“礼物 3”复制为“礼物 4”，进入其编辑状态选择“任意变形工具”调整礼品盒的大小，使用“颜料桶工具”对礼品盒的颜色重新上色，图 3–78 所示为制作调整之后的礼品盒效果。

提示：在以后的制作中，只要遇到几个或多个相类似造型的时候，可以画几个造型然后在“库”面板中对它们进行复制，或进行稍微的修改就可以达到目的了。

图 3–76　绘制“礼物 3”轮廓线

图 3–77　填充颜色

图 3–78　绘制“礼物 4”

（27）返回场景 1，将“库”中的影片剪辑“彩带”拖入到图层“彩带”中，将“库”中的影片剪辑“风铃”拖入到图层“风铃”中，且重新调整它们的大小与位置，效果如图 3–79 所示。选择图层“天空”和图层“背景”的第 150 帧，按“F5”插入一般帧，延长动画播放的时间，如图 3–80 所示。

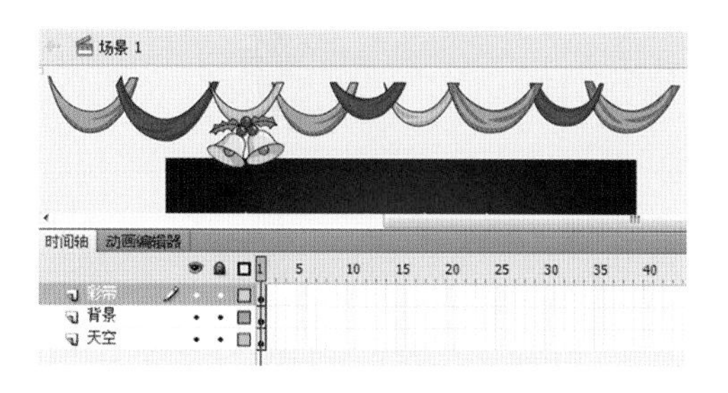

图 3–79　与背景合成

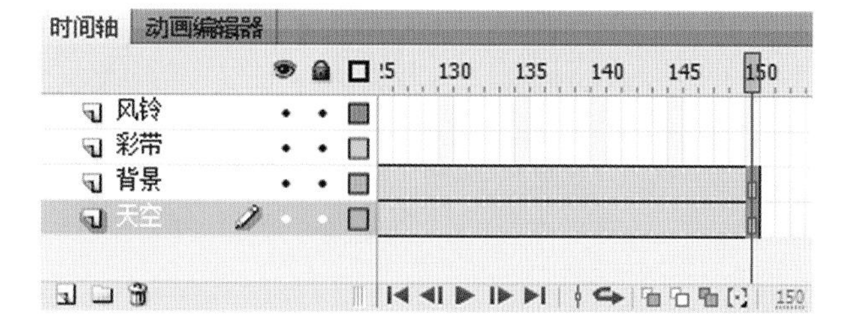

图 3–80　增加帧数至 150

(28) 选择图层“风铃”和图层“彩带”的第 13 帧插入关键帧，然后将这两个影片剪辑元件向下移动，如图 3–81 所示。继续在这两个图层的第 22 帧插入关键帧，往舞台的右边移动影片元件，如图 3–82 所示，最后在第 32 帧插入关键帧，同时将这两个影片剪辑元件向左移动，最后在第 1 帧、第 13 帧、第 22 帧、第 32 帧之间单击鼠标右键，打开快捷键菜单选择“创建传统补间”命令，效果如图 3–83 所示。

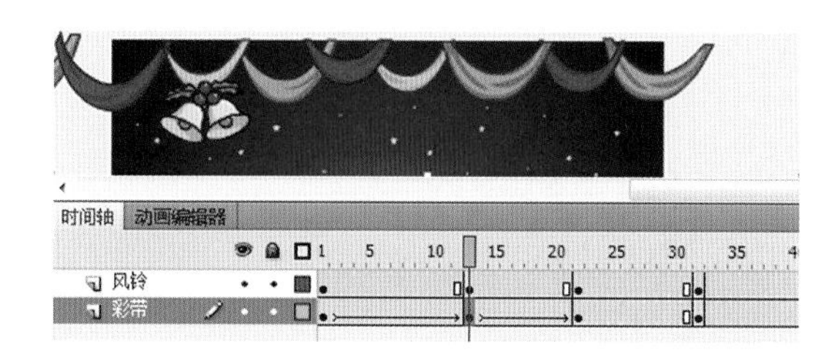

图 3–81　往下移动元件素材

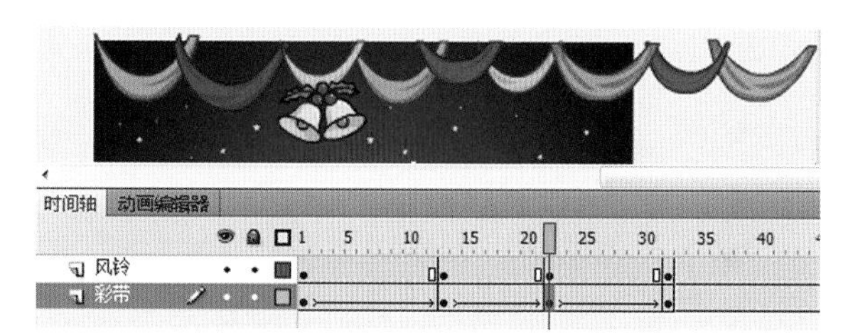

图 3–82　往右移动元件素材

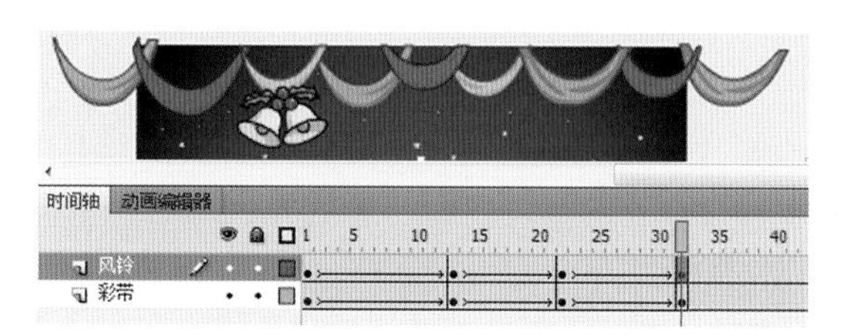

图 3–83　往左移动元件素材

(29) 接着分别新建三个名为“礼物 2”、“礼物 3”、“礼物 4”的图层，选择图层“礼物 1”的第 37 帧按“F7”插入空白关键帧，然后将“库”中的影片剪辑“礼物 1”的拖入到如图 3–84 所示的位置。

(30) 选择图层“礼物 1”的第 45 帧按“F6”插入关键帧，将影片剪辑元件“礼物 1”移到如图 3–85 所示的位置，然后创建两帧之间的传统补间。

(31) 选择图层“礼物 2”的第 41 帧“F7”插入空白关键帧，然后将“库”中的影片剪辑“礼物 2”的拖入到舞台外的左边，接着在第 47 帧、第 49 帧、第 51 帧插入关键帧，然后选择第 47 帧内的元件，使用“任意变形工具”将元件变形，选择第 49 帧内的元件，用“任意变形工具”将元件进行如图 3–86 所示的变形，最后在第 41 帧、第 47 帧、第 49 帧之间创建传统补间将其衔接。

(32) 在图层“礼物 3”的第 44 帧“F7”插入空白关键帧，然后将“库”中的影片剪辑“礼物 3”的拖入到舞台外的上方，在第 51 帧、第 52 帧、第 54 帧插入关键帧，接着选择第 52 帧内的元件，使用“任意变形工具”降低高度使其在动画中产生跳跃的效果，在第 44 帧、第 51 帧之间创建传统补间将其衔接，如图 3–87 所示。

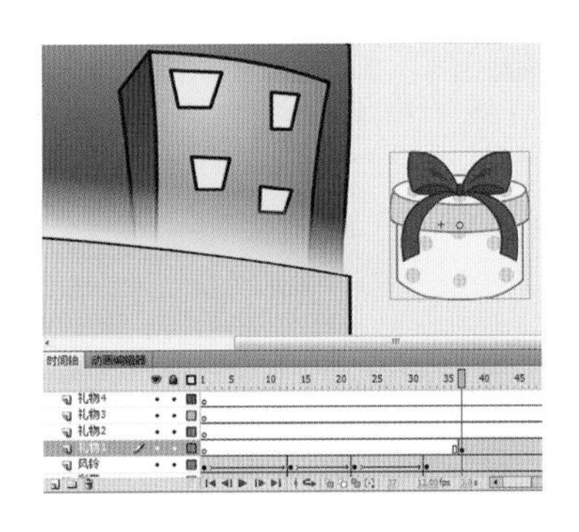

图 3-84　确定“礼物 1”起始位置

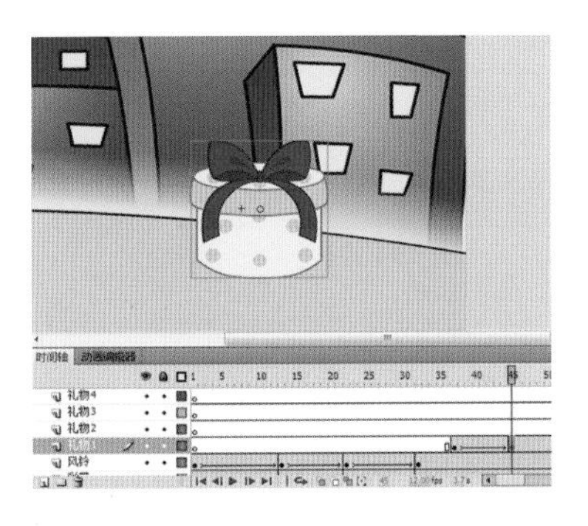

图 3-85　确定“礼物 1”终止位置

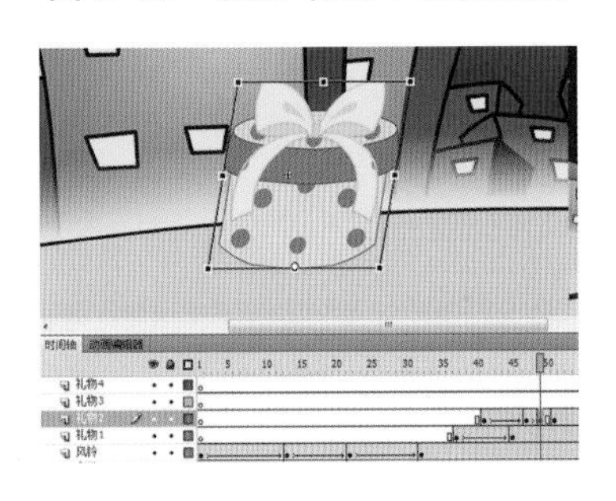

图 3-86　创建“礼物 2”的动画效果

图 3-87　创建“礼物 3”的动画效果

（33）选择图层“礼物 4”的第 49 帧“F7”插入空白关键帧，然后将“库”中的影片剪辑“礼物 4”的拖入到舞台外的上方，接着在第 55 帧、第 56 帧、第 59 帧插入关键帧，然后选择第 52 帧内的元件，使用“任意变形工具”降低高度，再创建第 49 帧、第 56 帧之间的传统补间，最后将图层“礼物 4”调整到图层“礼物 1”的下面，如图 3-88 所示。

（34）选择图层“彩带”的第 150 帧插入一般帧，延长动画播放的时间，继续选择图层“风铃”的第 68 帧、第 76 帧、第 92 帧、第 102 帧插入关键帧，然后选择第 76 帧舞台内的影片剪辑元件，使用“任意变形工具”右旋转适当的角度，选择第 92 帧舞台内的元件左旋转至如图 3-89 所示的位置，最后创建这四帧之间的传统补间。

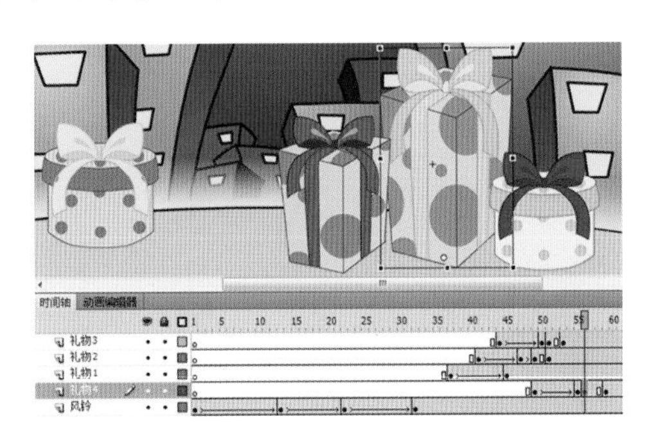

图 3-88　创建“礼物 4”的动画效果

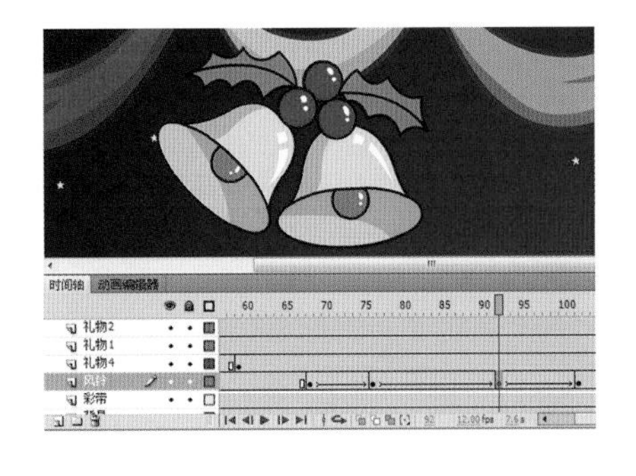

图 3-89　创建“风铃”的动画效果

（35）新建名为“铃声”的图层，在第 68 帧按“F7”插入空白关键帧，然后使用工具箱中的“椭圆工具”，在属性面板中设置线条模式为“虚线”，接着在如图 3-90 所示的位置绘制白色轮廓的圆形，同时删除填充。

（36）在第 78 帧插入关键帧，使用“任意变形工具”将白色圆圈进行放大处理，拖放至如图 3-91 所示的位置，然后在第 68 帧和第 78 帧之间创建传统补间动画将其衔接。

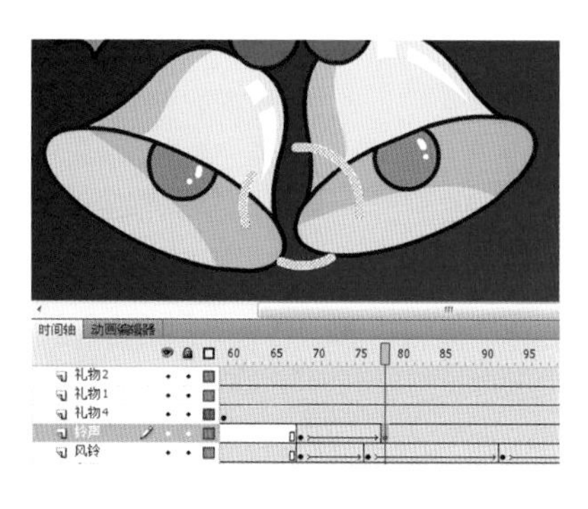

图 3-90　绘制圆形

图 3-91　创建声波的动画效果

提示：在进行缩放之前应该将图形的中心圆点拖放到它需要进行变形的位置。

(37) 选择第 68 帧和第 78 帧之间的所有帧右击，弹出快捷菜单，选择“复制帧”命令，如图 3-92 所示，依次在第 84 帧和第 98 帧右击，选择“粘贴帧”命令，如图 3-93 所示。

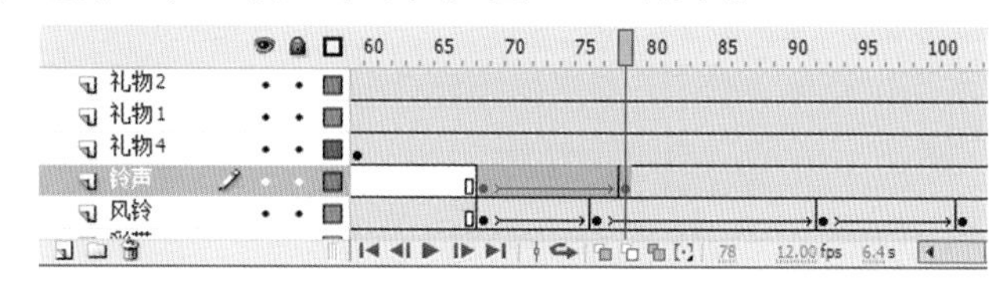

图 3-92　复制帧

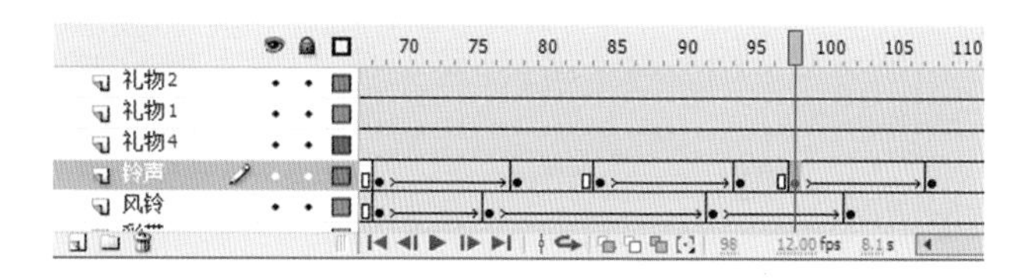

图 3-93　粘贴帧

(38) 新建名为“新年快乐”的图层，在第 120 帧处插入空白关键帧，然后单击“文本工具”，在舞台上输入如图 3-94 所示的文字“新年快乐”。

(39) 选择“新年快乐”文字，按“Ctrl+C”键复制文字，再按“Ctrl+V”键将当前文字粘贴到舞台上，设置所复制的文字颜色为红色，并调整文本在舞台中的位置，效果如图 3-95 所示。同时选择两层文字，单击“任意变形工具”旋转文字，得到如图 3-96 所示的图形。

图 3-94　输入静态文本

图 3-95　复制文本

图 3-96　旋转文本

(40) 最后给作品添加声音，新建名为“背景音乐”的图层，执行“文件”→“导入”→“导入到库”命令，打开已经准备好的 mp3 文件，然后打开“库”面板，把文件“背景音乐”拖放到工作区内，如图 3-97 所示。选择图层“背景音乐”的第 1 帧，然后在“属性”面板中选择音乐文件的“同步”下拉列表为“数据流”，其设置如图 3-98 所示。

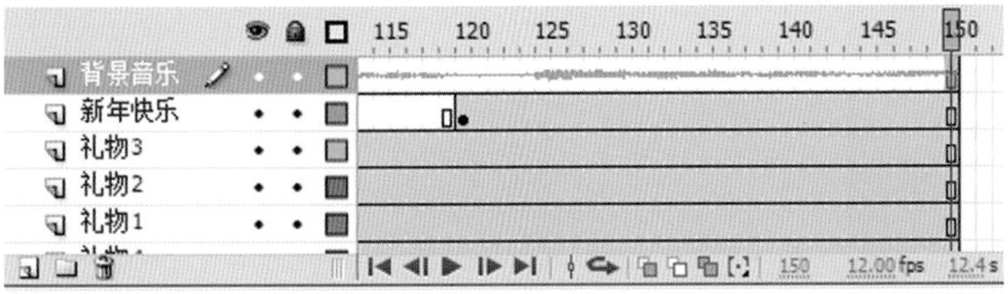

图 3-97 导入背景音乐

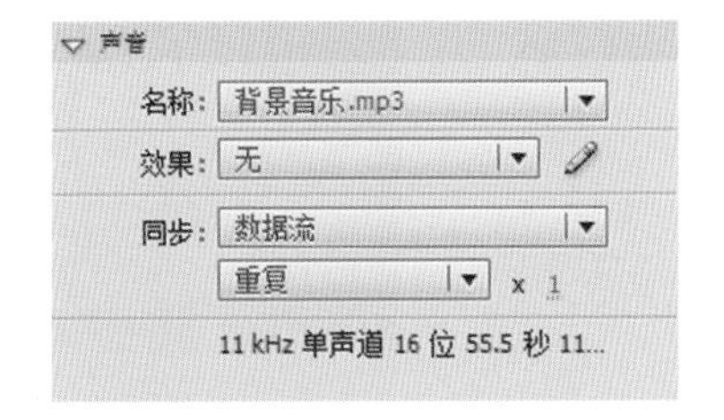

图 3-98 声音属性设置

（41）为风铃添加声音，新建名为“音效 1”的图层，在第 68 帧插入空白关键帧，然后打开“库”面板，把文件“音效 1”拖放到工作区内，如图 3-99 所示。最后新建名为“音效 2”的图层，在第 84 帧插入空白关键帧，将“库”面板中的文件“音效 2”拖放到工作区内，设置声音属性为“数据流”，如图 3-100 所示。

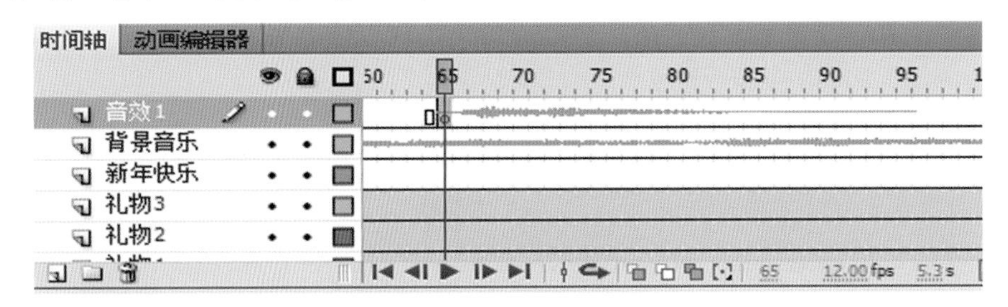

图 3-99 导入“音效 1”

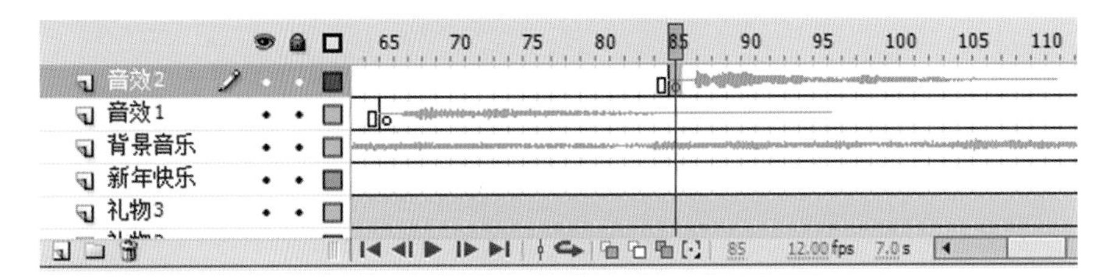

图 3-100 导入“音效 2”

提示：声音文件必须分图层管理，在贺卡练习中，声音属性一般设置为“同步”→“数据流”，数据流是指声音与帧同步。

（42）在图层“音效 2”第 150 帧插入空白关键帧，打开“F9”打开“动作 – 帧”面板，输入代码“stop();”，如图 3-101 所示。按“Ctrl+Enter”发布动画进行测试，如图 3-102 所示。

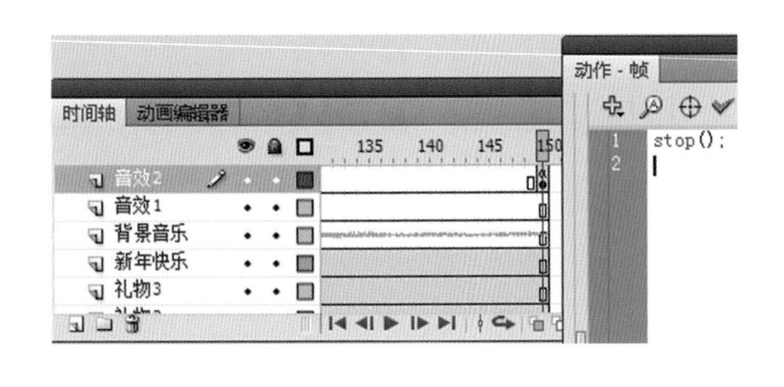

图 3-101 在“动作-帧”面板中输入代码

图 3-102 最终效果

[知识链接] 传统补间动画

传统补间动画也是 Flash 中非常重要的表现手段之一，与“形状补间动画”不同的是，传统补间动画的对象必须是“元件”或“组合对象”。

运用传统补间动画，你可以设置元件的大小、位置、颜色、透明度、旋转等种种属性，配合别的手法，你甚至能做出令人称奇的仿 3D 的效果来。本节详细讲解补间动画的特点及创建方法，并分析了传统补间动画和形状补间动画的区别。

一、传统补间动画的概念

在一个关键帧上放置一个元件，然后在另一个关键帧改变这个元件的大小、颜色、位置、透明度等，Flash 根据二者之间的帧的值创建的动画被称为传统补间动画。

二、构成传统补间动画的元素

构成传统补间动画的元素是元件，包括影片剪辑、图形元件、按钮、文字、位图、组合等，但不能是形状，只有把形状“组合”或者转换成“元件”后才可以做“传统补间动画”。

三、传统补间动画在时间帧面板上的表现

传统补间动画建立后，时间帧面板的背景色变为淡紫色，在起始帧和结束帧之间有一个长长的箭头，如图 3–103 所示。

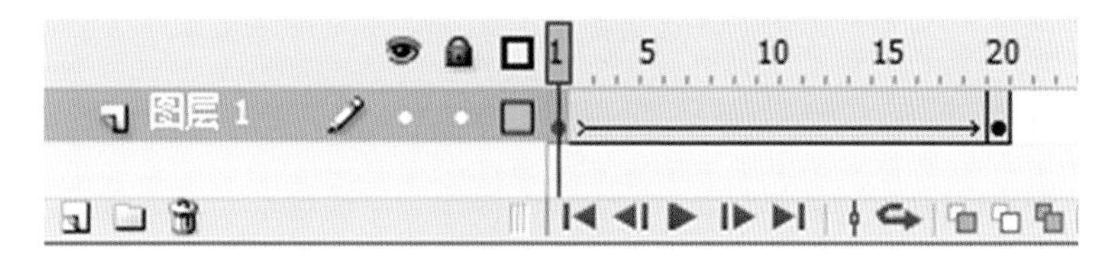

图 3–103 传统补间动画在时间帧上的表现

四、创建传统补间动画的方法

在时间轴面板上动画开始播放的地方创建或选择一个关键帧并设置一个元件，一帧中只能放一个项目，在动画要结束的地方创建或选择一个关键帧并设置该元件的属性，在两个关键帧之间单击鼠标右键，打开快捷键菜单选择“创建传统补间”命令。

五、传统补间动画和形状补间动画的区别

传统补间动画和形状补间动画都属于补间动画。前后都各有一个起始帧和结束帧，二者之间的区别如表 3–1 所示。

表 3–1 传统补间动画和形状补间动画的区别

区别之处	传统补间动画	形状补间动画
在时间轴上的表现	淡紫色背景加长箭头	淡绿色背景加长箭头
组成元素	影片编辑、图形元件、按钮、文字、位图等	形状，如果使用图形元件、按钮、文字，则必先打散再变形
完成的作用	实现一个元件的大小、位置、颜色、透明等的变化	实现两个形状之间的变化，或一个形状的大小、位置、颜色等的变化

六、认识传统补间动画的属性面板

在时间线“传统补间动画”的起始帧上单击，帧属性面板会变成如图 3–104 所示的面板。

图 3–104 传统补间动画属性面板

[知识链接] 动画中声音的运用

一、声音的导入

声音导入后，只有在“库”面板中才会显示，作品的时间轴上并不会出现声音，接下来将声音文件加入到作品的时间轴上。

(1) 执行“文件”→“导入”→“导入到库”命令，将外部声音导入到当前影片文档的“库”面板中，选择要导入的声音文件，然后单击“打开”按钮，将声音导入，如图 3–105 所示。

(2) 可以在“库”面板中看到刚导入的声音，如图 3–106 所示。

图 3–105 “导入”对话框

图 3–106 声音在“库”面板显示

(3) 选择“图层 1”的第 1 帧，然后将“库”面板中的声音文件拖放到舞台中，如图 3–107 所示，“图层 1”的第 1 帧出现了一小段音波，表示已成功将声音引用到第 1 帧中，按下快捷键“Ctrl+Enter”测试加入的音效。

(4) 在第 25 帧按“F5”键，将帧延长，该声音文件的整段音波都显示出来，如图 3–108 所示。

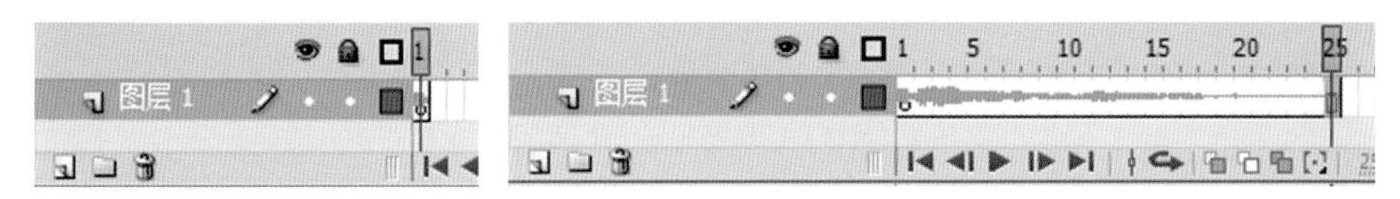

图 3–107 声音引用到第 1 帧

图 3–108 声音的完整显示

提示：在 Flash 中，必须在关键帧或空白关键帧上才加入声音，所以必须注意一下时间轴上是否有关键帧，如果没有一定按“F5”键或“F7”键插入关键帧或空白关键字帧。

二、声音的属性设置

所谓属性设置，就是音乐导入之后，首先要对它进行一下初级设置。选择“声音”图层的第 1 帧，打开“属性”面板，你可以发现，原来“属性”面板里面有很多设置和编辑声音对象的参数，如图 3–109 所示。

“循环”功能在制作动画中很少用到，而“同步”下拉列表框中的项目必须着重了解。打开“同步”菜单，这里可以设置“事件”、“开始”、“停止”和“数据流”四个同步选项，如图 3–110 所示。

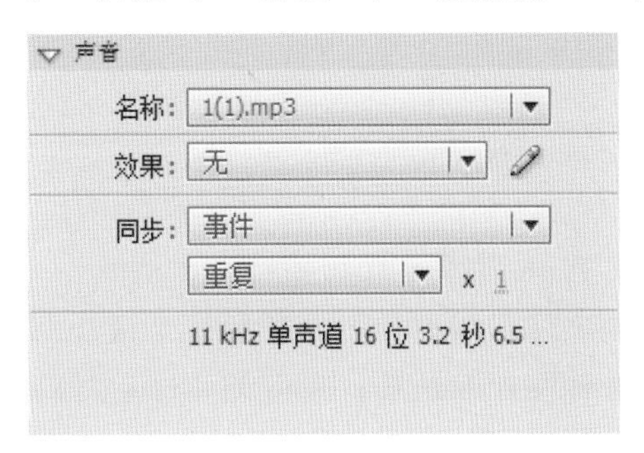

图 3–109　声音属性面板

图 3–110　同步下拉菜单

“事件”选项会将声音和一个事件的发生过程同步起来。事件声音在它的起始关键帧开始显示时播放，并独立于时间轴播放完整个声音，即使 SWF 文件停止也继续播放。当播放发布的 SWF 文件时，事件声音混合在一起，因此在制作贺卡时不使用此类型。

“开始”与“事件”选项的功能相近，但如果声音正在播放，使用“开始”选项则不会播放新的声音实例。

“停止”选项将使指定的声音静音。

“数据流”选项将同步声音，强制动画和音频流同步。与事件声音不同，音频流随着 SWF 文件的停止而停止。而且，音频流的播放时间绝对不会比帧的播放时间长。当发布 SWF 文件时，音频流混合在一起。所以贺卡的背景音乐通常会使用此类型。

三、声音的编辑

虽然 Flash 处理声音的能力有限，没有办法和专业的声音处理软件相比，但是在 Flash 内部还是可以对声音做一些简单的编辑，实现一些常见的功能，比如控制声音的播放音量、改变声音开始播放和停止播放的位置等。

编辑声音文件的具体操作是，首先要在帧中添加声音，或选择一个已添加了声音的帧。打开“属性”面板，单击右边的“编辑”按钮，弹出如图 3–111 所示的“编辑封套”对话框。

在“编辑封套”对话框中执行以下任意操作，效果如图 3–112 所示。

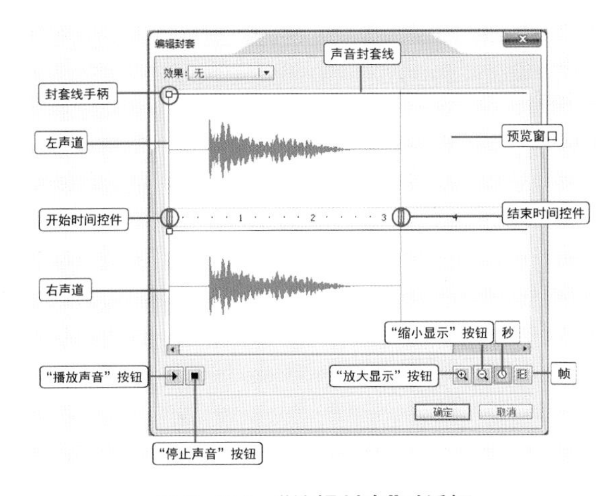

图 3–111　“编辑封套”对话框

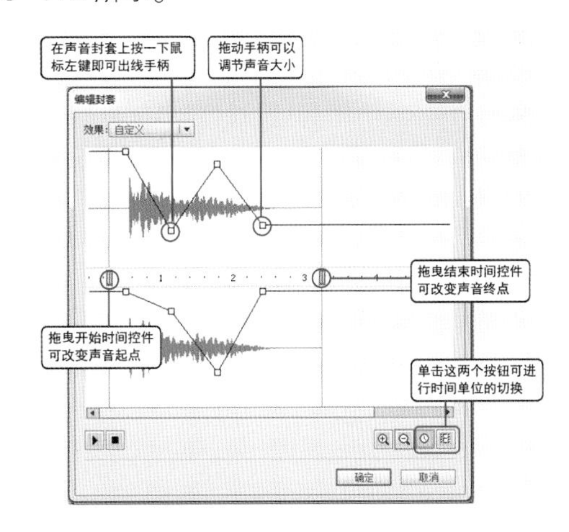

图 3–112　编辑声音

（1）要改变声音的起始点和终止点，请拖动“编辑封套”中的时间控件，调整“开始时间”和“停止时间”，如图 3－112 所示为调整声音的起始点。

（2）要更改声音封套，请拖动封套手柄来改变声音中不同点处的级别。封套线显示声音播放时的音量。单击封套线可以创建其他封套手柄（总共可达 8 个），要删除封套手柄，请将其拖出窗口。

（3）单击“放大”或“缩小”按钮，可以改变窗口中显示声音的范围。

（4）要在秒和帧之间切换时间单位，请单击“秒”和“帧”按钮。

（5）单击“播放”按钮，可以听编辑后的声音。

实　训　四

实训名称：网络卡贺卡设计

实训目的：通过本章学习，独立完成该实训，掌握 Flash 贺卡设计的技巧与方法。

实训内容：请参考图 3-113 所给出的效果，结合本次课所讲解的内容进行贺卡设计制作练习。

实训要求：根据所给素材图片进行制作，并添加动画及音乐效果，可增加其他素材以达到所需效果。

实训步骤：(1) 制作出背景。

(2) 绘制贺卡中需要出现的图形素材。

(3) 创建动画。

(4) 制作文本。

(5) 添加音乐。

实训向导：运用补间动画添加贺卡的动画效果，添加文字与声音。

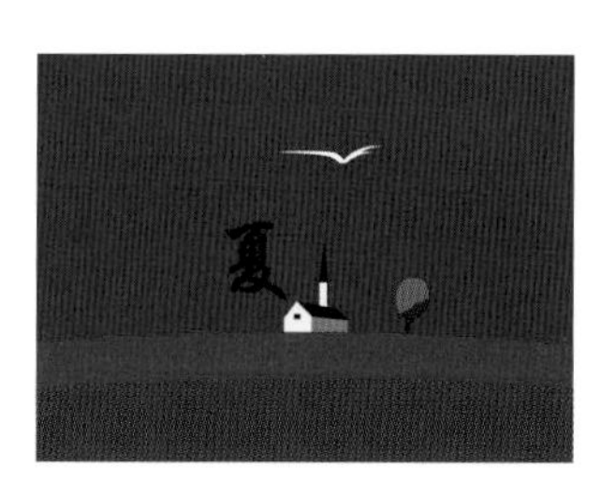

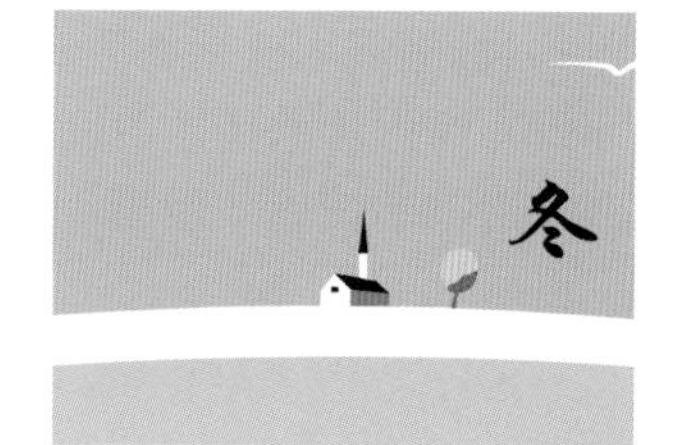

图 3–113

第四章

Flash 网络短片设计

Flash WANGLUO DUANPIAN SHEJI

★任务概述

通过 Flash 网络短片的设计制作，使读者了解 Flash 网络短片的制作流程和设计要点，理解 Flash 短片的制作原理，并掌握使用 Flash 制作短片的方法与技巧。

★能力目标

对 Flash 网络短片设计有初步的认识和目标定位，并能较好地把握作品主题，在制作的过程中能把艺术与技术紧密地联系在一起，为独立创作奠定基础。

★知识目标

理解 Flash 短片的设计原则和制作原理，并学会运用 Flash 制作完整的动画短片。

★素质目标

使读者具备自学能力，能对 Flash 短片进行多种方法的制作与实践。

第一节 Flash 网络短片设计基础

一、Flash 短片的特点

相对于电视动画系列片，Flash 制作的角色动画在其艺术特征上和制作过程上都有自己独特的地方。由于 Flash 网络短片的篇幅不长，使个性独特的制作成为了现实。越来越多的 Flash 爱好者制作出视听表现力极强的作品，极具震撼力。因此制作 Flash 网络短片的重点需放在如何把握作品主题，将艺术与技术完美的融合在作品中。

二、Flash 短片的设计要点

（1）动画片主题思想的确立和创作灵感的产生。可以根据真人、真事为原形引发的创作，也可以根据故事、小说、传说改编的创作。

（2）选择合适的题材和风格。Flash 动画大多表现的是娱乐性，通俗化的题材。故事片、MTV 是最多的选择，也是 Flash 动画流行的基础，它实现了人人创作动画的梦想。我们所熟知的商业活动中的片头和广告，用 Flash 制作已经很常见。

Flash 动画的题材以从传统文化中寻找，比如拾荒的作品《小破孩》系列故事，大多取材或者说是改编自中国传统故事或民间传说，并且绘画风格、音乐、服装等都保持中国文化味道。使人一看就知道这是中国的小破孩。作品《景阳冈》、《射雕英雄传》、《中秋·背媳妇》中都有着很深的中国传统印记，故事多取材于民间传说，历史典故等，民族音乐也起到相当的作用，如《景阳冈》中的“十面埋伏”琵琶曲，《射雕英雄传》中的“二泉映月”二胡曲，以及《中秋·背媳妇》中的“梁祝”等。Flash 动画的风格可以有很多种风格，如卜桦的 Flash 作品倾向于版画风格，这种风格非常适合 Flash 来表现，粗犷的不规则线条、夸张的色块。不讲究动画的过渡，但又和整体的美术风格很协调，可以说卜桦的这种风格是 Flash 和美术结合的典范。

以上说的都是强调艺术风格的类型，其实 Flash 作品绝大多数还是通俗、现代的作品。此类作品非常多，也有不少成功例子，雪村曾经凭借一个通俗搞笑的 Flash 使他的一首歌红遍中国。流氓兔也在 Flash 领域找到了合适的切入点，使流氓兔的形象家喻户晓。制作 Flash 动画，风格题材不是问题，重点在于选择想表现的进行任意发挥。

(3) 选择合适的学习手段。最早看到的 Flash 动画就是小小的作品，小小是位很聪明的作者，他选择“小黑人”作为动画角色，极大地运用了 Flash 软件本身的优势。小黑人是类似于剪影效果，人物的细节都忽略了，这为突出动作的表现提供了便利，人物可以方便地做出各类高难度动作，而不必担心会耗费太大的精力。这种动画的方法，为读者提供了学习动画的便捷条件。一个长期从事动画创作的人员，也没有条件把人物动作规律随心所欲地安排调度，反复实验。那是因为用传统方法，不能把纸上的动作直观而又不需太多成本的表现在眼前，而 Flash 软件中的矢量线就有这样的好处，可以用鼠标方便地调整人物的关节运动，来回移动变化，省时省力。如果初学者用这种方法来练习动画规律或单独创作，都是非常好的选择。

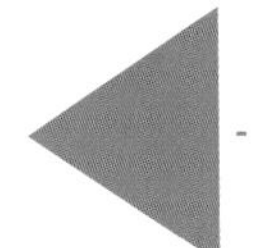

第二节 网络短片设计《龙子太郎》

一、案例分析

以童话故事短片《龙子太郎》为例，详细剖析角色动画制作的全部过程。《龙子太郎》讲述的是龙子太郎如何经过种种磨难和困难，最后终于找到自己妈妈，一个家喻户晓的童话故事。脚本、基本创意已经有了，需要进行分镜头台本的绘制、角色造型与场景设计、动画制作等步骤。

二、操作步骤

(一) 分镜头台本的绘制

所谓分镜头台本，就是为了明晰影片创作方向，导演根据剧本，绘制出类似连环画的故事草图（分镜头台本），将剧本描述的故事情节表现出来。

整部动画由若干片段组成，每一片段由系列场景组成，一个场景一般被限定在某一地点和一组人物内，而场景又可以分为一系列被视为图片单位的镜头，由此构造出一部动画片的整体结构。在绘制各个分镜头的同时，作为其内容的动作和道白的时间、摄影指示、画面连接等都要有相应的说明。《龙子太郎》中龙子太郎打老虎的片段镜头画面，如图 4-1 所示。

图 4-1 分镜头画面

（二）场景设计

场景的设计必须按照剧本所提供的信息进行，并能交代故事情节的时间与空间关系。

首先，要确定人物所处的时代背景以及出身环境。《龙子太郎》这个故事，将其时代背景设定为“古代”，发生故事的主要场景——带有奇幻色彩的日本乡村。龙子太郎的家如图 4–2 所示，山村全貌如图 4–3 所示。

图 4–2　龙子太郎的家

图 4–3　山村全貌

（1）新建 Flash 文档，设置“宽”352px，高“288”px，“背景颜色为白色，其他选项均使用默认，参数设置如图 4–4 所示。按“Ctrl+S”组合键将文件进行保存，文件名字为“龙子太郎”。

（2）选用“矩形工具”，在舞台中绘制如图 4–5 所示的图形。在菜单中选择“修改”→“转换为元件”（快捷键 Ctrl+F8），弹出“转换为元件”窗口，创建名字为“场景”的图形元件。

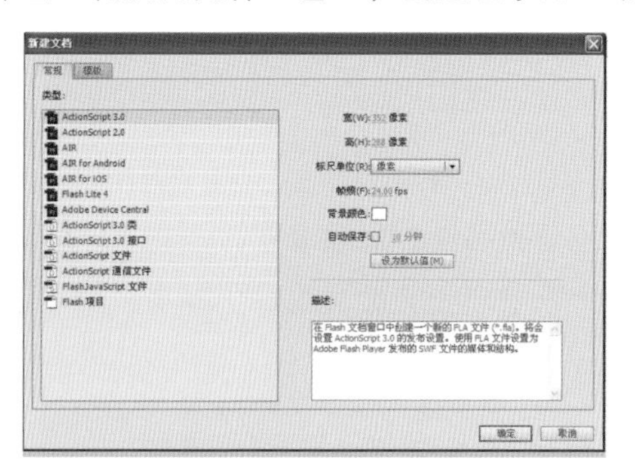

图 4–4　属性参数设置

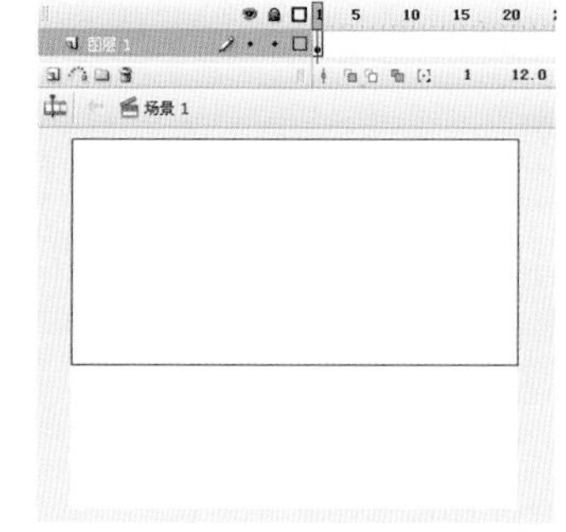

图 4–5　绘制矩形

（3）进入图形元件“场景”的编辑状态，然后将绘制的矩形重新上色，处理成黄昏的色调，目的是交代故事发生的环境和时间，并将图层改名为“天空”，如图 4–6 所示。单击“插入图层”按钮，创建一个名为“草丛”的新图层，然后在工作区内绘制如图 4–7 所示的草丛。

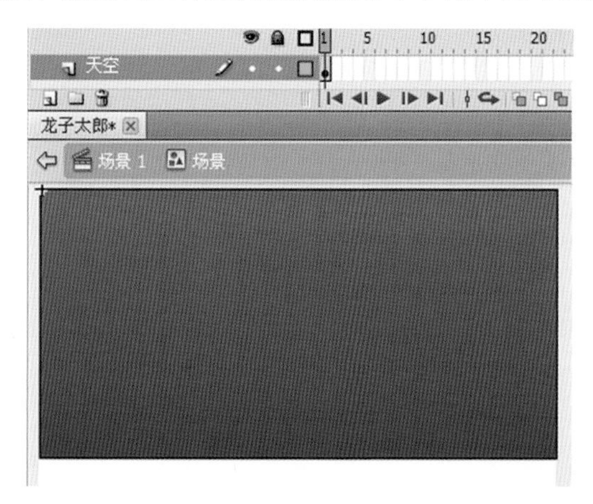

图 4–6　绘制天空

图 4–7　绘制草丛

(4) 使用“铅笔工具”绘制出如图 4–8 所示的轮廓，这一步制作草丛的阴影轮廓和层次感，用不同深浅的绿色对刚刚绘制出的轮廓进行绘制，然后再将绘制出来的线条删除。

(5) 单击“插入图层”创建一个新图层，并将其命名为“草地”，然后在工作区绘制如图 4–9 所示的草地。用同样的方法创建新图层“土坡”，并在工作区内绘制如图 4–10 所示的土坡。

图 4–8　绘制草丛层次感

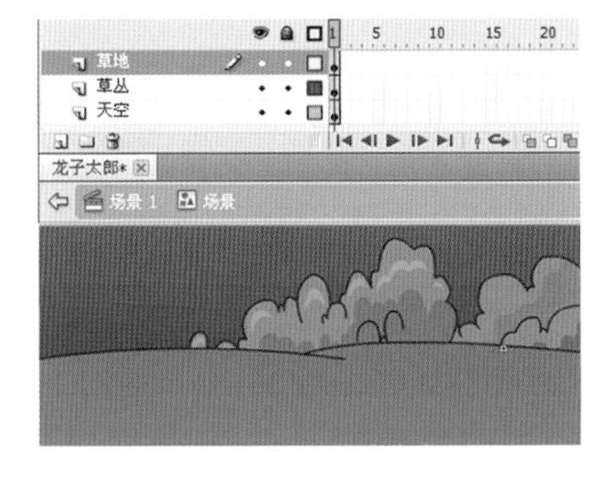

图 4–9　绘制草地

图 4–10　绘制土坡

(6) 新建图层“云”，并用“铅笔工具”在工作区内绘制如图 4–11 所示的造型。按“Ctrl+F8”新建名为“前景”的图形元件，进入其编辑状态，用“铅笔工具”和“颜料桶工具”进行绘制如图 4–12 所示的草丛。

图 4–11　绘制云

图 4–12　绘制前景草丛

(三) 人物造型设计

人物的造型必须要符合人物的性格。Flash 动画中的人物就好比电影中的演员，影片中的任何故事都必须通过角色的表演来实现，他们的性格、长相、身材、穿着，将直接影响到影片的质量。影片留给观众最深刻印象是表达故事的主体——角色。下面来分析一下《龙子太郎》中主要角色的性格特征，龙子太郎是一个勇敢、机灵的形象，乐于助人，做事坚持，极有毅力、挚着，如图 4–13 所示。阿娅姑娘是一个勇敢无畏，天真可爱的小妹妹形象，如图 4–14 所示。老奶奶是个善良、慈祥和蔼的人，是一个慈眉善目的形象，如图 4–15 所示。

图 4–13　龙子太郎

图 4–14　阿娅姑娘

图 4–15　老奶奶

1. 龙子太郎造型之一

（1）返回 场景 1，开始绘制角色的造型，按“Ctrl+F8”新建名为“龙子太郎 1”的图形元件，进入元件的编辑状态，在舞台内绘制如图 4–16 所示的线条轮廓。接着使用“铅笔工具”刻画造型的暗部，并使用“颜料桶工具”对舞台中的造型进行填充处理，效果如图 4–17 所示。

图 4–16 绘制角色轮廓

图 4–17 填充角色颜色

（2）使用“刷子工具”为人物绘制眼睛，注意眼睛的颜色为黑色，高光的颜色为白色，如图 4–18 所示。选择刚刚画好的眼睛，按“Ctrl+X”组合键将其剪切，新建名为“眼睛”的图层，再按“Ctrl+Shift+V”粘贴到“眼睛”图层，如图 4–19 所示。

提示：“Ctrl+Shift+V”组合键可将复制的图形粘贴到原始目标的当前位置。

（3）选择绘制的眼睛，将其转为图形元件“眨眼 1”，进入其编辑状态，如图 4–20 所示。在第 17 帧插入关键帧，把眼睛修改为半睁开的效果，如图 4–21 所示。

图 4–18 绘制眼睛

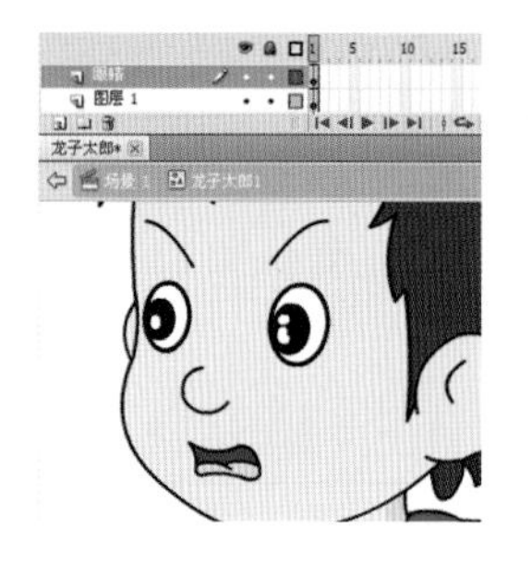

图 4–19 图形分层

图 4–20 创建元件

图 4–21 眼睛半闭合状态

（4）在第 18 帧插入关键帧，将眼睛修改为闭合效果，并在第 20 帧插入帧，以延长帧的时间，如图 4–22 所示。返回“龙子太郎 1”的编辑状态，按“Ctrl+X”剪切龙子太郎的嘴巴，再按“Ctrl+Shift+V”粘贴到新建的“嘴巴”图层，在三个图层的第 20 帧插入帧，最后选择嘴巴造型将其转为图形元件“嘴巴”，并进入其编辑状态，如图 4–23 所示。

图 4–22 修改眼睛为全闭合状态

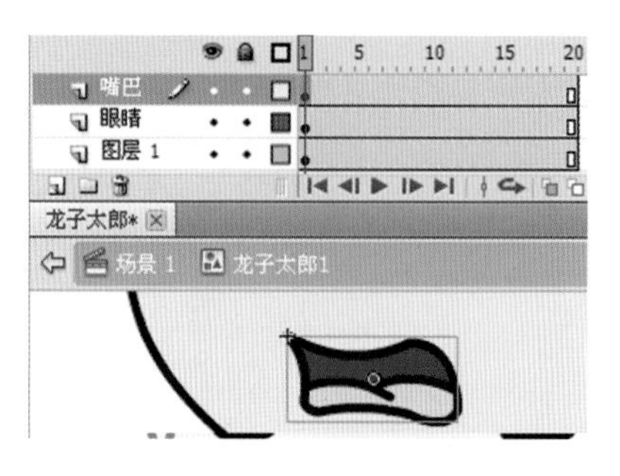

图 4–23 将嘴巴转为元件

（5）为了表现龙子太郎吃惊时嘴巴的造型，在第 5 帧插入关键帧，按“Ctrl+ Shift+S”组合键，打开“缩放与旋转”面板，将其缩放设置为 120%，然后点击“确定”，如图 4–24 所示。在第 10 帧插入帧，以延长该帧的时间，如图 4–25 所示。

提示：按“Ctrl+Shift+S”组合键，修改元素的比例，能以元素的中心点等比例缩放，不需要再次调整元素的位置。

（6）然后复制第 1 到 10 帧，将其粘贴到第 11 帧，如图 4–26 所示。返回到“龙子太郎 1”的编辑状态，可以看到眼睛和嘴巴的动画效果，如图 4–27 所示。

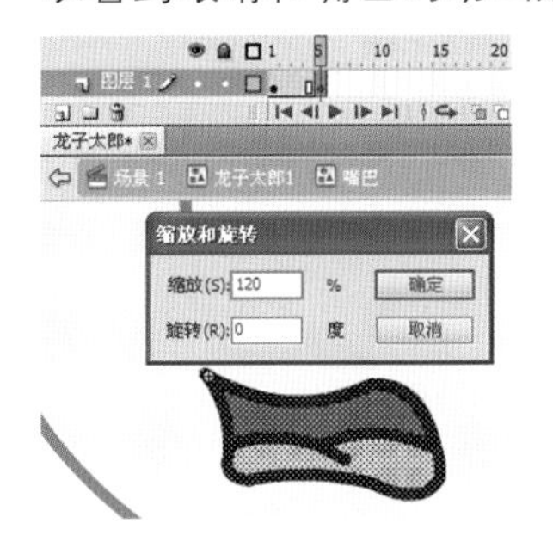

图 4–24　将图形放大

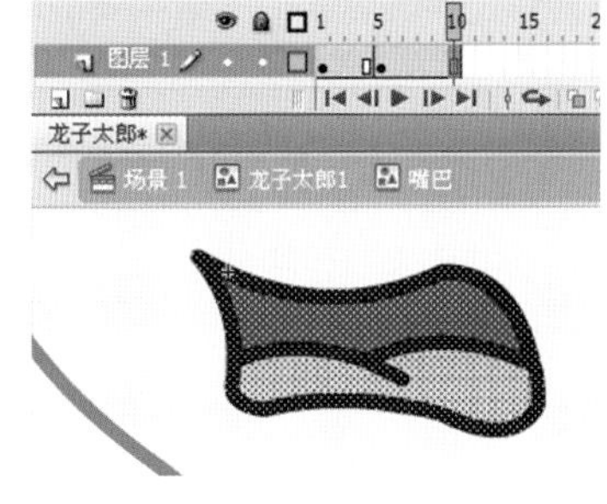

图 4–25　延长帧

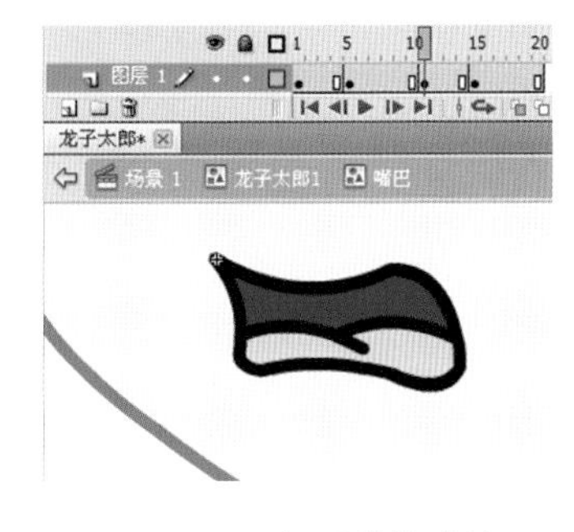

图 4–26　复制并粘贴帧

图 4–27　预览局部动画

2. 龙子太郎的造型二

（1）按“Ctrl+F8”新建名为“龙子太郎 2”的图形元件，进入其编辑状态，将“图层 1”改名为“右手”，接着绘制如图 4–28 所示的线条轮廓。使用“铅笔工具”和“颜料桶工具”对舞台中的人物造型进行填充处理，绘制完成后的效果如图 4–29 所示。

（2）隐藏图层“右手”，然后为“龙子太郎 2”新建名为“身体”的图层，在其舞台内绘制如图 4–30 所示的线条轮廓。使用“颜料桶工具”将绘制出的线条轮廓进行色彩填充处理，注意刻画颜色层次变化，处理后的效果如图 4–31 所示。

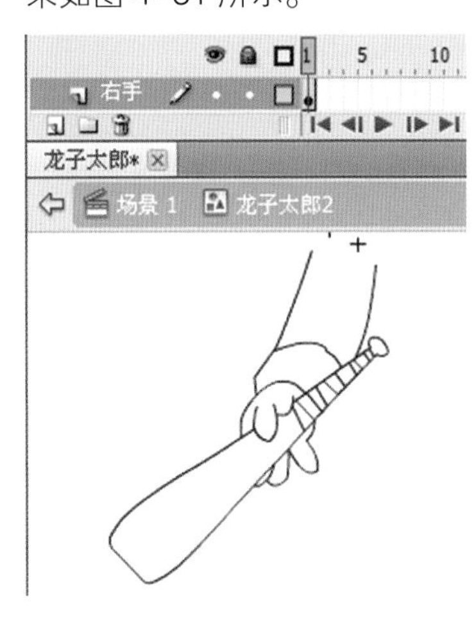

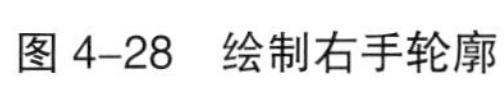

图 4–28　绘制右手轮廓

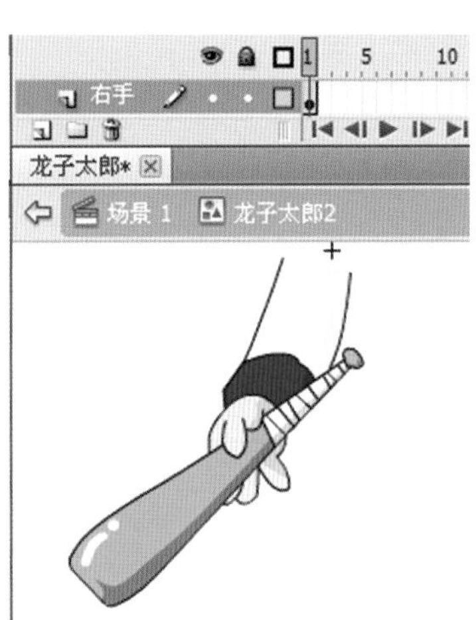

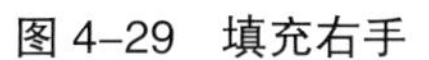

图 4–29　填充右手

图 4–30　绘制身体轮廓

图 4–31　填身体颜色

（3）显示图层“右手”，为“龙子太郎 2”新建名为“左手”的图层，在舞台内绘制如图 4–32 所示的线条轮廓，并进行填充。

（4）接下来制作人物走路时手的动作，在第 5 帧给三个图层插入关键帧，单击“工具”面板中的“任意变形工具”，选择刚绘制的“左手”图层中的图形，可以看见图形中的中心位置有一个小圆圈，这个圆圈的作用是使图形在旋转时以它为中心。将中心圆圈拖放到肩关节所在的位置，接着旋转左手，如图 4–33 所示。调整好右手的位置，做出角色迈步走的效果，效果如图 4–34 所示。

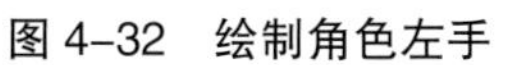

图 4-32 绘制角色左手

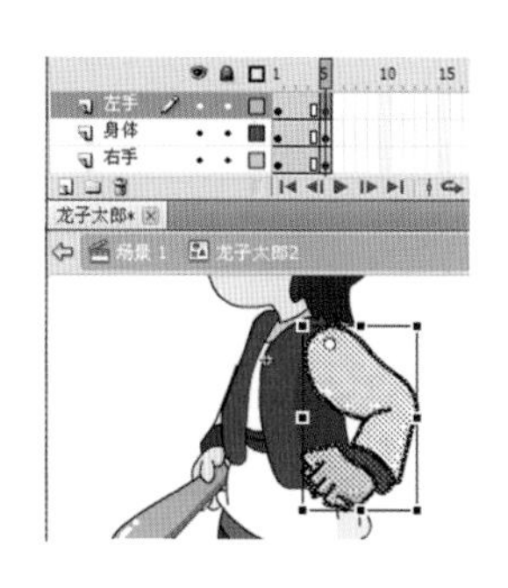

图 4-33 修改角色左手的动态

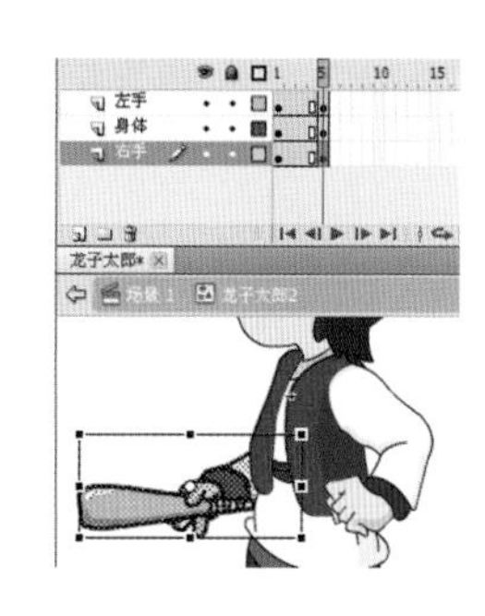

图 4-34 修改角色右手的动态

(5) 同时选择三个图层的第 1 帧，单击鼠标右键复制帧，在第 9 帧粘贴帧，如图 4-35 所示。在第 13 帧插入关键帧，用同样的方法调整手的位置，并将帧延长到第 16 帧，如图 4-36 所示。

(6) 因为人在迈步的时候，身体的高度都略低，所以第 5 键和第 10 帧的图形都要整体往下微移，才能做出走路时一高一低的效果，单击“绘图纸外观”按钮看移动的距离，如图 4-37 所示。

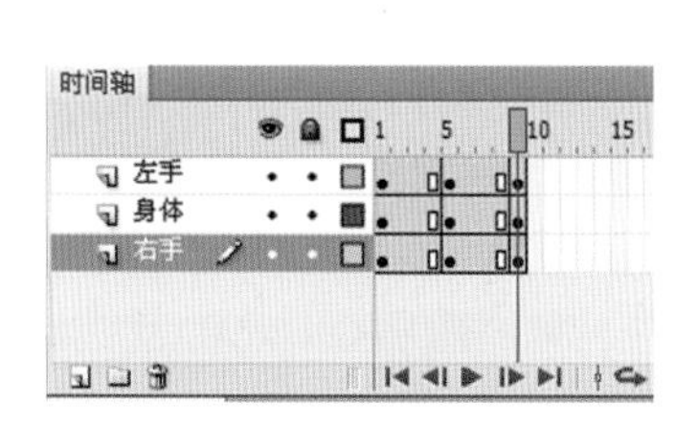

图 4-35 复制粘贴帧

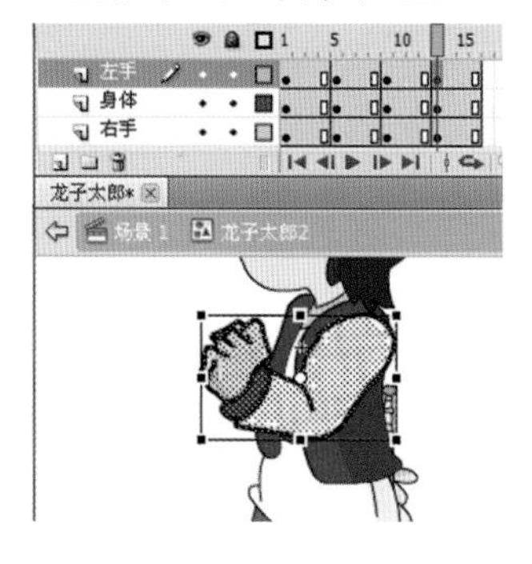

图 4-36 调整角色抬右脚的动态

图 4-37 调整动作的整体协调感

提示：单击“绘图纸外观”按钮，时间轴上显示了“开始绘图纸外观”到“结束绘图纸外观”这两个编辑点之间的帧，如要更改范围，可以将编辑点拖动到新的位置。

3. 龙子太郎的造型三

本片中龙子太郎打虎的画面是最精彩的，接下来制作龙子太郎打虎的造型。

(1) 按“Ctrl+F8”新建名为“龙子太郎 3”的图形元件，将“图层 1”改名为“下身”，接着在舞台绘制如图 4-38 所示的轮廓。并对舞台中的人物造型进行填充处理，如图 4-39 所示。

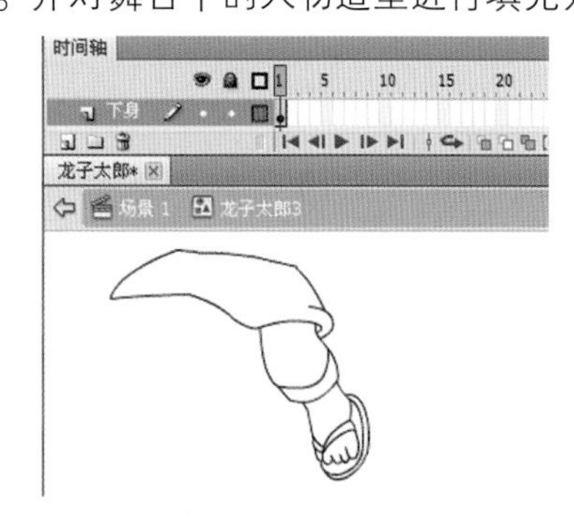

图 4-38 绘制角色腿部

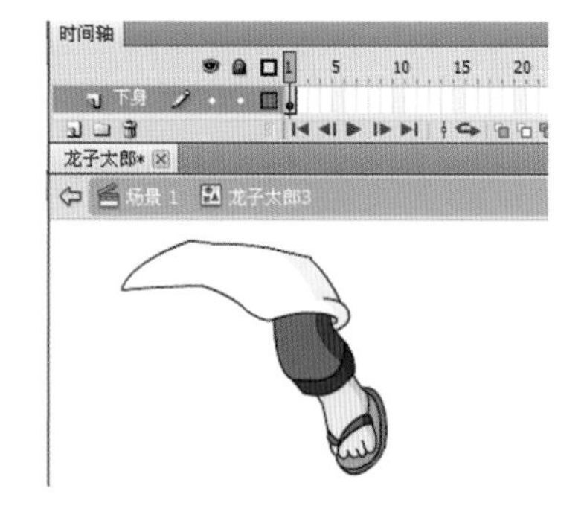

图 4-39 填充角色腿部颜色

(2) 接着为“龙子太郎 3”新建名为“右手”的图层，在舞台绘制轮廓并进行色彩填充处理，如图 4-40 所示。新建名为“上身”的图层，在舞台内绘制线条轮廓，并进行色彩填充处理，注意头发和衣服的明暗变化，处理后的效果如图 4-41 所示。

(3) 最后新建名为“左手”的图层，在舞台绘制轮廓并进行色彩填充处理，如图 4-42 所示。在第 5 帧给四个图层插入关键帧，将帧延长到第 8 帧，然后用“任意变形工具”调整各图层的图形位置，一个打老虎的动作就做好了，如图 4-43 所示。

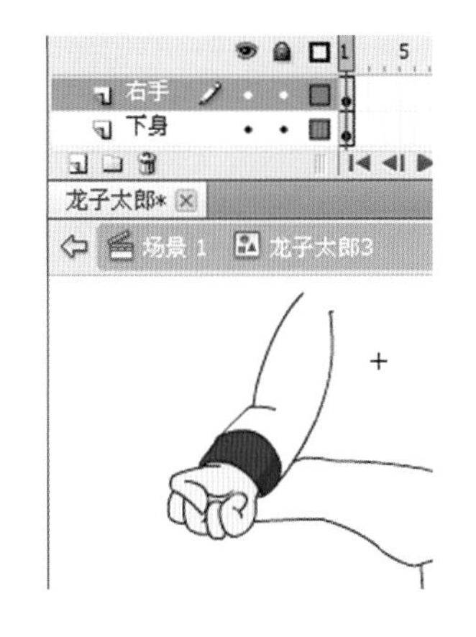

图 4-40　绘制右手

图 4-41　绘制头部与躯干

图 4-42　绘制左手

图 4-43　修改角色动态

4. 老虎的造型

（1）按“Ctrl+F8”新建名为“老虎”的图形元件，并进入编辑状态，将“图层 1”重命名为“尾巴”，接着绘制线条轮廓，并进行色彩填充处理，如图 4-44 所示。

（2）然后在第 4 帧插入关键帧，调整尾巴甩动的造型，并将帧延长到第 6 帧，如图 4-45 所示。接着在第 7 帧插入关键帧，再次调整尾巴的造型，并将帧延长到第 9 帧，如图 4-46 所示。

（3）复制第 1 帧至第 9 帧，粘贴到第 10 帧，如图 4-47 所示。新建名为“躯干”的图层，由于老虎不需要在场景中整个出现的，因此不必画出完整的躯干部分，如图 4-48 所示。新建名为“头”的图层，绘制老虎头部的造型，如图 4-49 所示。

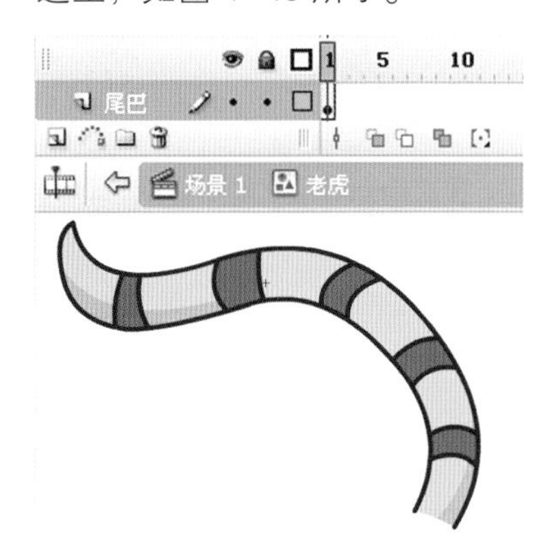

图 4-44　绘制老虎尾巴

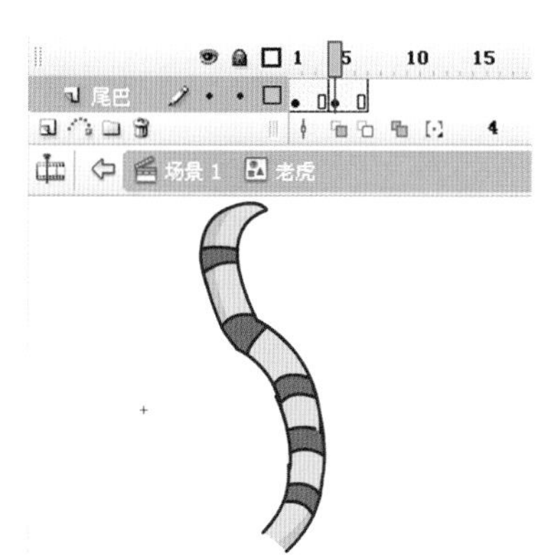

图 4-45　调整尾巴第二个动态

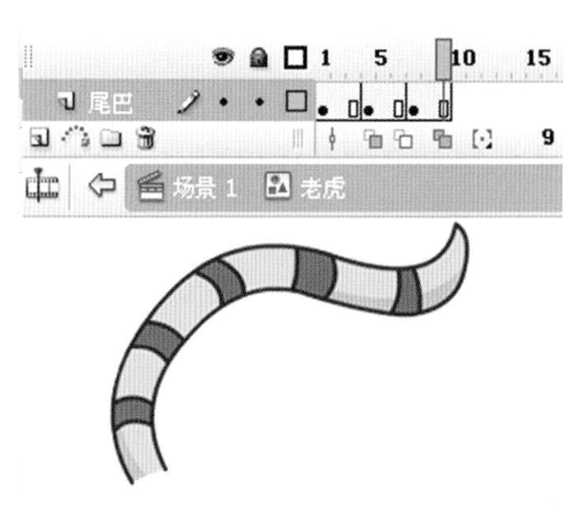

图 4-46　调整尾巴第三个动态

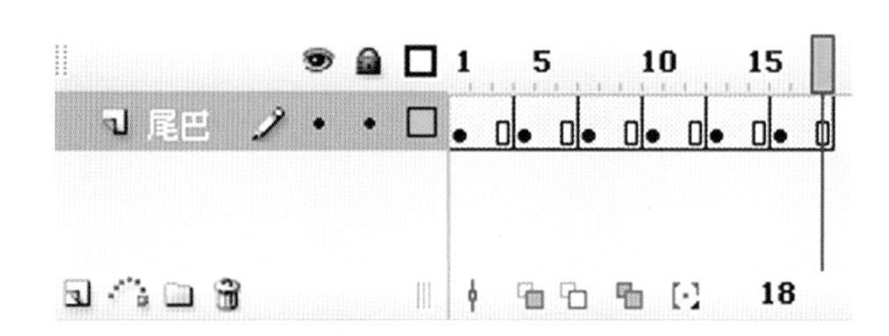

图 4-47　时间轴的编辑状态图

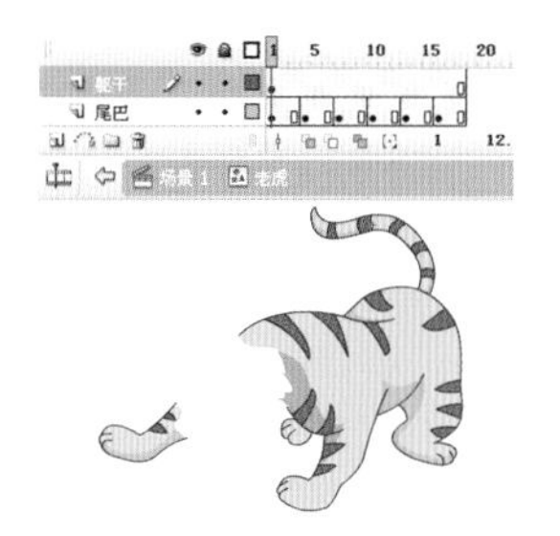
图 4-48　绘制老虎躯干

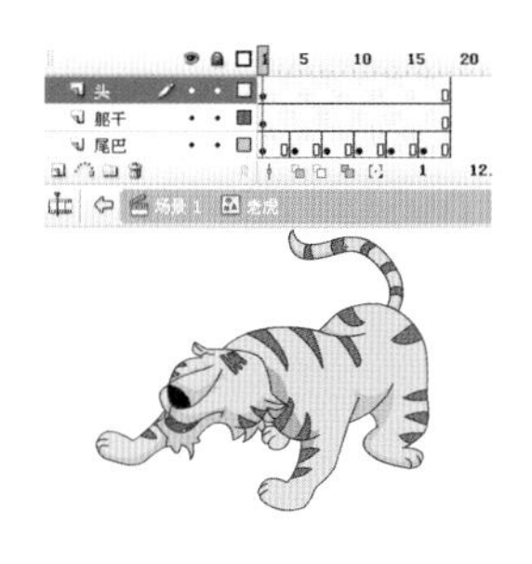
图 4-49　绘制老虎头部

（4）新建“眼睛”图层，绘制老虎的眼睛造型，最后将其转为图形元件“虎眼”，进入编辑状态，如图 4–50 所示。在第 14 帧插入关键帧，把眼睛调整为如图 4–51 的效果。

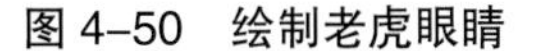

图 4–50　绘制老虎眼睛　　　　图 4–51　修改眼睛半闭合动态

（5）在第 15 帧插入关键帧，再次把眼睛修改为闭合的状态，如图 4–52 所示。返回“老虎”元件的舞台，绘制老虎的胡子，如图 4–53 所示。

图 4–52　修改眼睛闭合动态　　　　图 4–53　绘制老虎的胡子

5. 动画制作

（1）开始制作动画，返回 场景 1，将先录制好的声音导入到时间轴，动画的时间近 1 分半钟，将 场景 1 时间轴的时间帧增加至 1100 帧（91.6 秒），添加帧后的时间轴如图 4–54 所示。

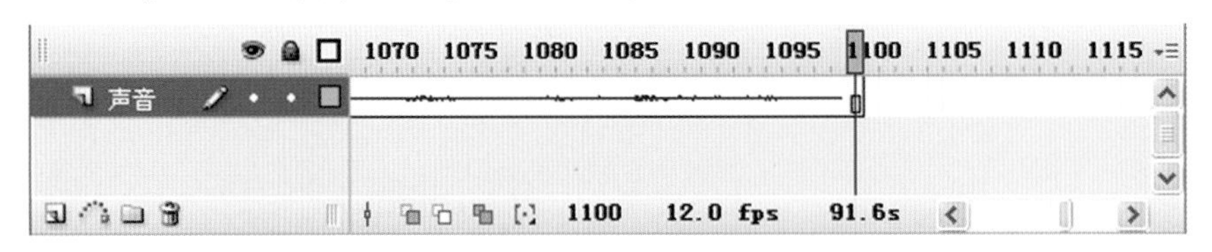

图 4–54　导入声音

（2）在舞台中点击鼠标右键，选择“标尺”，如图 4–55 所示，然后在标尺上拉出四条和舞台边缘对齐的辅助线，这样，就能清楚所编辑的图形在舞台的显示情况，效果如图 4–56 所示。

（3）新建名为“背景”的图层，然后将库中的图形元件“场景”拖到舞台中，调整其大小，再新建名为“前景”的图层，将库中的图形元件“前景”拖到舞台，最后新建名为“太郎”的图层，将库中的图形元件“龙子太郎 2”拖到舞台中，其编辑状态如图 4–57 所示。

(4) 选择图层“太郎”在时间轴的第 46 帧插入关键帧，将舞台中的角色拖放至如图 4–58 所示位置。

图 4–55　选择标尺命令

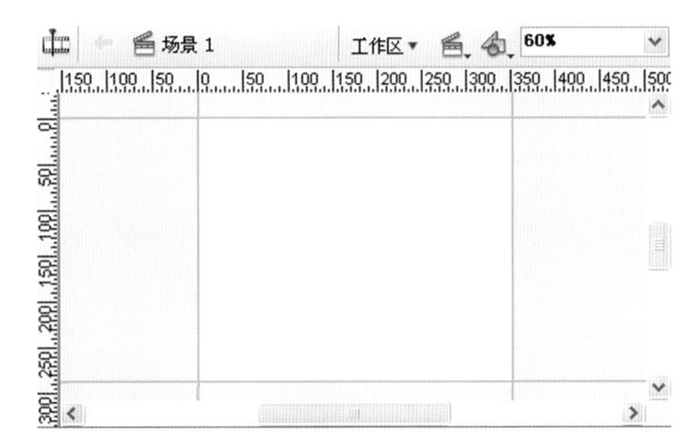

图 4–56　标尺的显示效果

图 4–57　设置角色在主场景中的位置

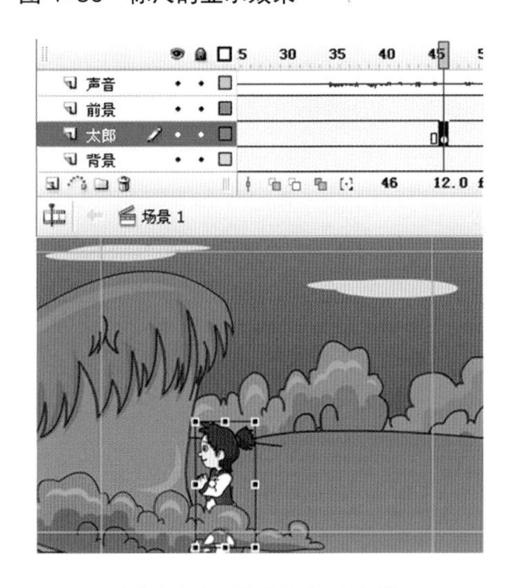

图 4–58　移动角色的位置

(5) 为第 1 帧和第 46 帧之间“创建传统补间”，将两帧衔接，如图 4–59 所示。在图层“太郎”在第 50 帧插入关键帧，选择舞台内的角色并执行“修改”→“变形”→“水平翻转”命令将舞台内的角色造型翻转，如图 4–60 所示。

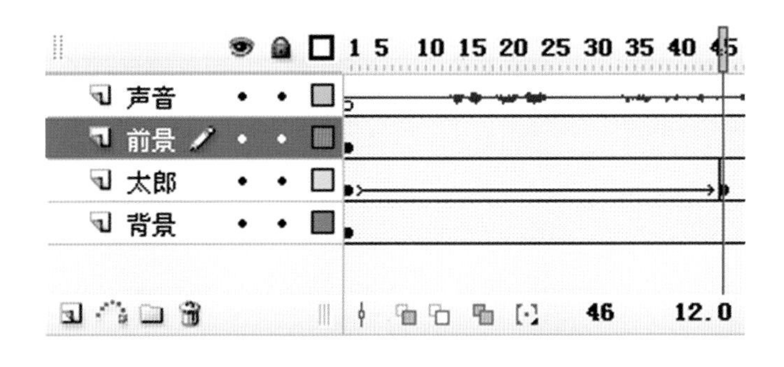

图 4–59　创建传统补间

图 4–60　水平翻转角色

(6) 在图层“太郎”的第 60 帧插入关键帧，使用“选择工具”将舞台中的角色往下拖动，接着打开“属性面板”选择“单帧”模式，如图 4–61 所示位置。

(7) 依次在“前景”、“太郎”、“背景”这三层的第 77 帧、第 92 帧插入关键帧，使用“任意变形工具”将它们放大，创建两帧之间的传统补间，如图 4–62 所示。在图层“太郎”的第 96 帧插入关键帧，为了表现角色惊恐的神情，对该帧的角色编辑成如图 4–63 所示的造型。

图 4–61　设置元件实例的属性

图 4–62　缩放后的角色大小

图 4–63　修改角色表情

提示：只有图形元件实例能在属性面板中控制元件的播放状态，即单帧、播放一次、循环。

（8）新建“吼声”的图层，接着选择第 96 帧按“F7”插入空白关键帧，如图 4–64 所示。

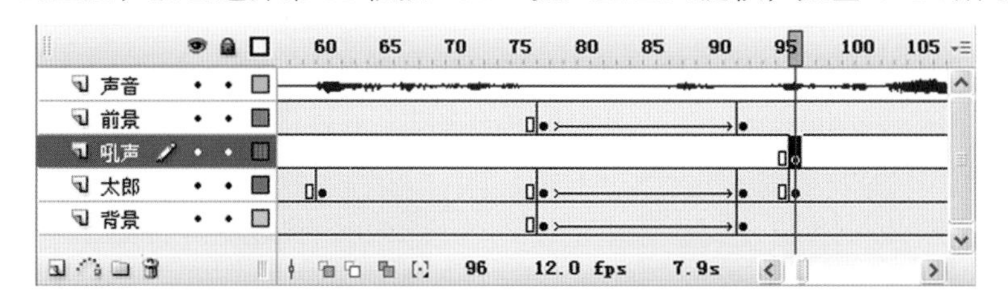

图 4–64　新建图层

（9）在该帧内输入文本“吼”字，按“F8”键将其转为名为“吼声”的图形元件，进入编辑状态，在舞台内调整字的大小与颜色，并在字的周围加上如图 4–65 所示的短线。在第 3 帧插入关键帧，使用“任意变形工具”将图形缩小，将帧延长到第 4 帧，如图 4–66 所示。

（10）返回 场景 1，图层“吼声”和图层“前景”进行调整，选择图层“吼声”，在第 110 帧按“F7”插入空白关键帧，如图 4–67 所示。

图 4–65　制作文本效果

图 4–66　制作文本的动态效果

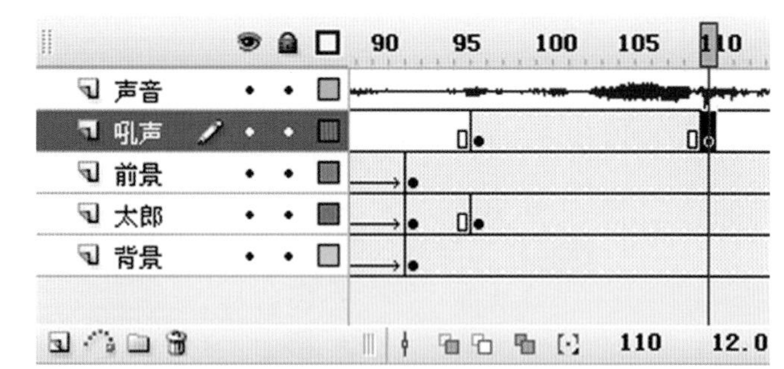

图 4–67　确定动画的终止点

（11）依次在“前景”、“太郎”、“背景”这三个图层的第 110 帧、第 113 帧插入关键帧，回到 110 帧，将三个图层的动画元素一起移至舞台下方适当的位置，打开“编辑多个帧”选项，以显示两帧的不同位置，表现出地动山摇的效果，如图 4–68 所示。

（12）选择三个图层的第 111 帧至第 115 帧，单击鼠标右键打开快捷菜单并选择“复制帧”，然后选择三个图层的第 116 帧，单击鼠标右键打开快捷菜单选择“粘贴帧”，接着依次在三个图层的第 122 帧、第 128 帧、第

134 帧单击鼠标右键打开快捷菜单选择“粘贴帧”，如图 4–69 所示。

图 4–68　调整所有素材的位置

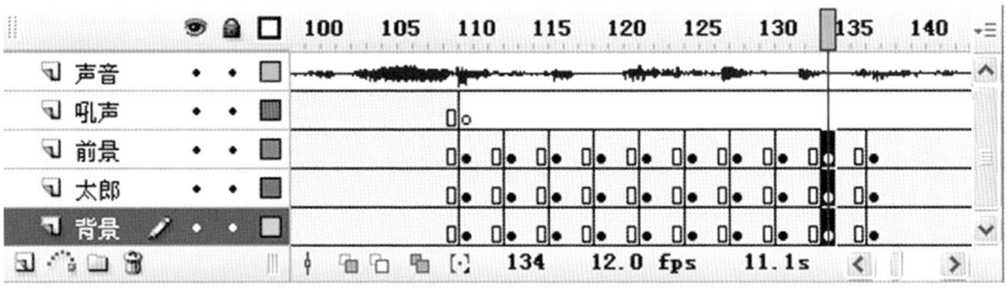

图 4–69　时间轴的编辑状态

（13）在“前景”、“太郎”、“背景”这三个图层的第 167 帧插入关键帧，接着将舞台中的元素进行适当的移动，然后创建传统补间，将第 137 帧和第 167 帧进行衔接，如图 4–70 所示。

（14）新建“前景 1”层，选择第 152 帧按 F7 插入空白关键帧，将“库”中图形元件“前景”拖入舞台中适当的位置，在第 167 帧插入关键帧并调整大小，并创建传统补间，如图 4–71 所示。

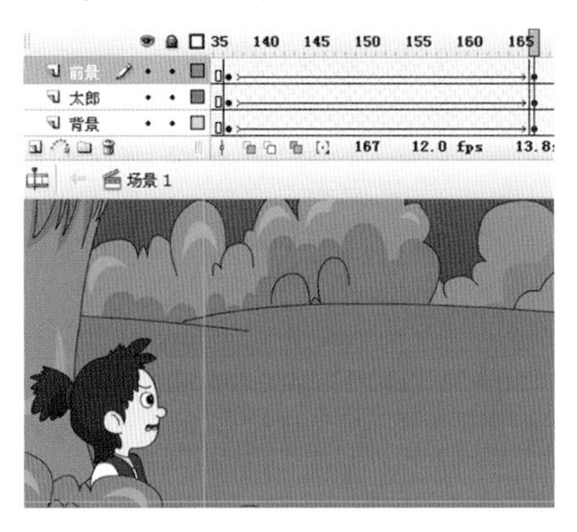

图 4–70　创建补间动画

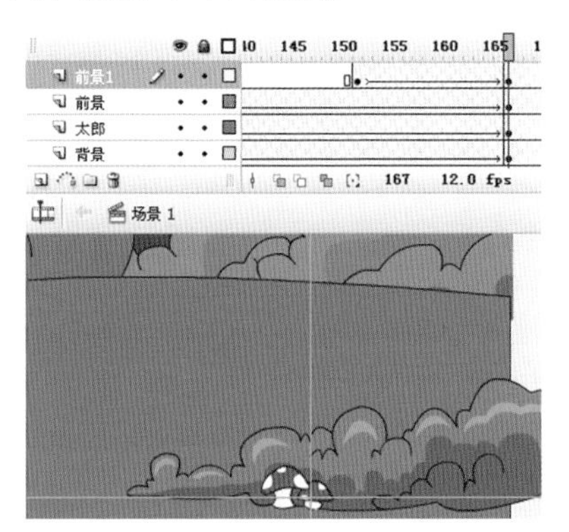

图 4–71　制作前景动画

（15）在“吼声”图层的第 175 帧按插入空白关键帧，绘制老虎窜出草丛时的模糊效果，如图 4–72 所示，然后选择第 177 帧插入空白关键帧。在 场景 1 中新增加“老虎”图层，接着选择第 177 帧插入空白关键帧，将“库”中的图形元件“老虎”拖入舞台中如图 4–73 所示的位置。

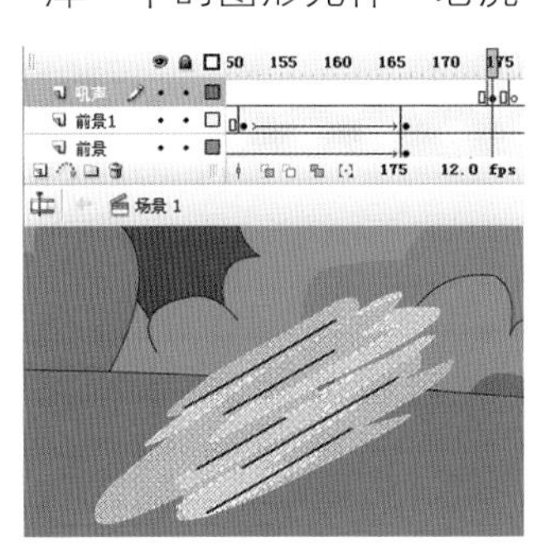

图 4–72　绘制老虎快闪效果

图 4–73　设置老虎的位置

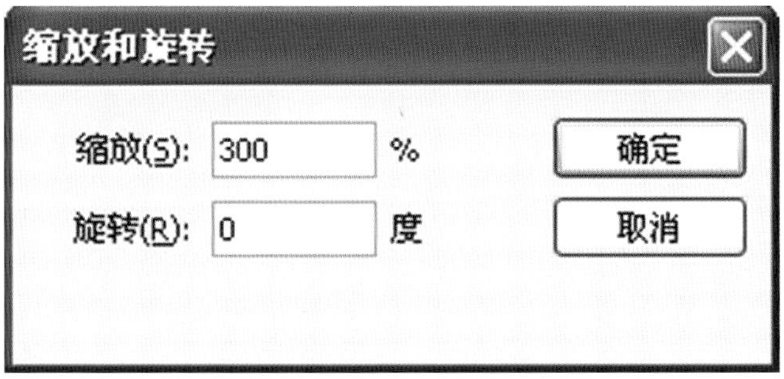

图 4–74　缩放与旋转面板

（16）制作老虎近景效果，选择舞台中所有图层并在它们的第 202 帧插入关键帧，接着在第 238 帧插入关键帧，选择该帧所有动画元素，按“Ctrl+ Shift+S”打开“缩放与旋转”面板如图 4–74 所示，等比例缩放设置为 300%，然后点击“确定”，再适当调整位置，最后创建传统补间，将第 202 帧和第 238 帧进行衔接，如图 4–75 所示。

（17）继续选择舞台中所有图层的第 276 帧插入关键帧，在第 295 帧插入关键帧，选择该帧所有动画元素调整右移，然后创建传统补间，将第 276 帧和第 295 帧进行衔接，完成的效果如图 4–76 所示。在“前景”、“前景

1”、“老虎”、“背景”、“太郎”这五个图层的第 308 帧插入关键帧，选择该帧所有动画元素，按“Ctrl+Shift+S”组合键，打开“缩放与旋转”面板，将其比例缩小至如图 4–77 所示效果。

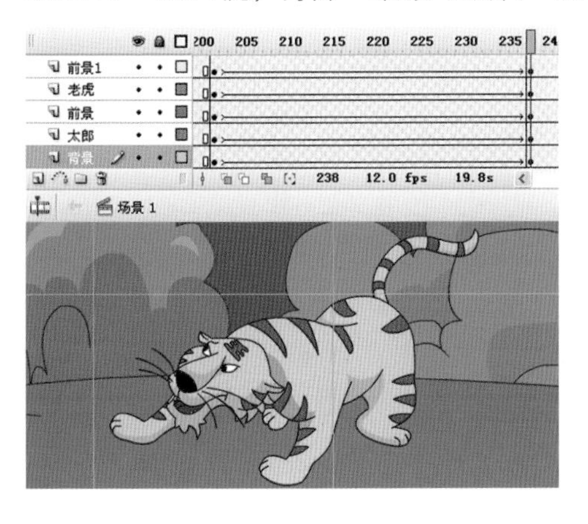

图 4–75 制作老虎近景效果

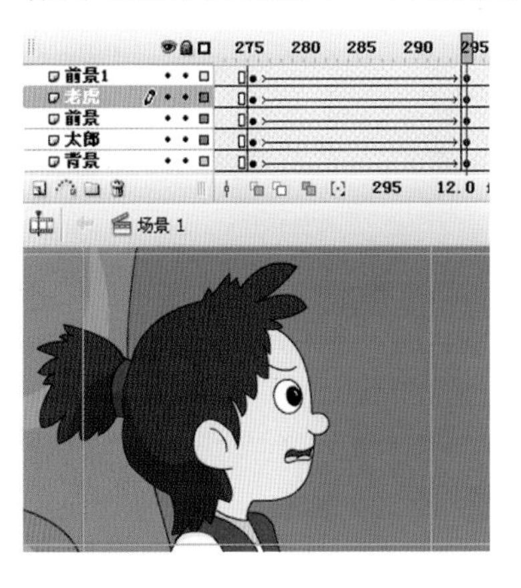

图 4–76 右移镜头效果

图 4–77 拉镜头效果

（18）删除图层“太郎”第 308 帧内的角色造型，然后将“库”中的图形元件“龙子太郎 1”拖入舞台。点击“修改”→“变形”→“水平翻转”命令将舞台内的角色造型翻转，再稍做调整，如图 4–78 所示。

（19）选择所有图层并依次在它们的第 338 帧、第 363 帧插入关键帧，选择该帧所有元素，按“Ctrl+Shift+S”打开“缩放与旋转”面板，将比例放大至如图 4–79 效果，并创建传统补间。

（20）第 384 帧插入关键帧，接着在第 422 帧插入关键帧，选择该帧所有动画元素调整右移，然后创建传统补间，完成的效果如图 4–80 所示。

图 4–78 水平翻转元件

图 4–79 推镜头效果图

图 4–80 右移镜头效果

（21）接着在所有图层的第 443 帧插入关键帧，将该帧的所有动画元素进行缩小处理，在所有图层的第 494 帧插入关键帧，选择该帧所有动画元素缩小并右移，完成的效果如图 4–81 所示。选择“吼声”图层的第 572 帧按“F7”插入空白关键帧，在该帧内绘制表现风的线条，如图 4–82 所示。

提示：图层的重复使用虽然方便了文件的管理和修改，但是一个图层往往会用来制作多个动画，对于喜欢把图层按其作用命名的用户来说确实是一个不易解决的问题，在关键帧上命名可以解决这个问题。

（22）选择刚刚绘制的线条，将其转为图形元件“风”，然后进入编辑状态，在第 3 帧插入关键帧，第 4 帧插入一般帧，并把该帧内的线条下移动，调整图形如图 4–83 所示的位置。新建“变暗”层，选择第 593 帧插入空白关键帧，在其舞台内绘制如图 4–84 所示的黑色矩形。

（23）将黑色矩形的“Alpha”值在“颜色”面板中设置为“0%”，选择第 614 帧插入关键帧，将黑色透明度在“颜色”面板中设置为“40%”，右键单击 593 帧和 614 帧之间的任意一帧，设定“创建补间形状”如图 4–85

所示。

（24）在“前景”、“前景 1”、“老虎”、“背景”、“太郎”这五个图层的第 630 帧插入关键帧，继续在第 649 帧插入关键帧，选择该关键帧所有动画元素，按“Ctrl+Shift+S”组合键，打开“缩放与旋转”面板，将其比例放大至如图 4-86 效果，然后创建两帧的传统补间。

图 4-81　缩小画面效果

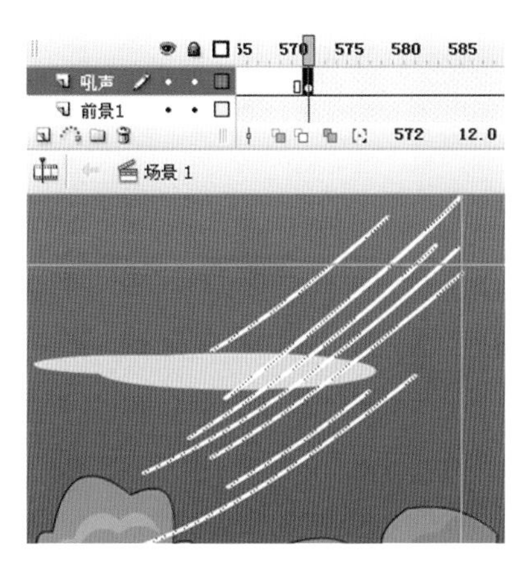

图 4-82　绘制线条

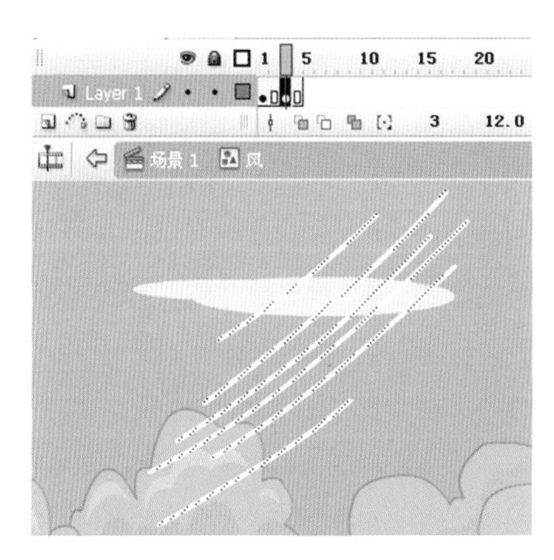

图 4-83　制作风的动态变化

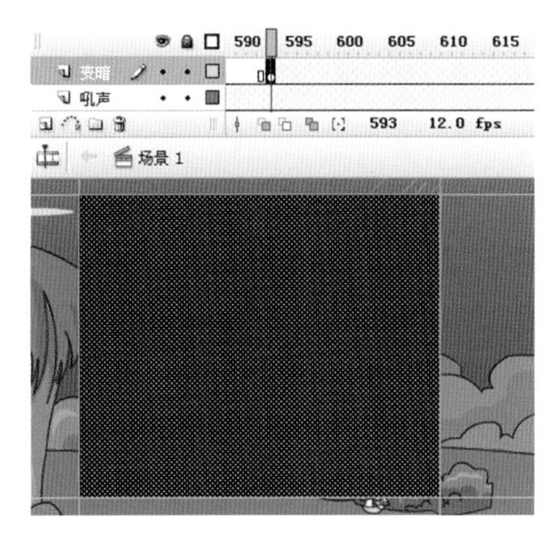

图 4-84　绘制矩形

图 4-85　制作矩形颜色变化动画

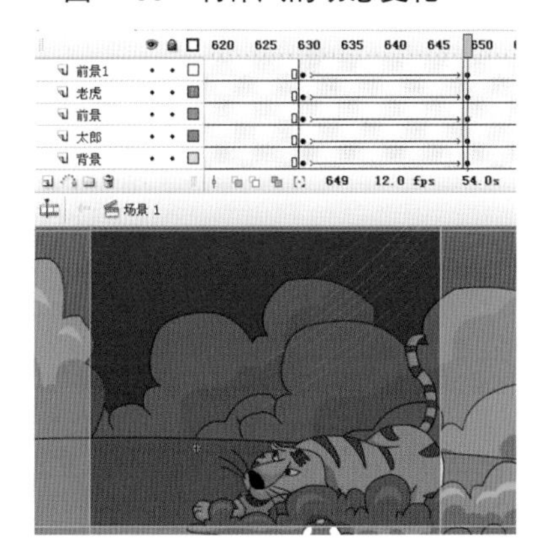

图 4-86　放大画面效果

（25）在“前景 1”、“老虎”、“背景”这三个图层的第 666 帧插入关键帧，并将这三帧的动画元素整体拉大至如图 4-87 效果。选择“老虎”图层的第 668 帧插入关键帧，按“Ctrl+ Shift+S”组合键，打开“缩放与旋转”面板，输入缩放比例为 130%，如图 4-88 所示。

（26）在“老虎”图层的第 677 帧插入关键帧，将图形元件“老虎”往舞台下方适当移动，如图 4-89 所示位置。选择“老虎”图层的第 679 帧插入关键帧，继续在第 694 帧插入关键帧，将图形元件“老虎”移至舞台区域以外。最后创建传统补间，完成的效果如图 4-90 所示。

图 4-87　继续放大画面效果

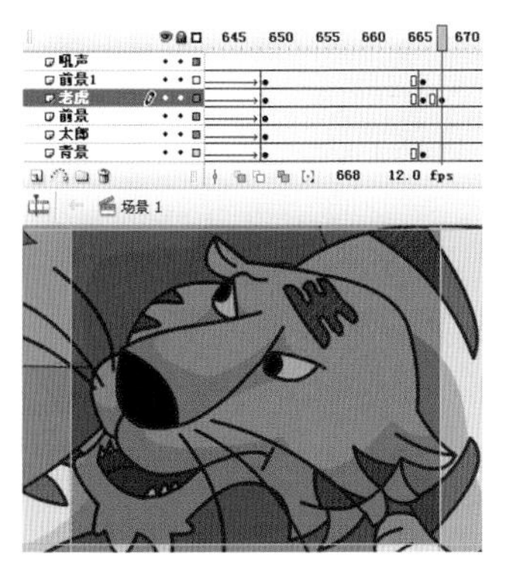

图 4-88　特写画面

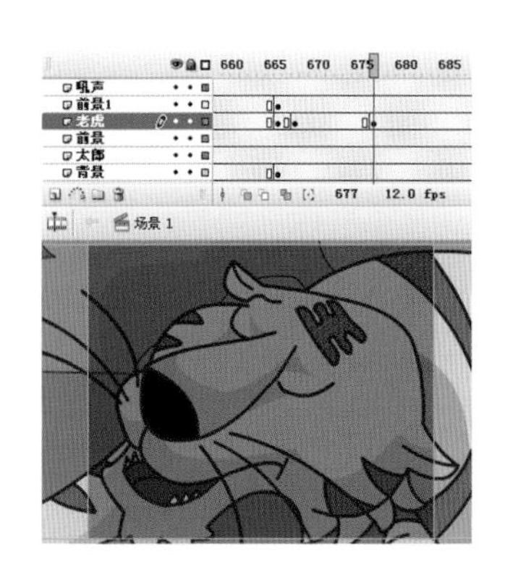

图 4–89 移动老虎的位置

图 4–90 制作老虎跳跃的动画

（27）选择“前景”图层和“吼声”图层的第 720 帧插入空白关键帧，然后在“前景 1”、“老虎”、“背景”、“太郎”这四个图层的第 720 帧插入关键帧，将这四个图层的动画元素缩小至合适比例，如图 4–91 所示。

（28）选择“太郎”图层的第 732 帧插入关键帧，然后在“属性”面板中单击“交换元件”按钮，弹出如图 4–92 所示的对话框，接着选择对话框列表内的“太郎特效”，然后单击“确定”按钮。“太郎特效”的图形是先在 photoshop 处理好，然后导入 flash 中制作成图形元件。

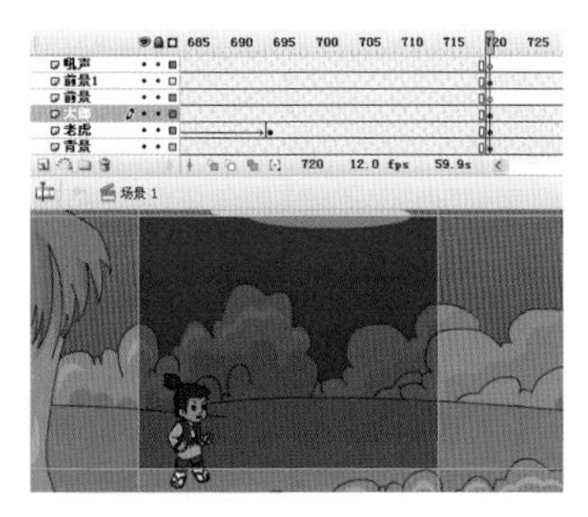

图 4–91 将镜头切换到龙子太郎

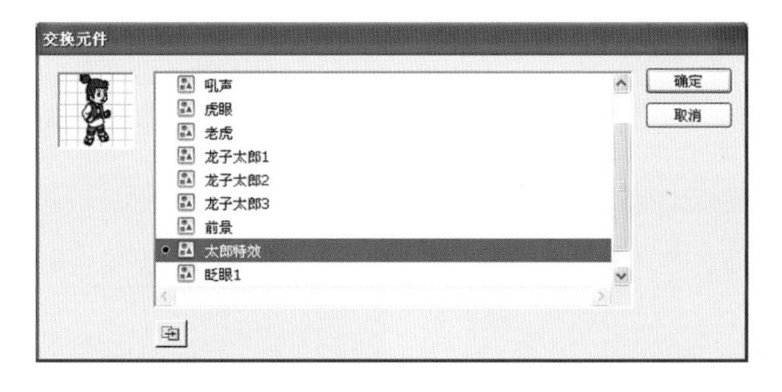

图 4–92 交换元件

提示：Flash 动画的制作中为了表现不同的变化需要经常修改角色的形态，交换元件命令可以使新的元件处于被替换元件的原始坐标。

（29）执行图形元件交换后图层中的元件换成了“太郎特效”，点击“修改”→“变形”→“水平翻转”命令将舞台内的角色造型翻转，再调整其大小，预览龙子太郎躲闪的动画如图 4–93 所示。

（30）选择“老虎”图层的第 735 帧插入空白关键帧，将“库”中的图形元件“老虎特效”拖入舞台中，预览老虎扑向龙子太郎的动画，如图 4–94 所示的位置。

（31）选择“前景 1”、“老虎”、“背景”、“太郎”这四个图层的第 780 帧插入关键帧，将这四个图层的动画元素缩小至合适比例，接着将“老虎”图层的图形元件“老虎特效”交换为“老虎”并进行水平翻转，将“太郎”图层的图形元件“龙子太郎特效”交换为“龙子太郎 1”。如图 4–95 所示的效果。

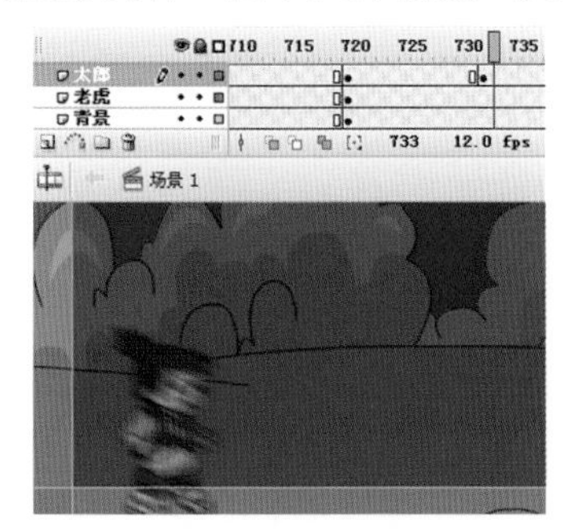

图 4–93 设置角色的位置

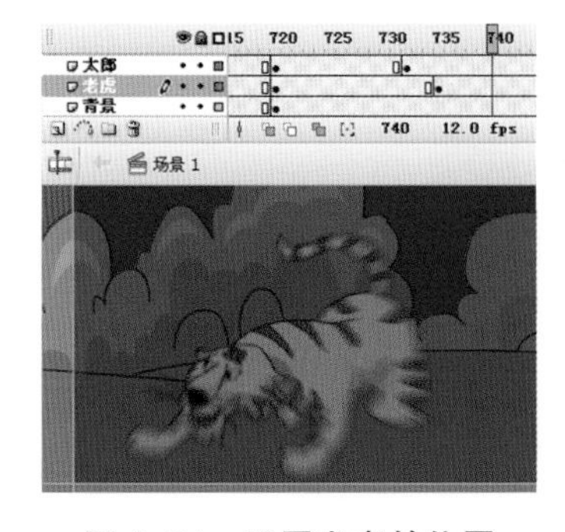

图 4–94 设置老虎的位置

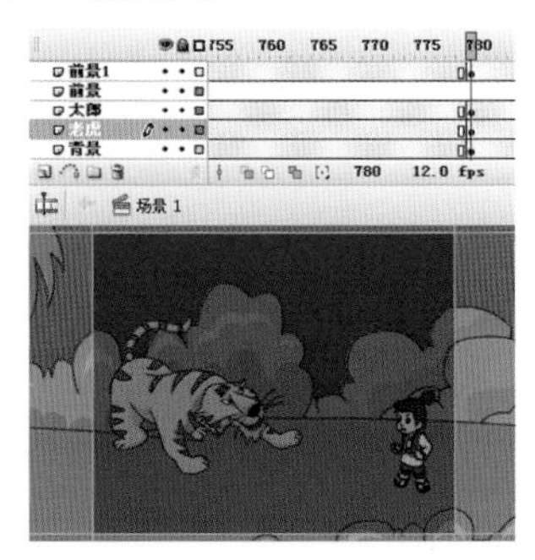

图 4–95 切换镜头

(32) 在“太郎”图层的第 835 帧插入关键帧，选择图形元件“龙子太郎 1”，在“属性”面板中单击“交换元件”按钮，在弹出的对话框中选择图形元件“纵身”，然后单击“确定”按钮，再适当调整位置，如图 4–96 所示。

(33) 在“太郎”图层的第853帧插入空白关键帧，将“库”面板中的图形元件“腾空”拖入舞台，并将 场景 1 中“老虎”图层调整到“太郎”图层的下面，如图 4–97 所示位置。选择“太郎”图层的第 880 帧插入空白关键帧，将库中图形元件“龙子太郎 3”拖入舞台，如图 4–98 所示。

图 4–96 角色“纵身”特效

图 4–97 角色“下落”特效

图 4–98 交换元件

(34) 选择“前景 1”、“老虎”、“背景”这三层的第 880 帧插入关键帧，然后选择图形元件“老虎”，点击“修改”→“变形”→“水平翻转”命令将舞台内的角色造型翻转，调整这三个图层的动画元素，如图 4–99 所示。在“前景 1”、“老虎”、“背景”、“太郎”这四个图层的第 945 帧插入关键帧，将这四个图层的动画元素放大至合适比例，如图 4–100 所示。

(35) 选择“老虎”、“太郎”这两个图层的第 949 帧插入关键帧，将图形元件“老虎”、“龙子太郎”在舞台中的位置往上适当移动。接着选择这两个图层的第 949 帧到第 952 帧，单击右键“复制帧”，并粘贴到第 953 帧，然后复制这两个图层的第 946 帧到第 960 帧，粘贴到第 961 帧，接着粘贴到第 977 帧，最后粘贴到第 993 帧,效果如图 4–101 所示。

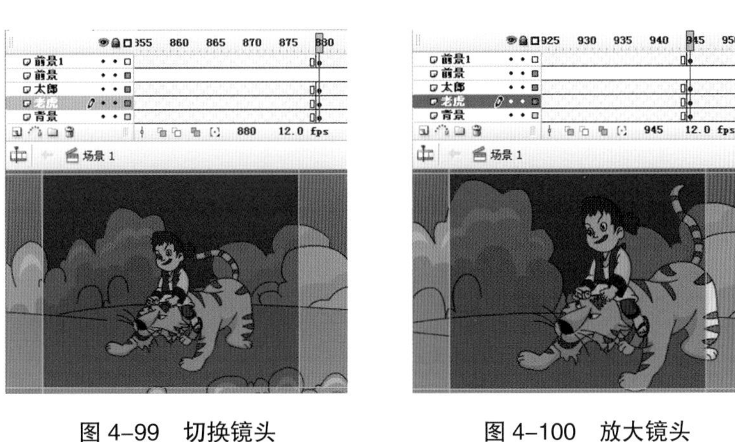

图 4–99 切换镜头　　图 4–100 放大镜头

图 4–101 制作老虎上窜下跳的动画效果

（36）在“前景 1”、“老虎”、“背景”、“太郎”这四个图层的第 1028 帧插入关键帧，将这四个图层的动画元素放大至合适比例，并重新调整位置，如图 4-102 所示。选中第 1028 帧的图形元件“老虎”，连续按“Ctrl+B”把元件分离，使用“笔刷工具” 绘制老虎流的血，如图 4-103 所示。

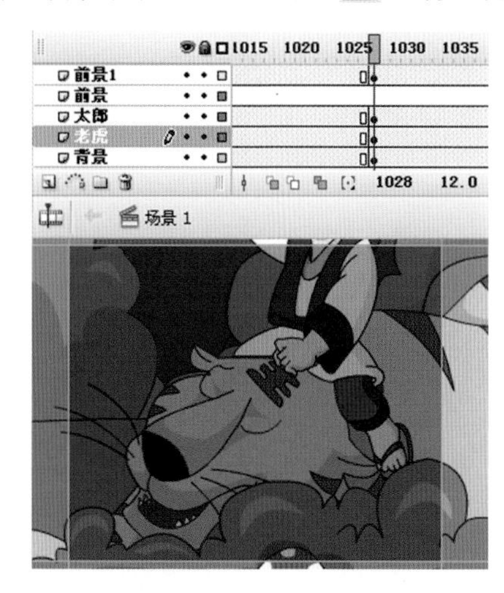

图 4-102　放大镜头

图 4-103　绘制老虎流血画面

提示：把元件转换为图形的方法是直接按快捷键“Ctrl+B”将其分离。

（37）最后，把所有图层的帧都延长到第 1100 帧，时间轴效果如图 4-104 所示。

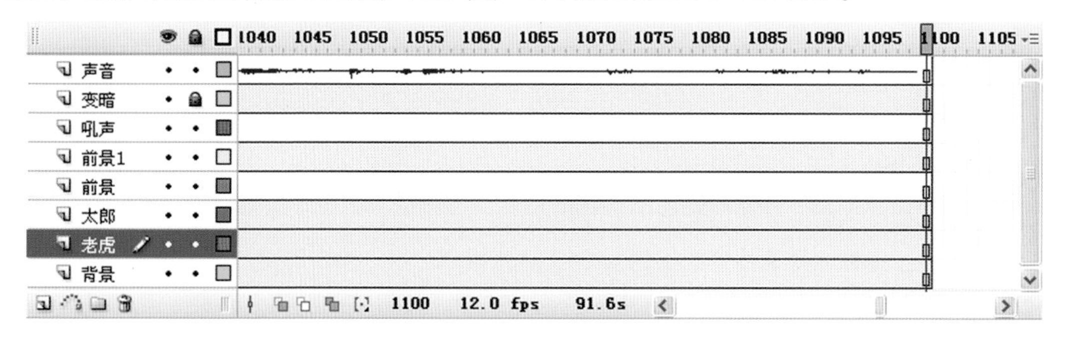

图 4-104　时间轴的编辑状态

（38）按“Ctrl+S”组合键将文件进行保存，文件名字为“龙子太郎”，然后发布动画进行测试，最终效果如图 4-105 所示。

图 4-105　本例最终效果

[知识链接 1] 逐帧动画

逐帧动画（Frame By Frame），这是一种常见的动画形式，它的原理是在“连续的关键帧”中分解动画动作，也就是每一帧中的内容不同，连续播放而成动画，这是最基本的动画形式，由于逐帧动画的每一帧都是独一无二的图片，对于需要细微变化的复杂动画来说，这种形式是很理想的。它的优势很明显，因为它很适合于表演很细腻的动画，如 3D 效果、人物或动物急剧转身等效果。

（1）逐帧动画在时间帧上的表现形式

在时间轴上逐帧绘制帧内容称为逐帧动画，由于是一帧一帧地画，所以逐帧动画有很大的灵活性，几乎可表现任何内容。逐帧动画在时间帧上表现为连续出现的关键帧，如图 4–106 所示。

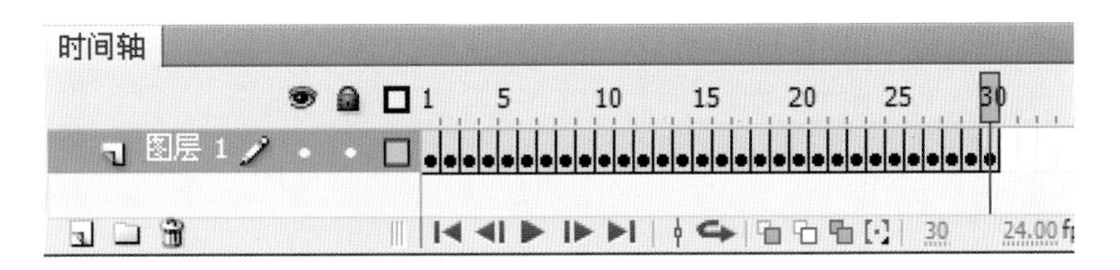

图 4–106　逐帧动画

（2）创建逐帧动画的几种方法

用导入的静态图片建立逐帧动画：用 jpg、png 等格式的静态图片连续导入到 Flash 中，就会建立一段逐帧动画。

绘制矢量逐帧动画：用鼠标或压感笔在场景中一帧帧地画出帧内容。

文字逐帧动画：用文字作帧中的元件，实现文字跳跃、旋转等特效。

指令逐帧动画：在时间帧面板上，逐帧写入动作脚本语句来完成元件的变化。

导入序列图像：可以导入 gif 序列图像、swf 动画文件或者利用第 3 方软件产生的动画序列。

（3）绘图纸功能

绘图纸的功能：绘图纸是一个帮助定位和编辑动画的辅助功能，这个功能对制作逐帧动画特别有用。通常情况下，Flash 在舞台中一次只能显示动画序列的单个帧。使用绘图纸功能后，你就可以在舞台中一次查看两个或多个帧了。如图 4–107 所示，这是使用绘图纸功能后的场景，可以看出，当前帧中内容用全彩色显示，其他帧内容以半透明显示，它使读者看起来好像所有帧内容是画在一张半透明的绘图纸上，这些内容相互层叠在一起。

绘图纸各个按钮的介绍：“绘图纸外观”按钮，按下此按钮后，在时间帧的上方，出现绘图纸外观标记。拉动外观标记的两端，可以扩大或缩小显示范围。如图 4–108 所示。“绘图纸外观轮廓”按钮：按下此按钮后，场景中显示各帧内容的轮廓线，填充色消失，特别适合观察对象轮廓，另外可以节省系统资源，加快显示过程。“编辑多个帧”按钮，按下后可以显示全部帧内容，并且可以进行“多帧同时编辑”。“修改标记”按钮，有以下选项，“总是显示标记”选项是会在时间轴标题中显示绘图纸外观标记，无论绘图纸外观是否打开。“锚定绘图纸”选项是会将绘图纸外观标记锁定在它们在时间轴标题中的当前位置。

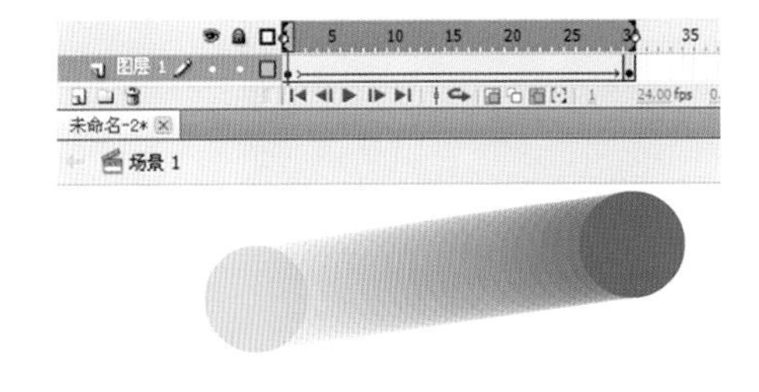

图 4–107　同时显示多帧内容的变化

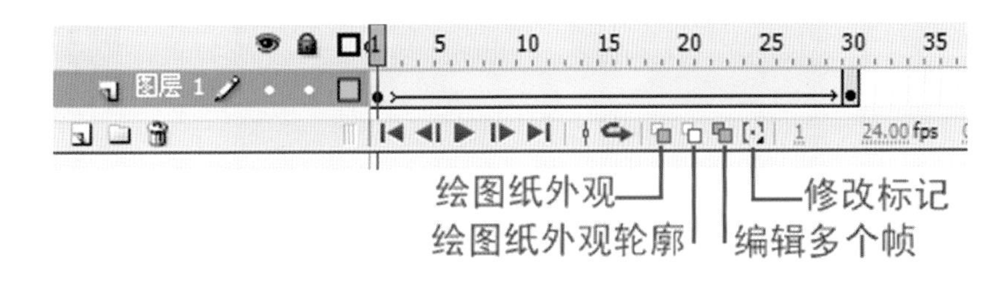

图 4–108　绘图纸按钮

[知识链接 2] 元件动画

(1) 执行“文件”→“新建”→“新建文档”命令，将舞台的背景色调整为深蓝色（#000066)。新建名为“星星闪烁”，进入元件的编辑状态，如图 4–109 所示。

(2) 选择“多角星形工具”，如图 4–110 所示，然后单击“属性”面板中的“选项”，打开“工具设置”面板，在样式的下拉菜单中选择“星形”，如图 4–111 所示。

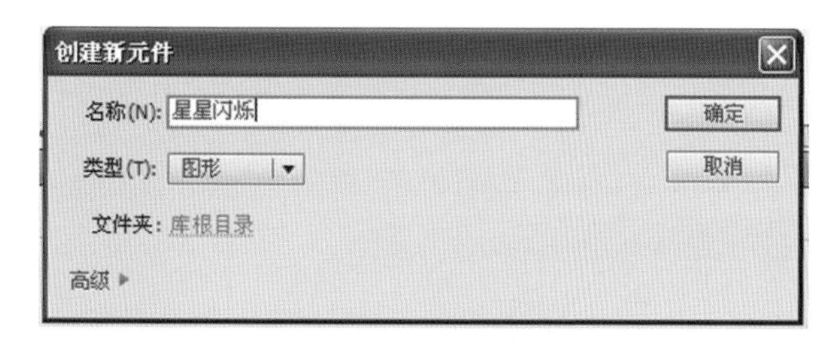

图 4–109　创建新元件

图 4–110　选择“多角星形工具”

图 4–111　工具设置面板

(3) 在舞台中绘制的五角星，设置填充颜色为白色，如图 4–112 所示。分别第 5 帧和第 10 帧插入关键帧，并选择第 5 帧内的图形，使用“任意变形工具”将其缩小，如图 4–113 所示。选择第 1 帧和第 10 帧之间的所有帧创建补间形状，效果如图 4–114 所示。

图 4–112　绘制云的轮廓线

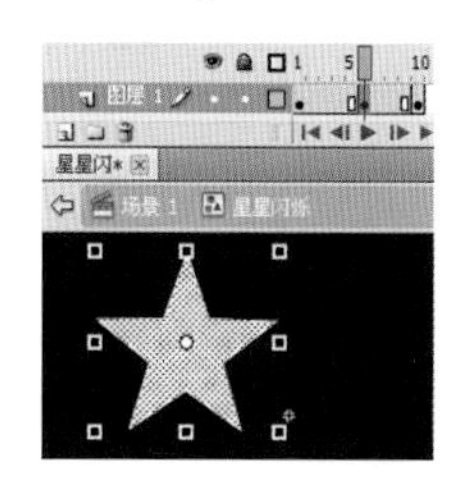

图 4–113　调整星星的大小

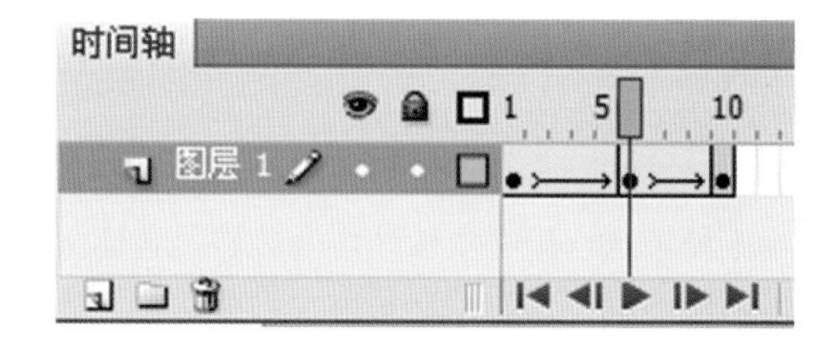

图 4–114　创建补间形状

(4) 返回场景 1，将“库”中的图形元件“星星闪烁”拖入到舞台中，将“图层 1”效中的帧延长到第 10 帧，如图 4–115 所示。依次将舞台中的元件实例进行多个复制，并调整疏密、大小变化，效果如图 4–116 所示。

(5) 选择其中的一个元件实例，打开属性面板，将颜色设置为“黄色”，如图 4–117 所示。用同样的方法，将舞台中其他实例的颜色效果，如亮度、色调、Alpha 等重新调整，使每个实例的颜色都不同，如图 4–118 所示。

图 4–115　设置元件在场景中的位置

图 4–116　复制元件实例

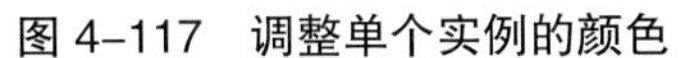

图 4-117　调整单个实例的颜色　　图 4-118　调整所有实例的颜色

(6) 最后调整实例播放的帧数，选择一个元件实例，打开属性面板，在如图 4-119 所示的下拉菜单中选中循环，将帧数改为“5”，意思是实例动画是从元件内部的第 5 帧开始播放。继续选择另一个元件实例，将帧数改为“9”，这个实例动画是从元件内部的第 9 帧开始播放，如图 4-120 所示。

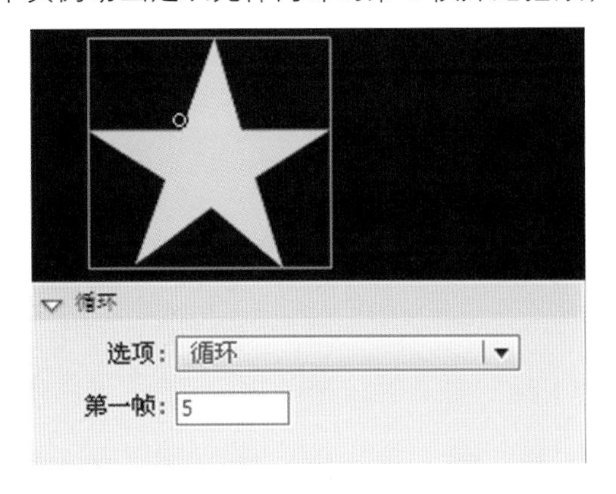

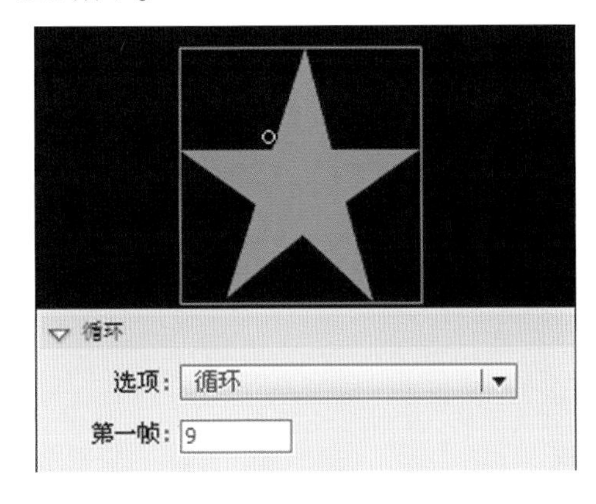

图 4-119　调整单个实例的动画播放帧数　　图 4-120　调整所有实例的动画播放帧数

(7) 用相同的方法，将舞台中其他元件实例的循环播放帧数，重新设置从第 1 帧到第 10 帧之内的任意帧数。按“Ctrl+Enter”组合键发布动画进行测试，最终效果如图 4-121 所示。

图 4-121　本例效果

实　训　五

实训名称：Flash 短片设计

实训目的：了解 Flash 短片的制作流程和设计要领，掌握 Flash 短片的的技巧与方法，学会独立完成该实训。

实训内容：自选一个成语故事，并请参考图 4-122 所给出的《任重道远》分镜参考，结合本次课所讲解的内容进行成语故事短片设计制作练习。

实训要求：至少两个角色，每个角色必须有两个基本造型，同时短片中的场景要表现出三个角度。角色配音，字幕要求完整。

实训步骤：设计角色造型；制作出场景；创建动画；制作字幕；添加声音。

实训向导：角色动画一般多使用逐帧动画，多运用绘图纸相关功能调整动画的衔接和流畅性。

图 4-122　动画《任重道远》的分镜画面

第五章

Flash 网络广告设计

Flash WANGLUO GUANGGAO SHEJI

★任务概述

通过 Flash 网络广告设计制作，使读者了解 Flash 网络广告特点与设计要点，掌握 Flash 网络广告的设计规律和制作技巧。

★能力目标

对 Flash 网络广告有初步认识，并能把握广告作品结构的完整性。

★知识目标

理解 Flash 网络广告的设计原则和制作原理，并能灵活运用 Flash 制作网络广告。

★素质目标

使读者具备自学能力，能用多种表现方式进行网络广告制作。

第一节 Flash 网络广告设计基础

一、Flash 网络广告概述

用 Flash 进行商业宣传，将产品信息随 Flash 不知不觉地传递给网络消费群体，对消费群体产生潜移默化的影响。相比传统的广告和公关宣传，通过 Flash 进行产品宣传有着信息传递效率高、消费群体接受度高、宣传效果好的显著优势。

Flash 推广产品可以做到艺术性与商业性充分地结合，要想将这种结合做好，首先要详尽了解进行推广的产品特性，关注产品的优势，做好 Flash 网络广告的准备工作。如何将客户需求和 Flash 结合得恰到好处。

（1）深刻了解客户的意图和项目最终目标。

（2）抓住一个正确的创意点，由此延展开来，充分发挥想象，从多个角度考虑。

（3）仔细审视最终的创意是否能正确体现产品或客户的意图。

一旦创意确定，就可以开始进入真正的实施阶段，用不同的表现形式来考虑画面的效果。

网络广告的发展正随着网络的行业而日渐正规。因此，各站点或广告代理机构也把客户广告的点击率作为主要目的。让广告主的广告被充分点击才能延续站点的广告经营，而广告设计本身也可以作为站点的赢利项目之一。

二、Flash 网络广告的特点与设计要领

（1）重视广告的原创性，给观众以新颖的信息和信息传递方式，要在众多的广告中脱颖而出，凸显广告个性，达到最佳效果，就必须赋予网络广告独一无二的原创性。

（2）网络广告的风格要简洁，广告画面要做到重点突出、主次分明，在简单中表达关键思想，网络广告中的信息只有尽可能简单化，才更容易被广告受众理解和接受。

（3）强调广告的艺术性表现原则，有了绝妙的立意和构思后，如何将图像、声音、文字、色彩、版面、图形等元素进行艺术性的组合设计。无论是静态或动态的广告，都应具有艺术美感的造型、独有的构图、和谐而鲜明

的色彩等元素。采用对比、巧妙变形、形态重叠、重复组合、移花接木、隐形构成、淡入淡出等，都是经常使用的艺术手法，其目的就是在瞬间改变人们正常的感觉习惯，感染、打动每一位受众，艺术性突出广告对象的核心价值。

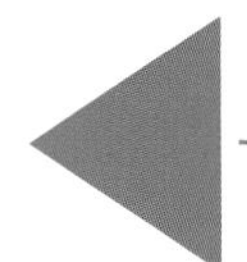

第二节 链接式 Banner 广告设计

Banner 是网幅广告中的一种形式，定位在网页尺寸小，画幅窄长。Banner 的文字不能太多，能用一句话表达即可，即便配合图形也无需太复杂，文字尽量使用较粗壮的字体，否则在视觉上容易被网页其他内容淹没，图形尽量选择局部小图，颜色数少。不使用晕边等复杂的特技图形效果，这样会大大增加图形所占的空间。

Banner 的外围框最好用深色，因为有很多站点不为 Banner 对象加上轮廓，这样，如果 Banner 内容都集中在中央，四周过于空白而融于页面底色，则降低了 Banner 的注目率。

一、案例分析

本例为网游制作的 Banner 广告，属于文本链接式 Banner 广告，主要制作文字的动画效果，在制作的过程中要把握好版面、色彩、动画流畅的整体效果，制作流程分为五步，即制作背景；输入文本，并编辑静态效果；制作文字的动画效果；局部调整。

二、操作步骤

（1）新建文件，参数设置为“宽”800 px，“高”600 px，“背景色”为白色，其他选项均使用默认。并保存名为“Banner 广告”的 FLA 格式的文件。

（2）将“图层 1”命名为“背景”，选择“矩形工具” 绘制一个与文档画布同样大小矩形。如图 5-1 所示。打开颜色面板，选择“径向渐变”类型，重新调整颜色变化，并用“颜料桶”工具进行填充，效果如图 5-2所示。

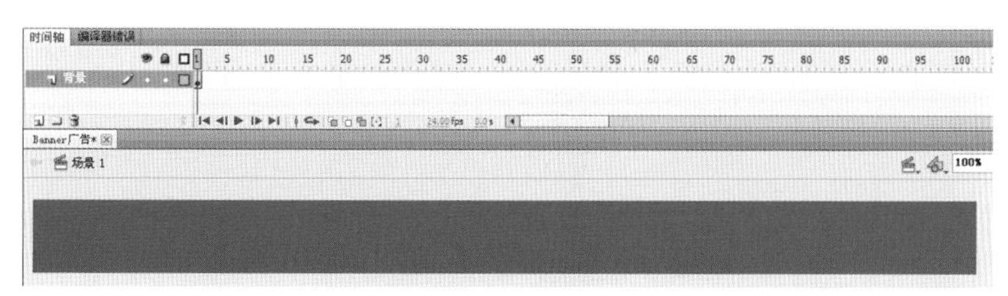

图 5-1　绘制矩形

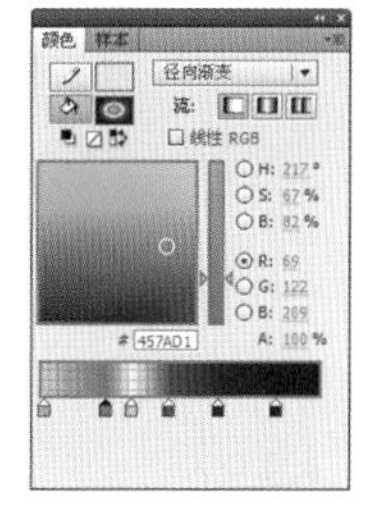

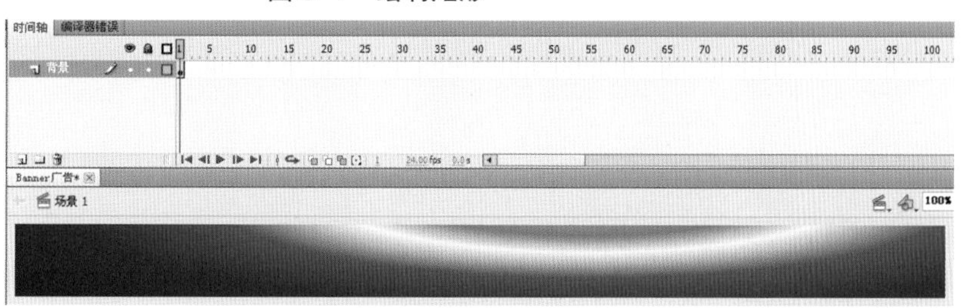

图 5-2　进行“径向渐变”填充

（3）新建“圣地之战”层，并选择“文本工具”T 输入文本“圣地之战”，具体参数与效果如图 5–3 所示。选择当前文本，连续按“Ctrl+B”键 2 次将文本分离，转换为可任意编辑的图形状态。并在颜色面板中选择“线性渐变”类型，同时调整颜色变化并填充。输入浅黄色“sheng di zhi zhan”文本。效果如图 5–4 所示。

图 5–3　输入文本

图 5–4　处理文本的填充

（4）选择图形，在菜单中选择“修改”→“转换为元件”（快捷键 Ctrl+F8），弹出“转换为元件”窗口更改元件名为“圣地之战”，文件类型为“影片剪辑”，如图 5–5 所示。进入元件编辑状态，将四个文字分别组合，如图 5–6 所示。

图 5–5　转换为元件

图 5–6　将四个文字分别组合

（5）在第 3 帧插入关键帧，选择“圣”字，按 2 次键盘上的“↑”键，上移字的位置，如图 5–7 所示。在第 5 帧插入关键帧，将“圣”字按 2 次键盘上的“↓”键，进行位置还原；选择“地”字，按 2 次键盘上的“↑”键，上移字的位置，如图 5–8 所示。继续在第 7 帧插入关键帧，将“地”字按 2 次键盘上的“↓”键，进行位置还原，选择“之”字，按 2 次键盘上的“↑”键，上移字的位置，如图 5–9 所示。接着在第 9 帧插入关键帧，将“之”字按 2 次键盘上的“↓”键，进行位置还原，选择“战”字，按 2 次键盘上的“↑”键，上移字的位置，如图 5–10 所示。

图 5–7　上移“圣”字

图 5–8　上移“地”字

图 5–9　上移“之”字

图 5–10　上移“战”字

(6) 新建“广告 1”层，并选择“文本工具”输入文本“全面升级新版本”，具体参数与效果如图 5–11 所示。

图 5–11 输入文本“全面升级新版本”

(7) 选择当前文本，在菜单中选择“修改”→“转换为元件”（快捷键 Ctrl+F8），弹出转换为元件窗口更改元件名为“广告语 1”，文件类型为“影片剪辑”。鼠标选中三个图层的第 80 帧，单击右键“插入帧”，将三个图层中的帧延长至第 80 帧，如图 5–12 所示。

图5–12 将时间延长至80帧

(8) 接着制作文字渐显的效果，在图层“广告语 1”的第 6 帧插入关键帧，返回第 1 帧，将对象移至舞台的上方，在“属性”→“色彩效果”→“样式”面板中，将第 1 帧的“广告语 1”元件 Alpha 值设定为 0%，而第 6 帧的 Alpha 值保持 100%不变。右键单击在第 1 帧和第 6 帧之间的任意一帧，设定“传统补间动画”。元件呈现出逐渐显现的效果。如图 5–13 所示。

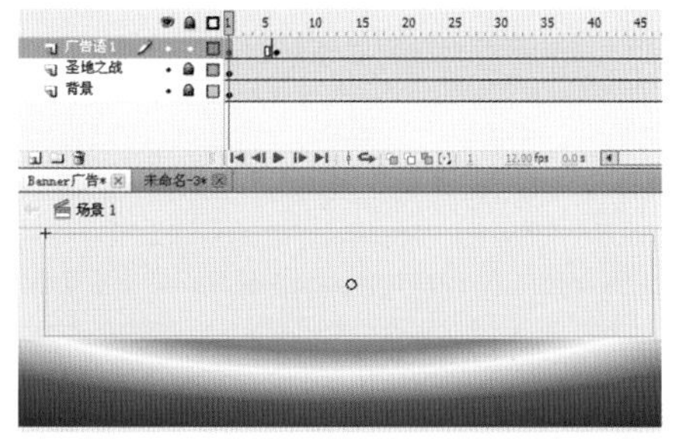

图 5–13 制作文字渐现的效果

(9) 依次在第 8 帧、10 帧插入关键帧，并将第 8 帧对象的位置略微往上移，如图 5–14 所示。继续在第 12 帧、16 帧、18 帧插入关键帧，将第 16 帧的对象比例拉大，右键单击在第 12 帧和第 18 帧之间的任意一帧，设定“传统补间动画”，元件呈现出缩放的效果，如图 5–15 所示。

图 5–14 移动文字

图 5–15 制作文字的动画效果

（10）在第 20 帧、24 帧插入关键帧，并将第 24 帧对象的位置往右平移至文档的右侧，在“属性”→“色彩效果”→“样式”面板中第 24 帧的元件 Alpha 值设定为 0%，效果如图 5–16 所示。右键单击在第 20 帧和第 24 帧之间的任意一帧，设定“传统补间动画”。元件呈现出从右出画的渐隐效果，如图 5–17 所示。

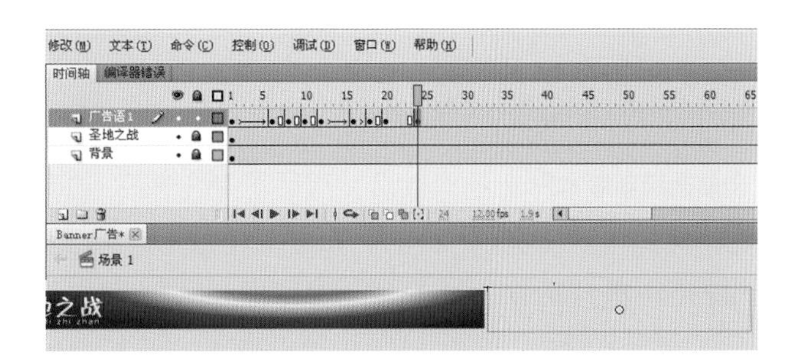

图 5–16　设置文本的 Alpha 值

图 5–17　制作文本的渐隐效果

（11）新建“广告 2”层，在第 25 帧按“F7”插入空白关键帧，并选择“文本工具”输入文本“最新热门网游邀您加入”，注意每个字分开输入，具体参数与效果如图 5–18 所示。

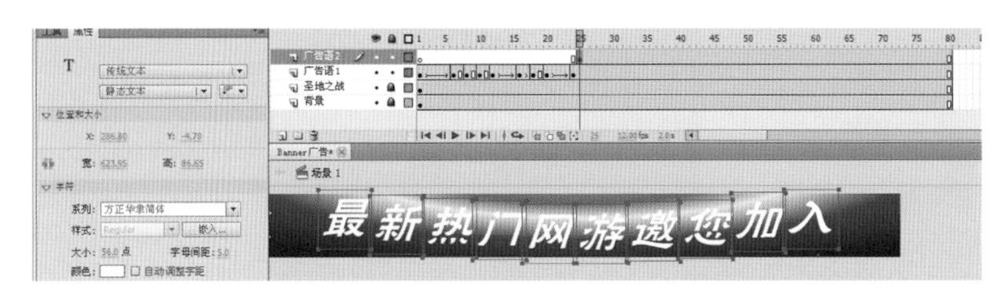

图 5–18　输入文本“最新热门网游邀您加入”

（12）选择当前文本，在菜单中选择“修改”→“转换为元件”（快捷键 Ctrl+F8），弹出转换为元件窗口更改元件名为“广告语 2”，文件类型为“影片剪辑”。在第 32 帧插入关键帧，并将第 32 帧对象的位置往左平移，同时在“属性”→“色彩效果”→“样式”面板 Alpha 值设定为 0%。右键单击在第 25 帧和第 32 帧之间的任意一帧，设定“传统补间动画”。元件呈现出从左入画的逐渐显现的效果，如图 5–19 所示。

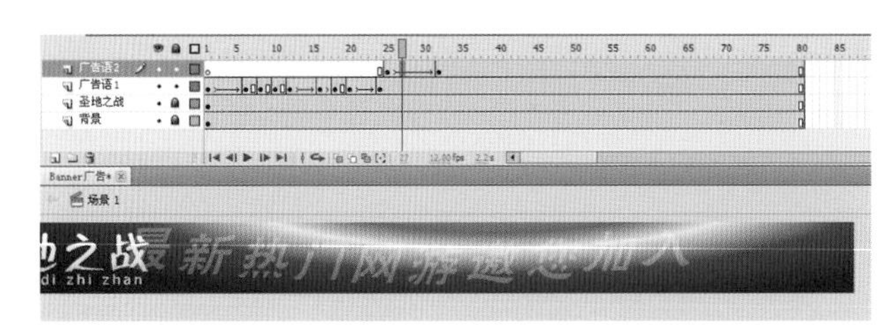

图 5–19　创建“广告语 2”的入画效果

（13）在第 60 帧、第 70 帧插入关键帧，并将第 70 帧对象的比例适当放大，同时在“属性”→“色彩效果”→“样式”面板 Alpha 值设定为 0%。右键单击在第 60 帧和第 70 帧之间的任意一帧，设定“传统补间动画”。元件呈现出放大的渐隐效果，如图 5–20 所示。

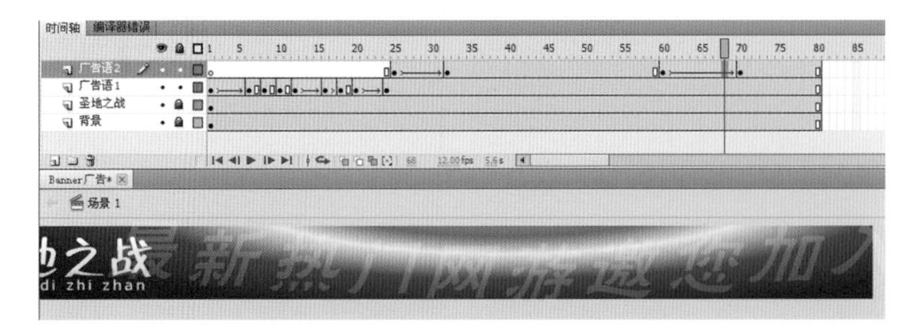

图 5–20　创建“广告语 2”的渐隐效果

（14）最后，要给这句广告语设计颜色的变化效果。新建“色块”层，在第 32 帧、第 60 帧按“F7”插入空白关键帧，且在第 32 帧中，选择工具箱中的“矩形工具”再绘制红色的矩形，其大小要能覆盖下一层的对象。效果如图 5-21 所示。

（15）在第 46 帧、第 59 帧插入关键帧，在第 32 帧中，将矩形大部分进行删除，仅仅保留左边的部分，如图 5-22 所示。在第 59 帧中，仅仅保留矩形右边的部分，如图 5-23 所示。

（16）在 32 帧和 59 帧之间设定“创建补间形状”，如图 5-24 所示。新建“文字”层，按“F7”在第 32 帧、第 60 帧插入空白关键帧，将“广告语 2”层第 32 帧的对象“最新热门网游邀您加入”进行复制，并在“文字”层 32 帧的舞台区域“粘贴到当前位置”。进行原位复制，如图 5-25 所示。

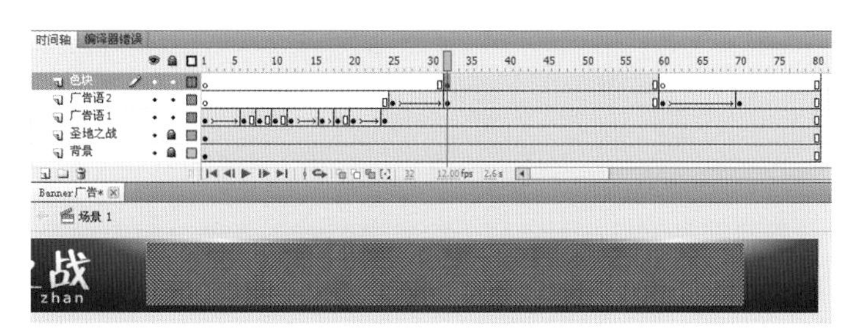

图 5-21　绘制红色矩形

图 5-22　保留矩形左边部分

图 5-23　保留矩形右边部分

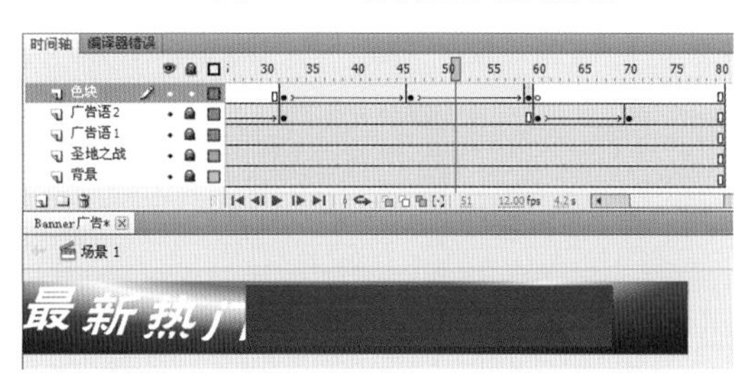

图 5-24　设定“创建补间形状”

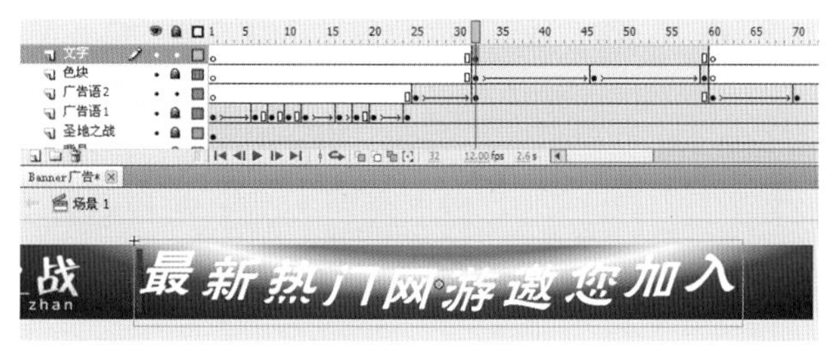

图 5-25　复制文本

（17）选择当前对象，连续按“Ctrl+B”键 2 次将文本分离，转换为可任意编辑的图形状态，如图 5-26 所示。右键单击“文字”层，选择“遮罩层”，这时新建的图层和“文字 1”图层会变成遮罩层与被遮罩层的关系，如图 5-27 所示。

图 5-26　分离文本

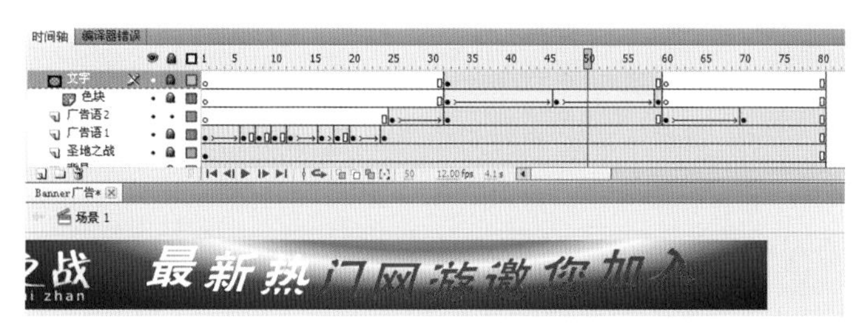

图 5-27　创建文本的遮罩效果

(18) 控制菜单选择测试影片，观看最终的广告效果，如图 5–28 所示。

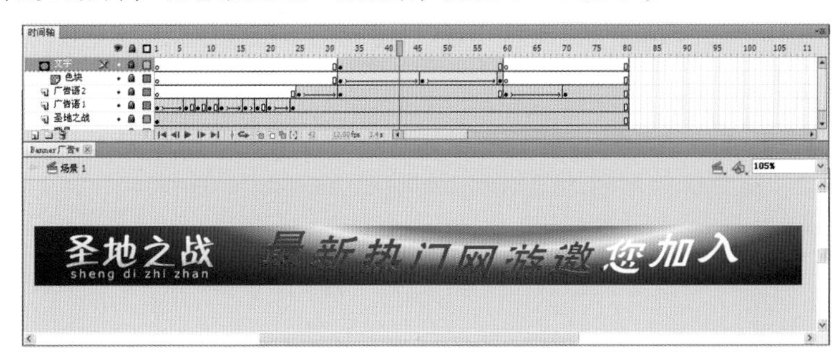

图 5–28 本例最终效果

[知识链接] 遮罩动画

一、遮罩动画的概念

(1) 什么是遮罩? 遮罩动画是 Flash 中的一个很重要的动画类型，很多效果丰富的动画都是通过遮罩动画来完成的。在 Flash 的图层中有一个遮罩图层类型，为了得到特殊的显示效果，可以在遮罩层上创建一个任意形状的“视窗”，遮罩层下方的对象可以通过该“视窗”显示出来，而“视窗”之外的对象将不会显示。

(2) 遮罩的作用。在 Flash 动画中，“遮罩”主要有两种用途，一个作用是用在整个场景或一个特定区域，使场景外的对象或特定区域外的对象不可见，另一个作用是用来遮罩住某 元件的 部分，从而实现一些特殊的效果。

二、创建遮罩的方法

(1) 创建遮罩

在 Flash 中没有一个专门的按钮来创建遮罩层，遮罩层其实是由普通图层转化的。你只要在某个图层上单击右键，在弹出菜单中选择“遮罩层”，使命令的左边出现一个小勾，该图层就会生成遮罩层，“层图标”就会从普通层图标 变为遮罩层图标 ，系统会自动把遮罩层下面的一层关联为“被遮罩层”，在缩进的同时图标变为 ，如果想关联更多层被遮罩，只要把这些层拖到被遮罩层下面就行了，如图 5–29 所示。

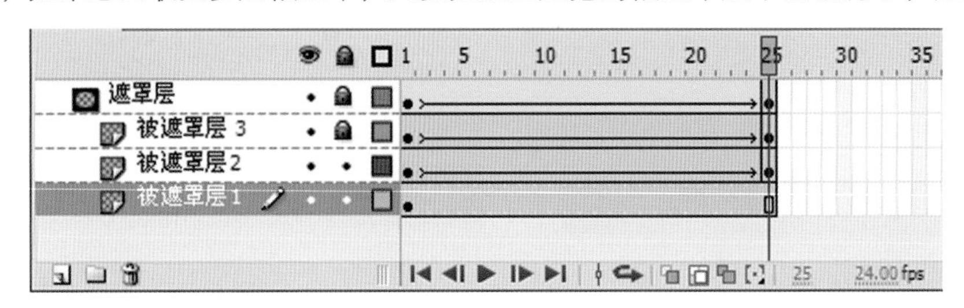

图 5–29 遮罩图层

(2) 构成遮罩和被遮罩层的元素

遮罩层中的图形对象在播放时是看不到的，遮罩层中的内容可以是按钮、影片剪辑、图形、位图、文字等，但不能使用线条，如果一定要用线条，可以将线条转化为“填充”。被遮罩层中的对象只能透过遮罩层中的对象被看到。被遮罩层可使用按钮、影片剪辑、图形、位图、文字。

(3) 遮罩中可以使用的动画形式

可以在遮罩层、被遮罩层中分别或同时使用形状补间动画、动作补间动画、引导线动画等动画手段，从而使遮罩动画变成一个可以施展无限想象力的创作空间。

三、应用遮罩时的技巧

遮罩层的基本原理是能够透过该图层中的对象看到“被遮罩层”中的对象及其属性（包括它们的变形效果），

但是遮罩层中的对象中的许多属性如渐变色、透明度、颜色和线条样式等却是被忽略的。要在场景中显示遮罩效果，可以锁定遮罩层和被遮罩层，在被遮罩层中不能放置动态文本。

四、文本逐渐显示效果制作

（1）新建文件，参数设置为“宽”550 px，“高”400 px，“背景色”为白色（#FFFFFF），其他选项均使用默认。将“图层 1”改名为“文字”，单击工具箱中的“文本工具” T ，在舞台中输入“Flash 网络广告设计与制作”，在“属性”面板中设置文字参数，效果如图 5–30 所示。

（2）新建“形状变化”层，使用“矩形工具” 在文本的左边绘制如图 5–31 所示的矩形。在第 30 帧插入关键帧，并使用“任意变形工具” 将矩形拉至如图 5–32 所示的效果。

图 5–30　输入文本　　　图 5–31　绘制矩形　　　图 5–32　编辑矩形

（3）右键单击“形状变化”层，选择“遮罩层”。当前图层和“文字”图层会转换为遮罩与被遮罩的关系，效果如图 5–33 所示。

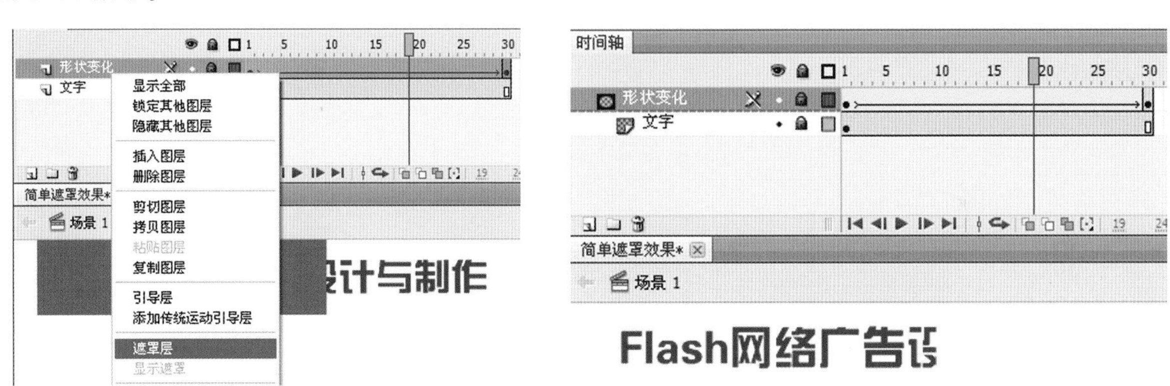

图 5–33　遮罩效果

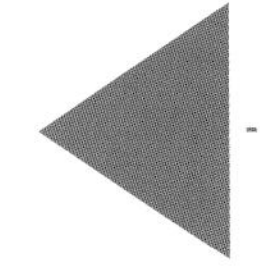

第三节　网络产品广告设计

产品广告其主要目的是通过动感变幻的方式向观众传递商品信息，由于它的位置很醒目、因其突变而产生丰富的效果，如何把握短暂的动画时间在观众心中留下深刻的印象。重点是要表现出产品的特点，如款式、工艺、性能等方面。

一、实例分析

本例为一汽大众的汽车广告，从汽车的造型、制作工艺、性能等多角度来展现产品的特点，运用了图片的剪辑、动画的节奏、质感的表现，以及音效的处理，制作出适合主题的炫酷视觉效果。本例制作分为三大部分，首先制作汽车出现的效果，然后分块制作汽车的各个特点，最后出现汽车标志的动画进行点题。演示画面如图 5-34 所示。

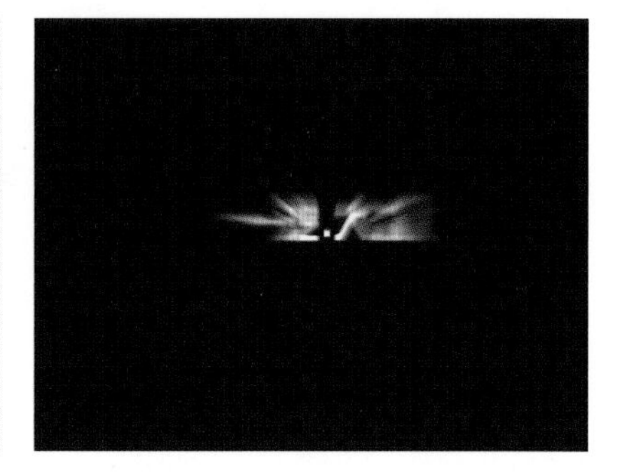

图 5-34　本例演示的画面

二、操作步骤

（1）执行“文件”→“新建”，新建文件。参数设置为“宽”800px，“高”600px，“背景色”为黑色，其他选项均使用默认。并保存名为“汽车广告”的 FLA 格式的文件。

（2）执行“文件”→“导入”→“导入到库”命令，打开“导入到库”对话框，选择要导入的三张“PNG”格式的素材，单击“打开”，将三张图片导入到库中，如图 5-35 所示。可以看到库中显示每个图片文件都自动生成一个图形元件，共有三个图形元件。为了方便使用和元件管理，将三个图形元件的名字依次改为“企业”、“汽车 1”、“汽车 2”。如图 5-36 所示。

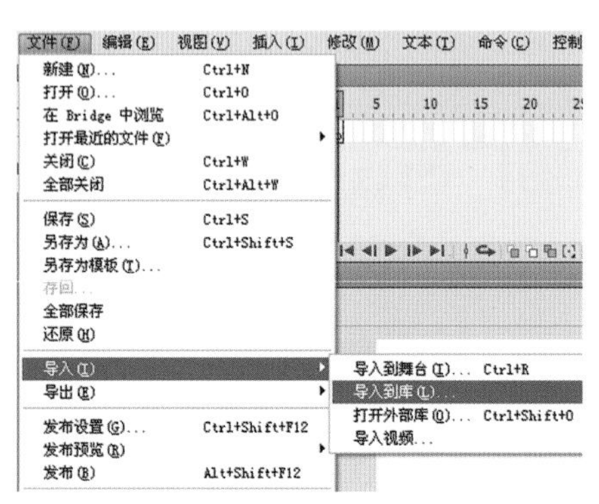

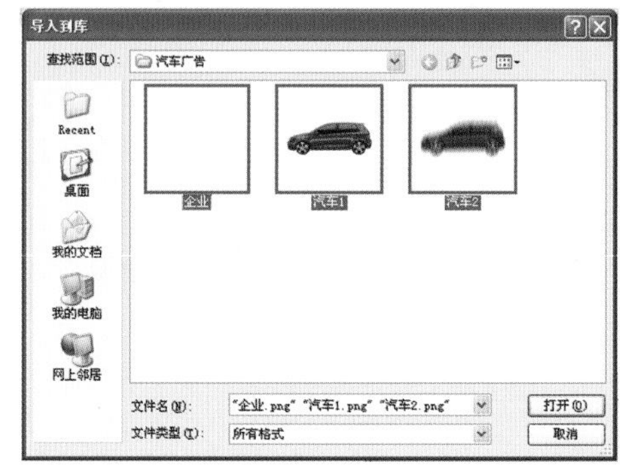

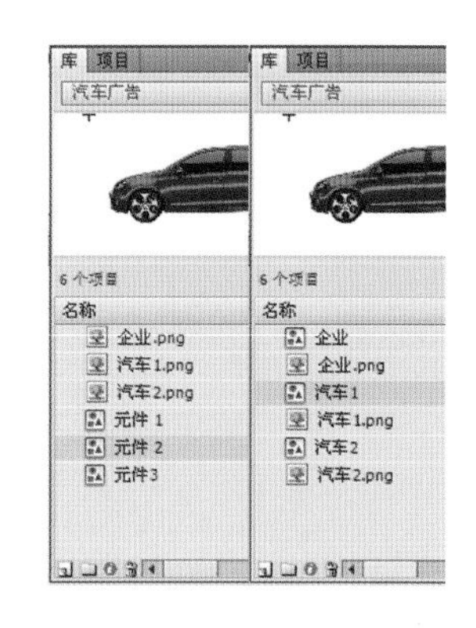

图 5-35　将图片素材导入到库　　　图 5-36　修改素材名字

（3）将库面板中的元件“汽车 1”拖曳至舞台中，调整至如图 5-37 所示的大小，在第 15 帧中插入关键帧，选中第 1 帧中的对象，在属性的色彩效果中，将 Alpha 设置为 0%。右键单击第 1 帧和第 15 帧之间的任意一帧，设定“创建传统补间”。元件呈现出逐渐显现的效果，如图 5-38 所示。

（4）将当前图层的帧延长至 275 帧。新建“模糊汽车”层，在第 15 帧插入空白关键帧，并将库面板的元件“汽车 2”拖曳至舞台中，调整位置与大小，在属性面板中的 Alpha 设置为 40%，如图 5-39 所示的效果。在第 25 帧插入关键帧，选择帧内的对象，在属性面板中的 Alpha 设置为 10%，为第 15 帧和第 25 帧之间设定“创建传统补间”。完成后效果如图 5-40 所示。

图 5-37 将“汽车 1”拖曳至舞台

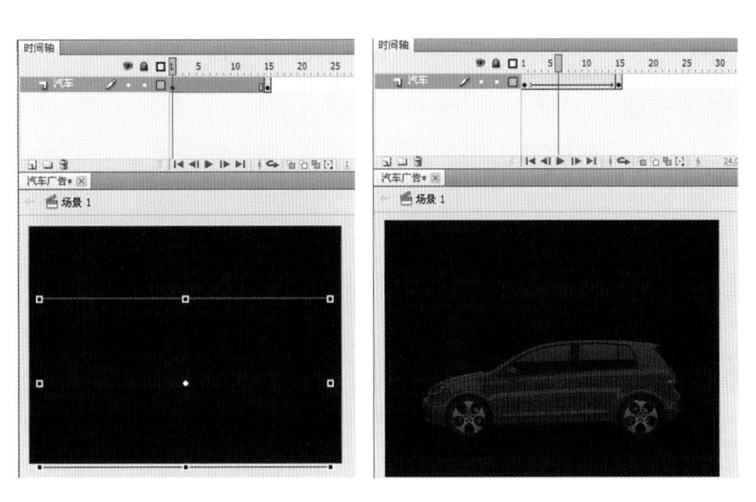

图 5-38 制作汽车渐显效果

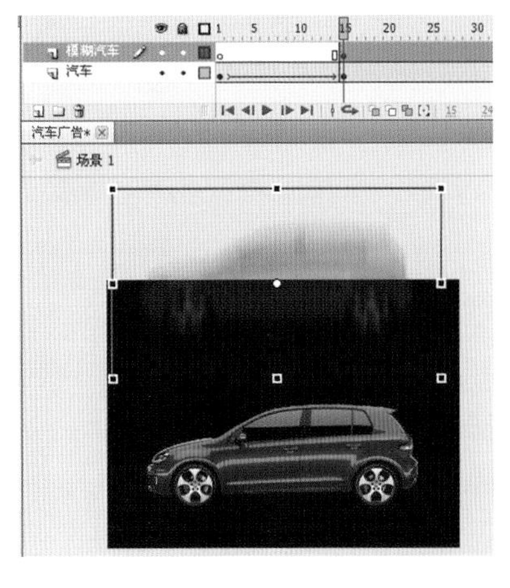

图 5-39 将“汽车 2”拖曳至舞台

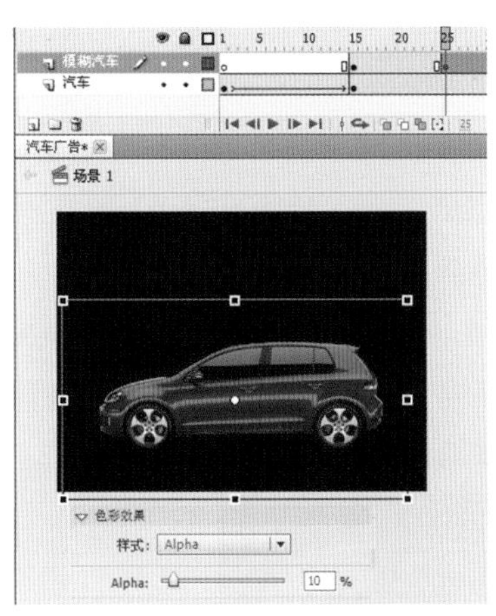

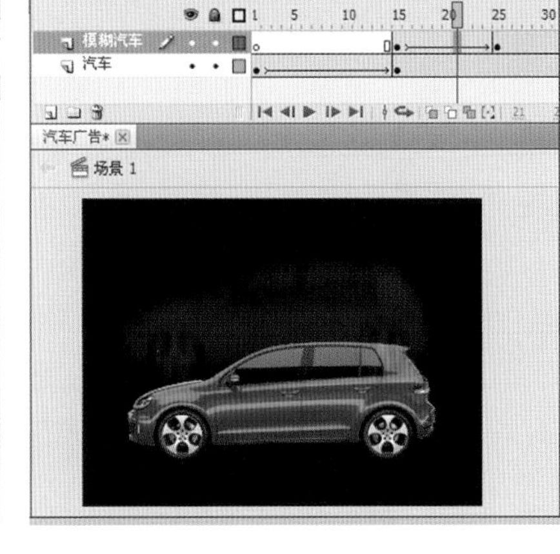

图 5-40 制作汽车渐显效果

(5) 接下来将这段动画复制两遍，选中第 15 帧至第 25 帧，右键单击，在弹出的菜单中选择“复制帧”，如图 5-41 所示。右键单击第 26 帧，在弹出的菜单中选择“粘贴帧”，如图 5-42 所示。第一段遍复制完毕，使用同样的方法继续复制第二遍，如图 5-43 时间轴中的帧。

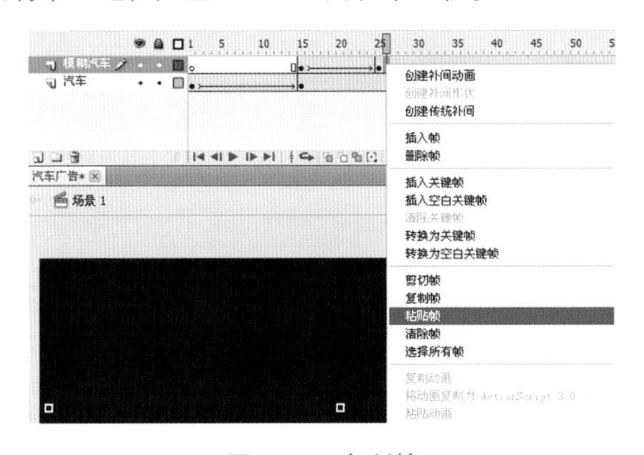

图 5-41 复制帧

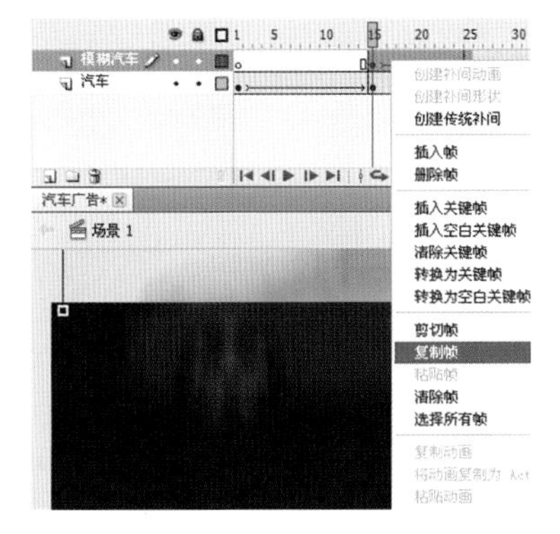

图 5-42 粘贴帧

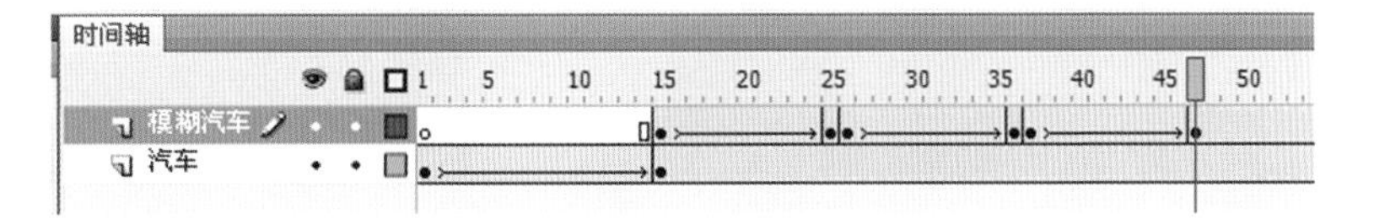

图 5-43 将第一段动画再复制一遍

(6) 在第 60 帧插入关键帧，设置位置与大小，如图 5-44 所示，为第 47 帧和第 60 帧之间设定“创建传统补间”，如图 5-45 所示。

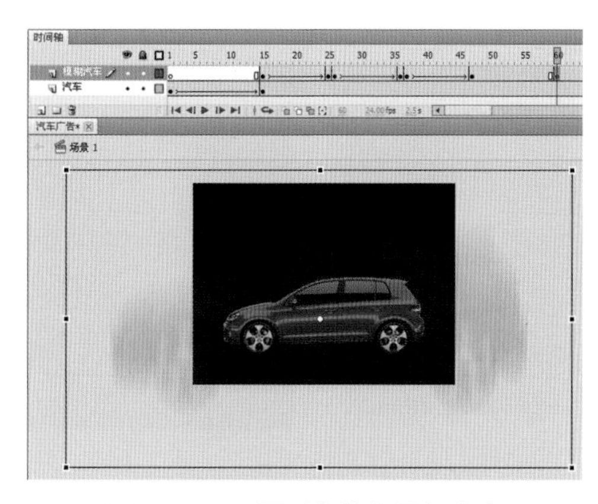
图 5-44 设置对象的位置与大小

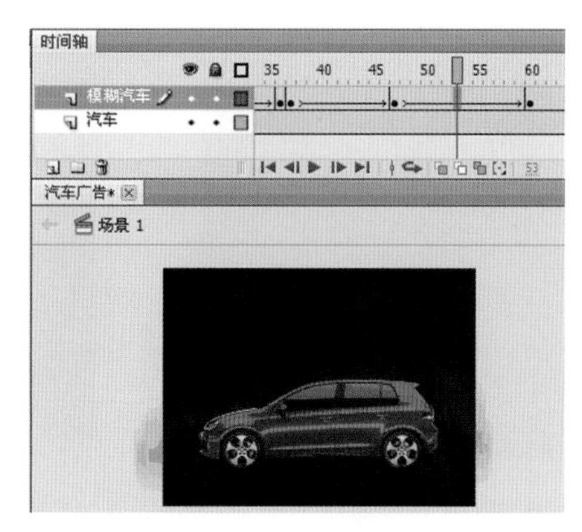

图 5-45 创建动画

(7) 在“模糊汽车”层的第 61 帧中插入空白关键帧，接着在“汽车”层上新建“耀光形状”层，并在第 61 帧中插入空白关键帧，当前帧中使用绘图工具在汽车高光部位上绘制图形，填充任意颜色，如图 5-46 所示。

(8) 在“耀光形状”层下新建“耀光动画”层，接着在第 61 帧插入空白关键帧，使用“矩形工具” 绘制一个白色矩形，适当变形，如图 5-47 所示。

图 5-46 绘制耀光形状

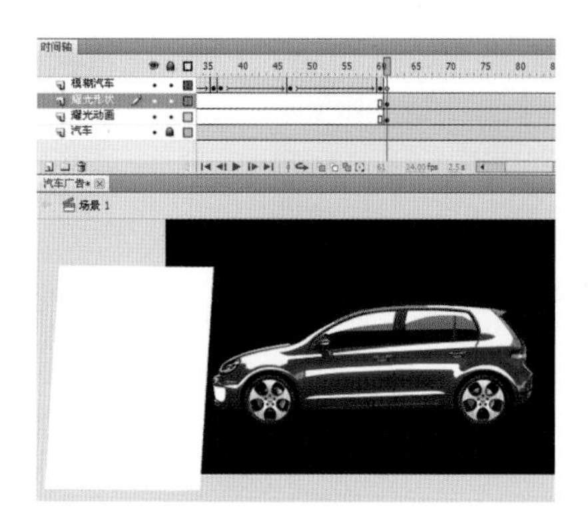
图 5-47 绘制矩形

(9) 选中该矩形，“窗口”→“颜色”打开颜色面板，设定“线性渐变”。多增加几个不同透明度的白色，效果如图 5-48 所示。

(10) 在第 85 帧插入关键帧，将矩形移之汽车的右侧，如图 5-49 所示。继续在第 100 帧插入关键帧，将矩形移之汽车的左侧，如图 5-50 所示。为第 61 帧和第 100 帧之间设定“创建补间形状”，如图 5-51 所示。

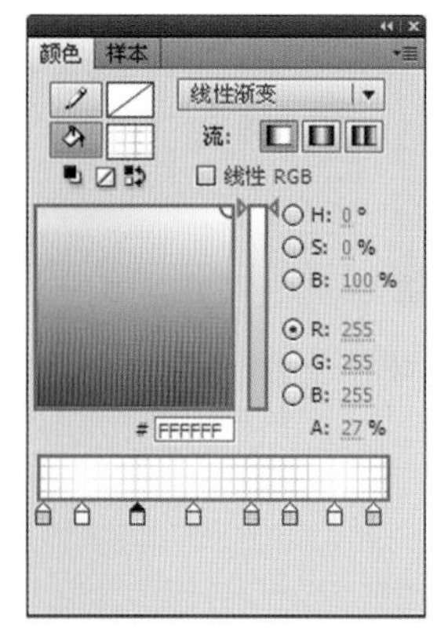

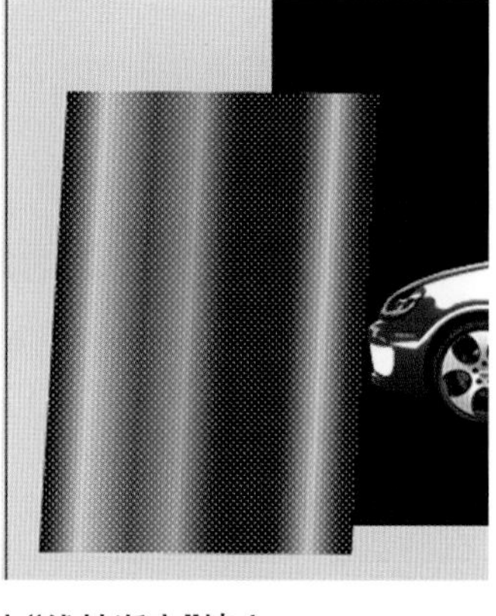
图 5-48 设定“线性渐变”填充

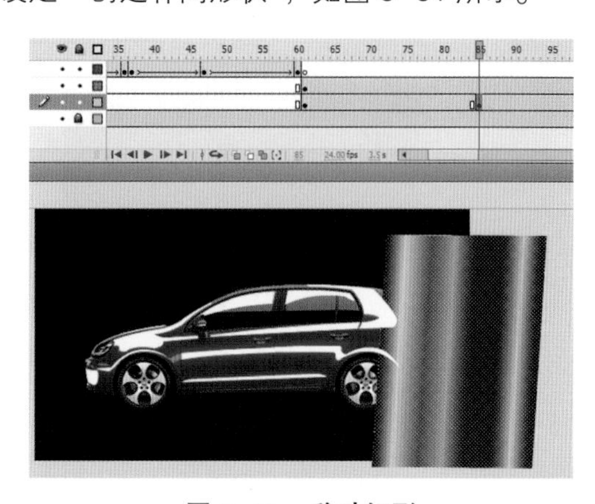
图 5-49 移动矩形

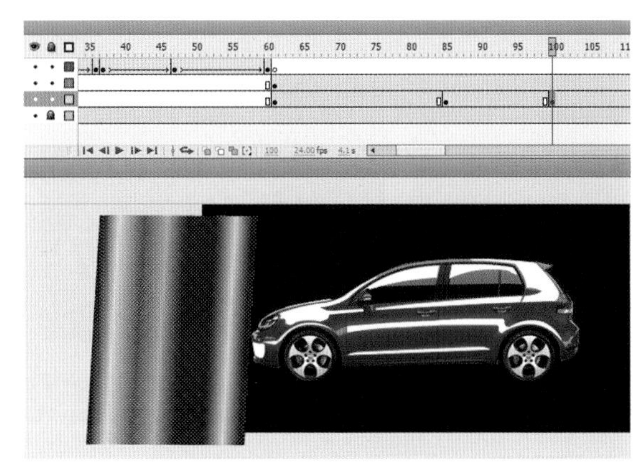

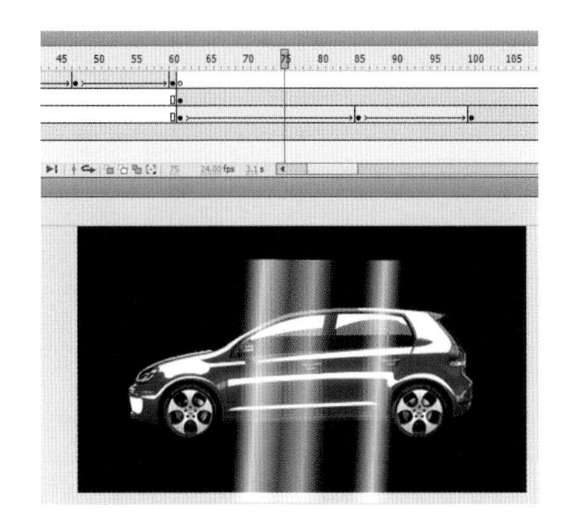

图 5-50　再次移动矩形　　　　图 5-51　创建动画效果

（11）右键单击“耀光形状”层，在弹出来的菜单中选择“遮罩层”。这时新建的图层和“文字 1”图层会变成遮罩层与被遮罩层的关系，如图 5-52 所示。

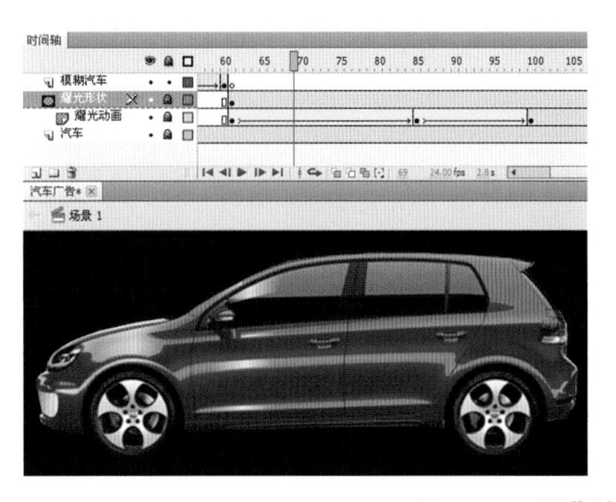

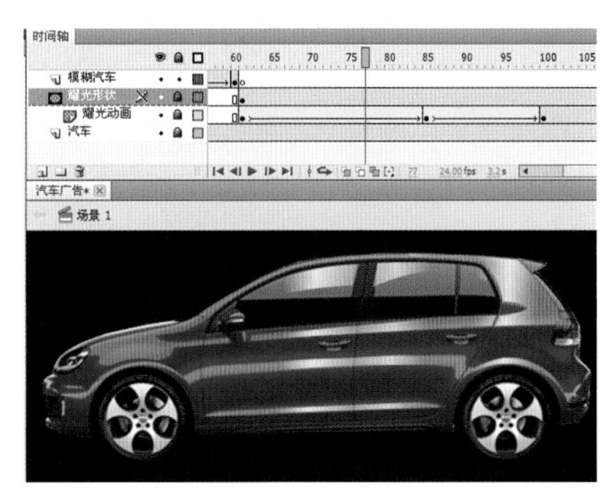

图 5-52　预览遮罩后的动画效果

（12）选择“耀光形状”和“耀光动画”层的第 101 帧，按“F7”键插入空白关键帧。分别在“汽车”层的第 100 帧和第 105 帧插入关键帧，将第 105 帧的汽车适当缩小，为第 100 帧和第 105 帧设定“创建传统补间”，如图 5-53 所示。

（13）接下来制作汽车倒影的效果，在第 106 帧插入关键帧，并将当前对象进行复制，接着打开“修改”→“变形”→“垂直翻转”，在属性面板中设置对象 Alpha 值为 10%，如图 5-54 所示。

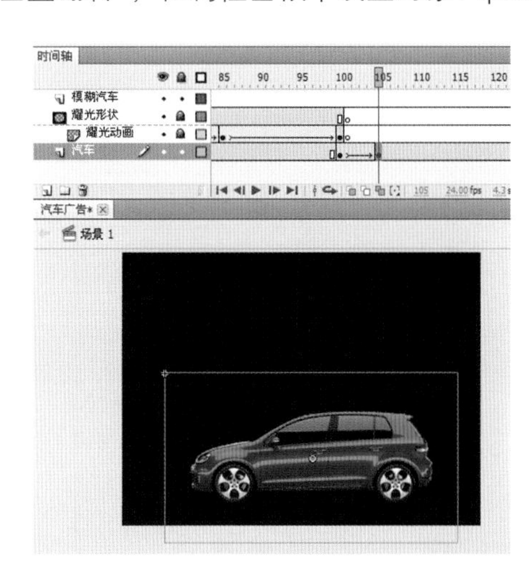

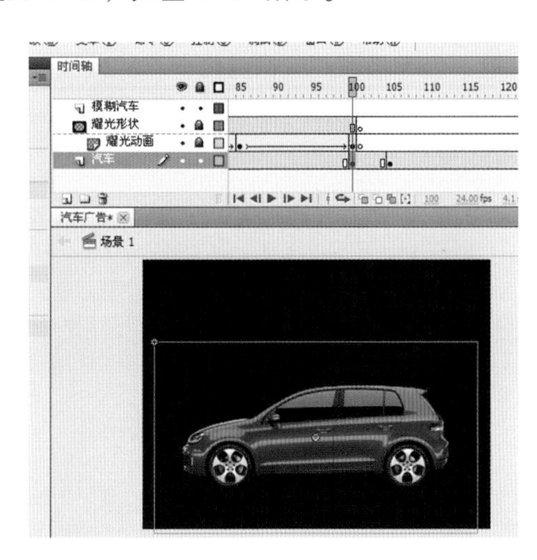

图 5-53　创建动画效果

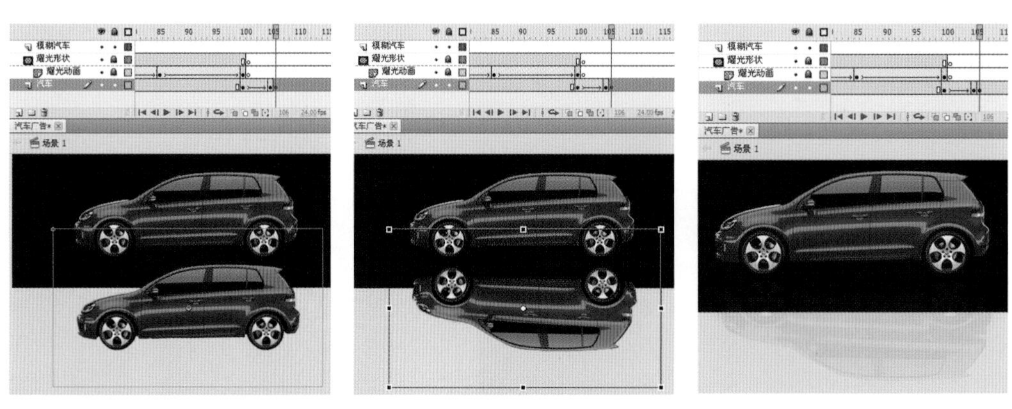

图5-54　制作汽车倒影效果

（14）在“汽车”层下方新建“底色”层，并在第 106 帧插入空白关键帧，选择“矩形工具”绘制与舞台重合的黑色矩形（宽 800 px，高 600 px），如图 5-55 所示。

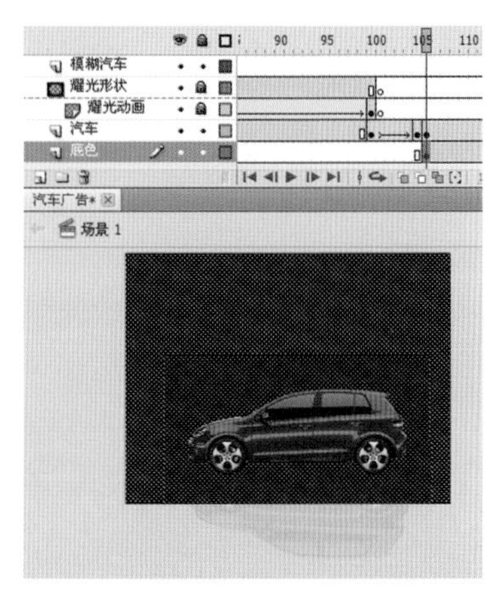

图 5-55　绘制黑色矩形

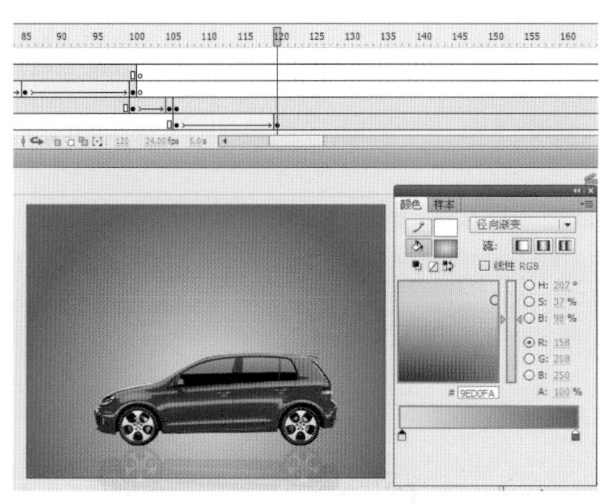

图 5-56　制作底色的变化效果

（15）继续在第 120 帧中插入关键帧，选中矩形，打开颜色面板，设定“径向渐变”。将默认的黑白渐变进行调整。选中矩形，再次单击“颜色面板”，设定渐变条下方两端色彩，左边控制点设置浅蓝色，右边设定深蓝色，衬托出画面的主体汽车。为 100 帧和 105 帧之间设定“创建传统补间”，实现矩形由黑色到蓝色的渐变效果，如图 5-56 所示。

（16）新建“线 1”层，在第 121 帧插入空白关键帧，选择“线条工具” 在舞台中绘制如图 5-56 所示的多根直线，如图 5-57 所示。在“线 1”层上新建“线 1 遮罩”，在第 121 帧插入空白关键帧，选择绘图工具在舞台中绘制蓝色矩形，如图 5-58 所示。

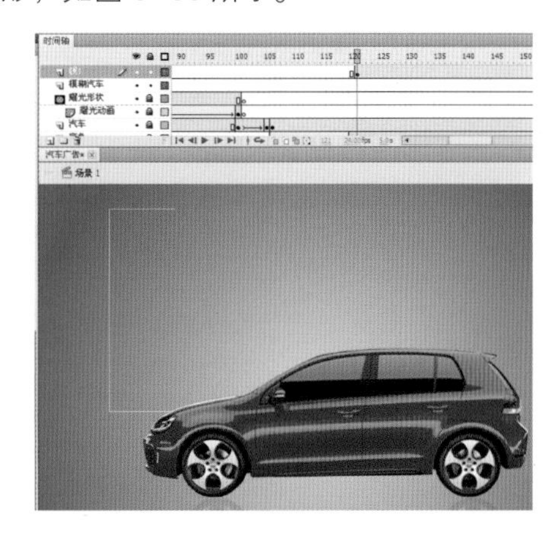

图 5-57　绘制直线

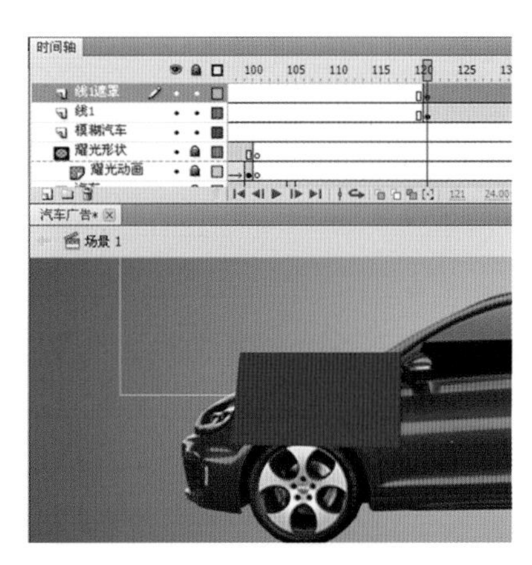

图 5-58　绘制矩形

（17）在第 125 帧插入关键帧，调整舞台中的矩形，如图 5–59 所示。继续在第 132 帧插入关键帧，再次调整舞台中的矩形，在第 137 帧插入关键帧，编辑矩形至完全覆盖下一图层的线条。

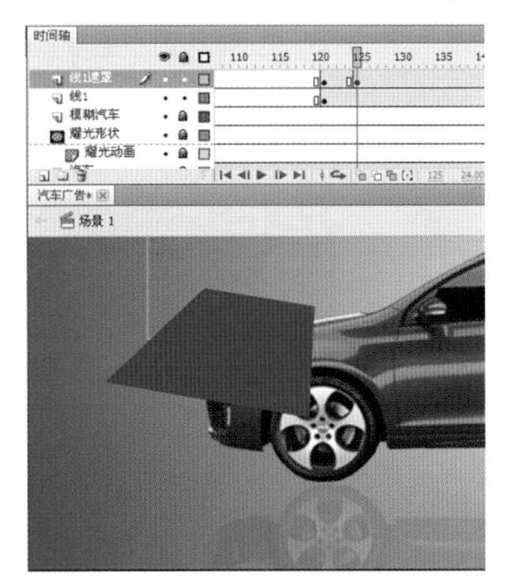

第 125 帧的图形　　第 132 帧的图形　　第 137 帧的图形

图 5–59　矩形的多次变形

（18）设定第 121 帧和第 137 帧“创建补间形状”，完成动画效果。右键单击“线 1 遮罩”层，选择下拉菜单中的“遮罩层”。这时“线 1 遮罩”层和“线 1”层会变成遮罩层与被遮罩层的关系。制作出线条渐渐出现的效果，如图 5–60 所示。

（19）新建“色块”层，在第 138 帧插入空白关键帧，选择矩形工具在舞台中绘制矩形，填充颜色为白色，Alpha 值为 20%，如图 5–61 所示。继续在第 144 帧插入关键帧，将矩形拉大，设定 138 帧和 144 帧“创建补间形状”，如图 5–62 所示。

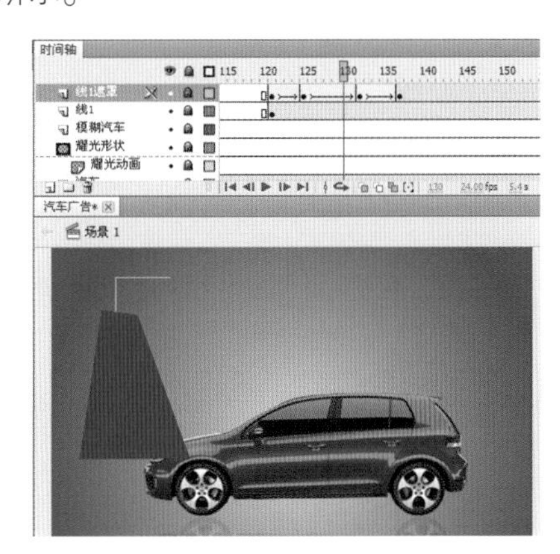

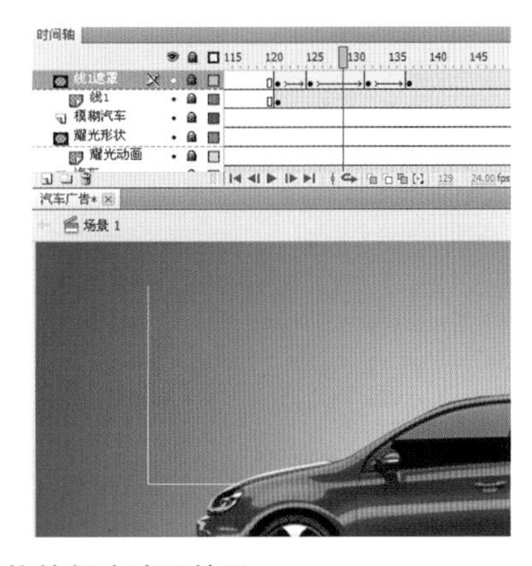

图 5–60　设定补间形状并创建遮罩效果

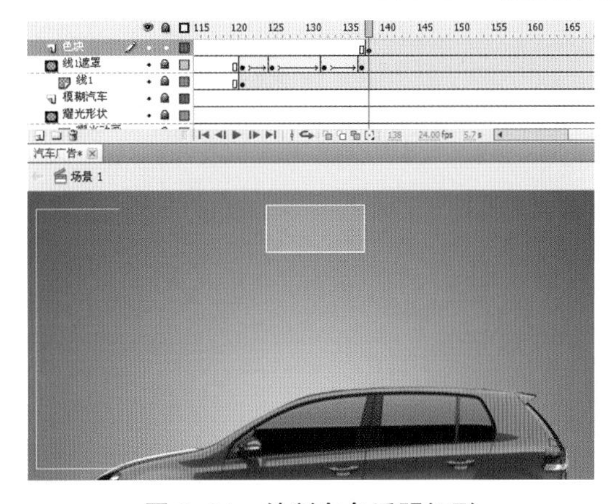

图 5–61　绘制白色透明矩形

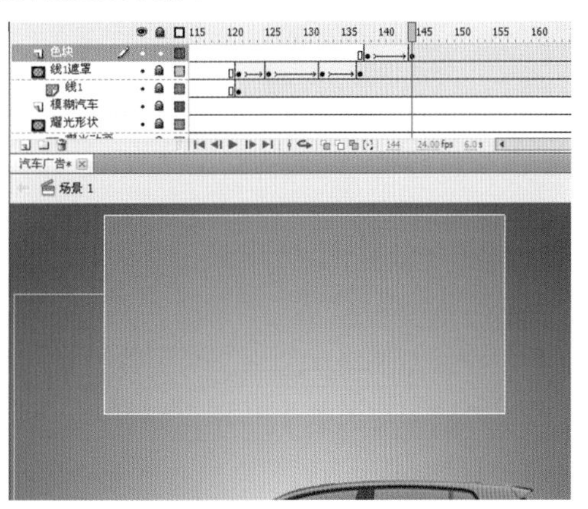

图 5–62　创建矩形的动画效果

（20）新建“广告文本 1”层，在第 145 帧插入空白关键帧，在舞台中输入文本，激活舞台中的文本，并在“文本”面板中调整文本属性，为了增强文本的层次感，将文本复制一个，颜色调整为黑色，并移至如图所示的位置，设置如图 5-63 所示。紧接着输入余下文本，并且调整文本字号、字体及颜色如图 5-64 所示。

图 5-63　输入文本并调整属性

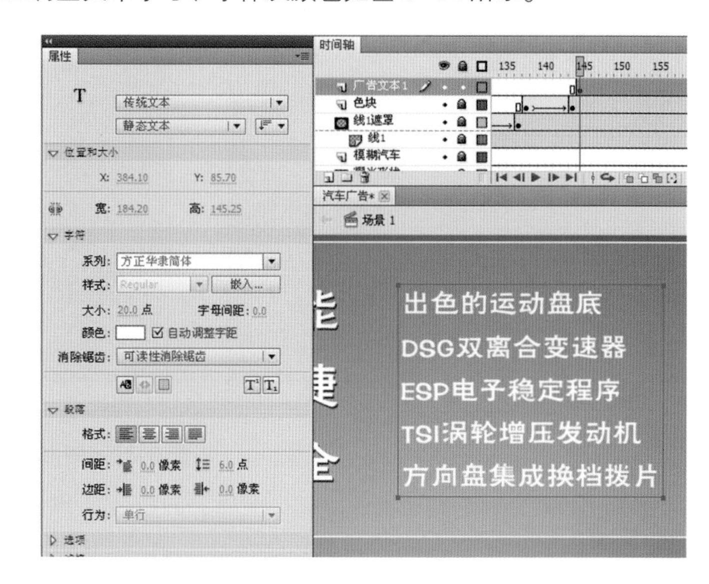

图 5-64　输入说明性文本

（21）新建“遮罩 1”层，在第 145 帧插入空白关键帧，选择“矩形工具”在舞台中绘制任意颜色矩形，如图 5-65 所示。在第 155 帧插入关键帧，激活当前对象，用“任意变形工具”将矩形拉大至覆盖下层文本的尺寸，如图 5-66 所示。继续在第 170 帧和第 180 帧插入关键帧，激活第 180 帧的对象，用“任意变形工具”将矩形缩小至第 145 帧的尺寸。设定 145 帧和 155 帧“创建补间形状”，同时设定 170 帧和 180 帧“创建补间形状”，如图 5-67 所示。

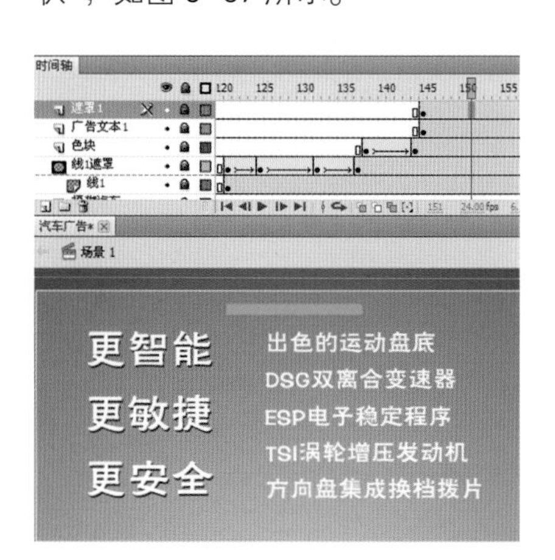

图 5-65　绘制矩形

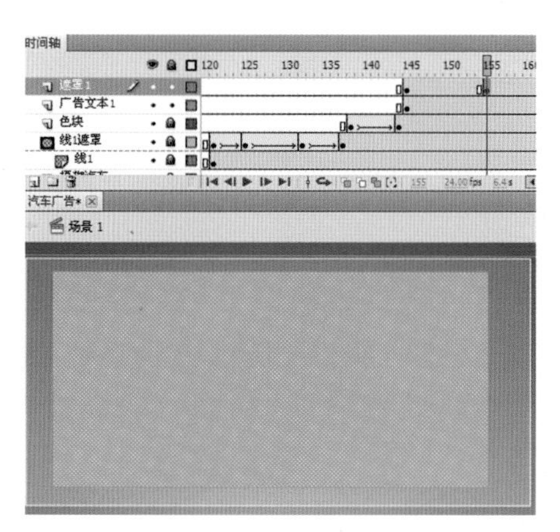

图 5-66　拉大矩形

图 5-67　缩小矩形

（22）右键单击“遮罩 1”层，选择下拉菜单中的“遮罩层”。这时“遮罩 1”层和“广告文本 1”层会变成遮罩层与被遮罩层的关系。制作出广告文本渐显的效果，如图 5-68 所示。

（23）选择“色块”层的第 180 帧，在第 180 帧和第 186 帧插入关键帧，将第 186 帧内的矩形缩小，设定 180 帧和 186 帧“创建补间形状”，接着在第 187 帧插入空白关键帧，同时也在“广告文本 1”层的第 180 也插入空白关键帧，如图 5-69 所示。

图 5-68 创建文本的遮罩效果

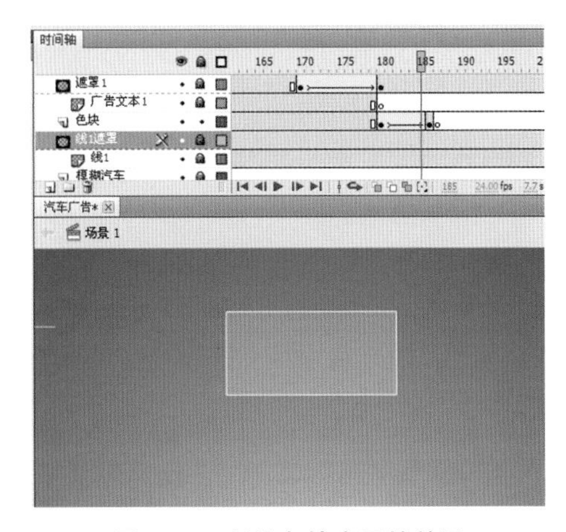

图5-69 制作色块出画的效果

(24) 先对“线 1 遮罩”层解锁，接着在第 187 帧和第 194 帧插入关键帧，将第 194 帧的对象激活，移至如图 5-70 所示的位置，为第 187 帧和第 194 帧之间设定“创建补间形状”。将“线 1 遮罩”层锁定，预览遮罩后的效果，最后在连个图层的第 185 帧插入空白关键帧，如图 5-71 所示。

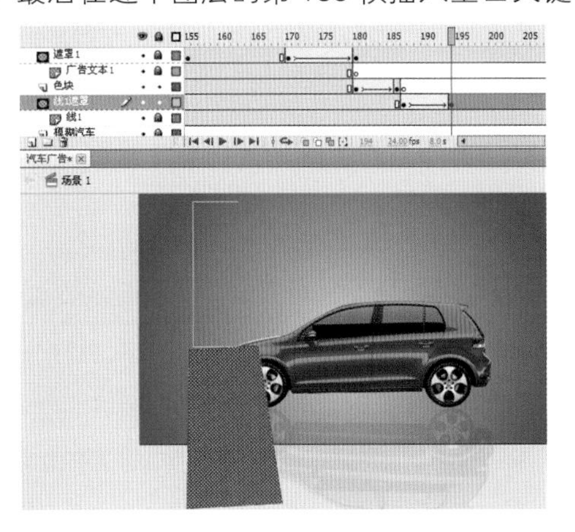

图 5-70 创建补间

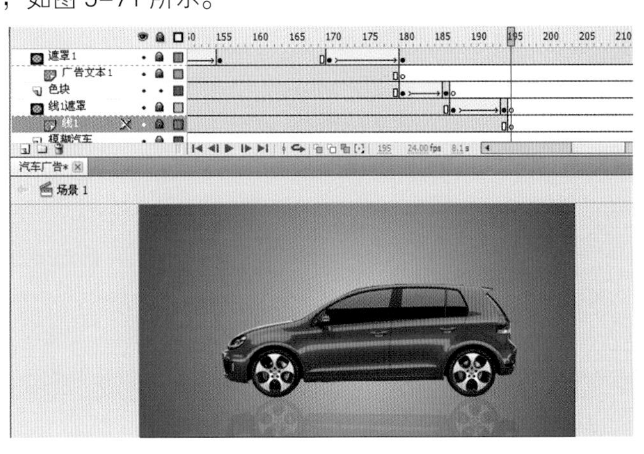

图 5-71 创建遮罩效果

(25) 接下来制作第二段广告文本以动态形式逐渐出现的动画，由于制作方法和第一段文本是一样的，这里就不再重复，第二段广告文本的效果如图 5-72 所示。

(26) 新建“黑屏”层，在第 262 帧插入空白关键帧，选择矩形工具绘制与舞台重合的黑色矩形（宽 800px，高 600px），在颜色面板中，将 Alpha 值设置为 0% 的黑色，接着在第 275 帧插入关键帧，将设置 Alpha 值为 100%的黑色，为第 262 帧和第 275 帧之间设定“创建补间形状”，制作出画面渐渐变暗的效果，如图 5-73 所示。

图 5-72 第二段文本的动画效果

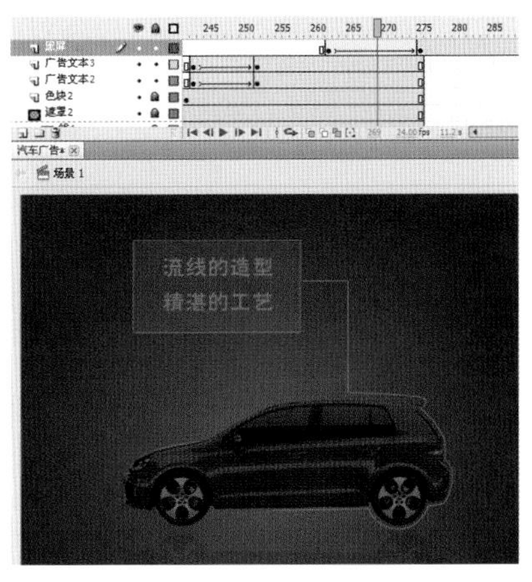

图 5-73 制作画面渐暗的效果

（27）新建“企业”层，在第 276 帧插入空白关键帧，将库中名为“企业”的元件拖曳至舞台中，效果如图 5–74 所示。继续在第 285 帧插入关键帧，按“Ctrl+Alt+S”组合键打开“缩放与旋转”对话框，将缩放值设置为“70”，以对象的中心点为缩放中心缩小 70%。为第 276 帧和第 285 帧之间设定“创建补间形状”，效果如图 5–75 所示。

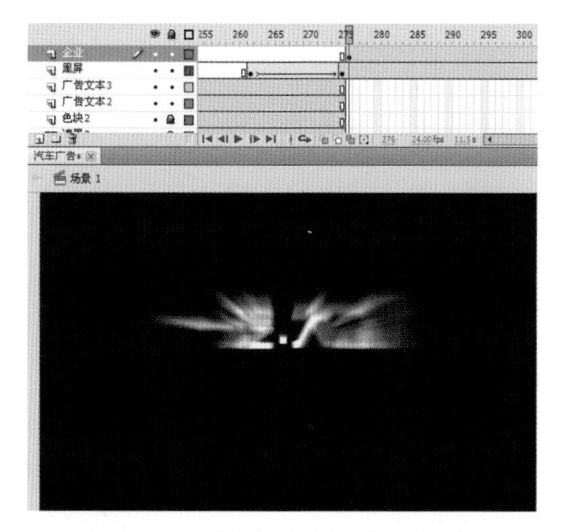

图 5–74　拖曳企业标志至舞台

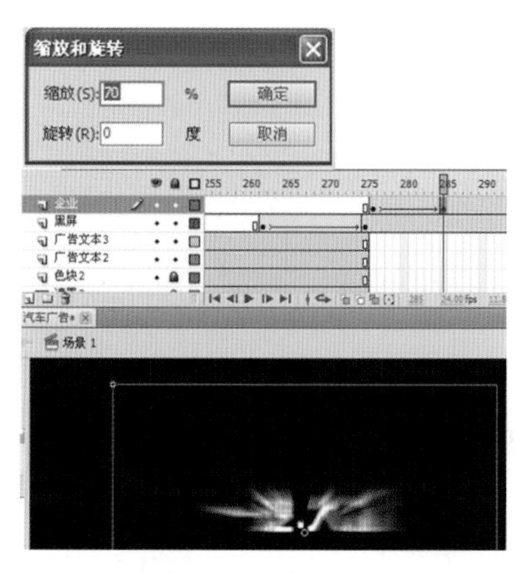

图 5–75　制作企业标志出现的效果

（28）在第 286 帧插入关键帧，选择文本工具，输入文本“一汽•大众”，调整文本属性。如图 5–76 所示，接下来为了保证第 285 帧和第 286 帧的衔接自然流畅，要将两帧同时显示进行检查。点击时间轴下方的“编辑多帧”，看到第 285 帧和第 286 帧同时被显示，发现两帧的内容错位，如图 5–77 所示。需要移动位置至两帧的内容重合，重合之后的效果如图 5–78 所示。

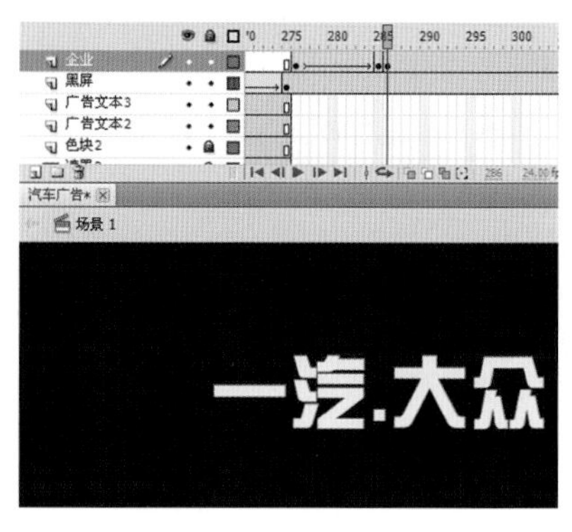

图 5–76　输入文本

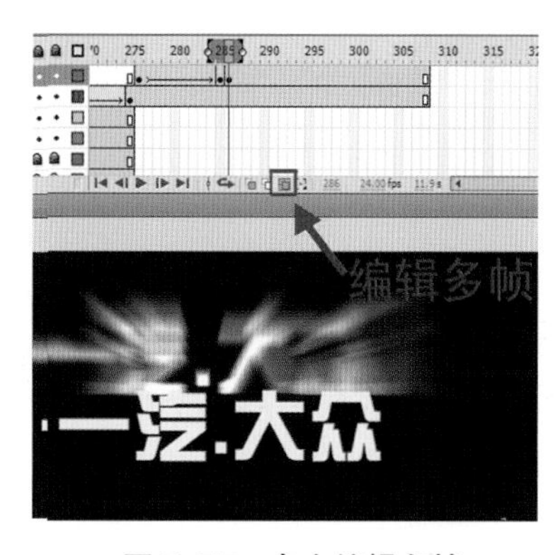

图 5–77　点击编辑多帧

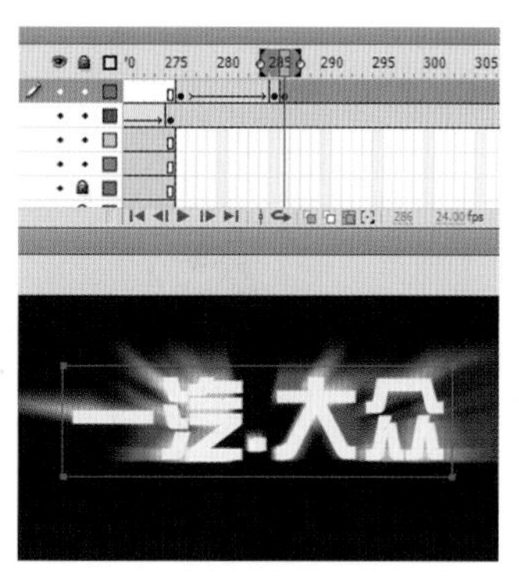

图 5–78　两帧对位之后的效果

（29）动画部分全部完成后，接下来给动画添加音效。执行“文件”→“导入”→“导入到库”命令，打开“导入到库”对话框，选择要导入“sound1、sound2、sound”这三个 MP3 声音文件，新建“音乐 1”层，将库面板中的“sound1”拖曳至舞台中，声音就以音波的形式出现在图层的帧中，如图 5–79 所示。

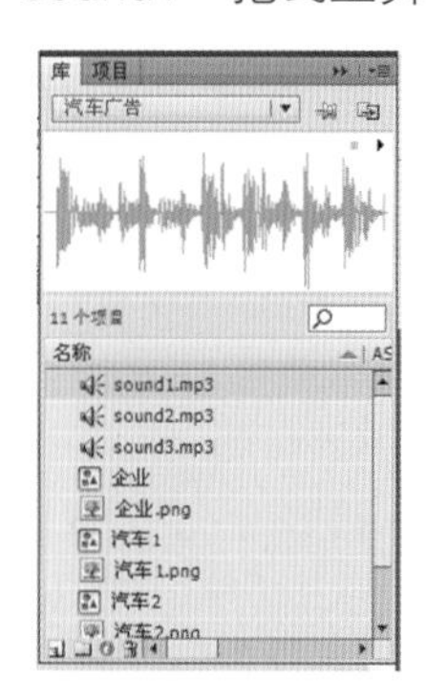

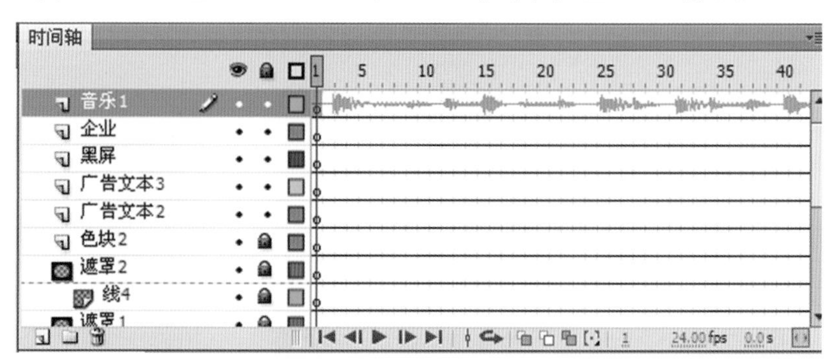

图 5–79　添加音乐“sound1”

(30) 新建“音乐 2”层，在第 102 帧插入空白关键帧，将库面板中的“sound2”添加到图层的帧中。如图 5-80 所示。新建“音乐 3”层，将库面板中的“sound3”添加到第 1 帧中，为动画开头添加音效，如图 5-81 所示。在第 274 帧插入关键帧，再次将“sound3”添加到这一帧，为动画结尾添加音效，如图 5-82 所示。将 308 帧之后的帧全部删除，如图 5-83 所示。

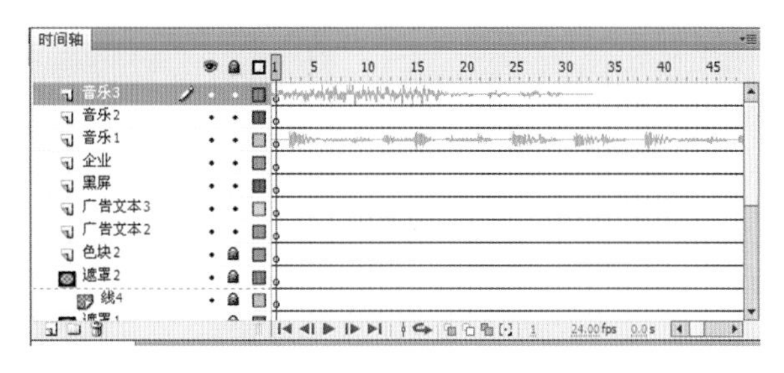

图 5-80 添加音乐“sound2”

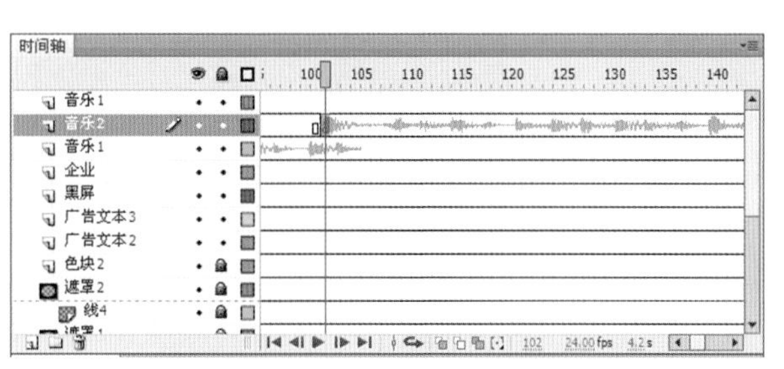

图 5-81 添加开头音效“sound3”

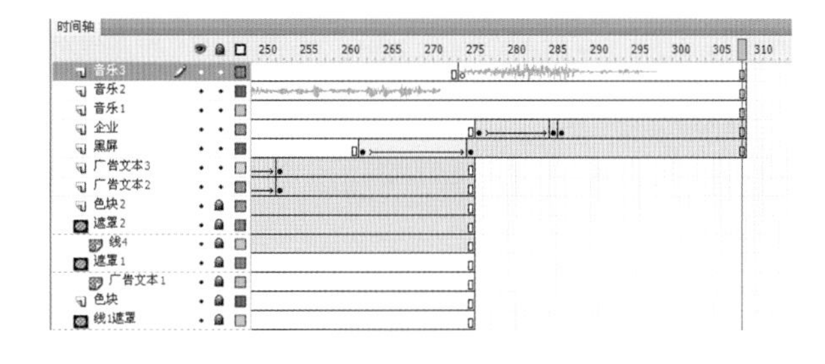

图 5-82 添加结尾音效“sound3”

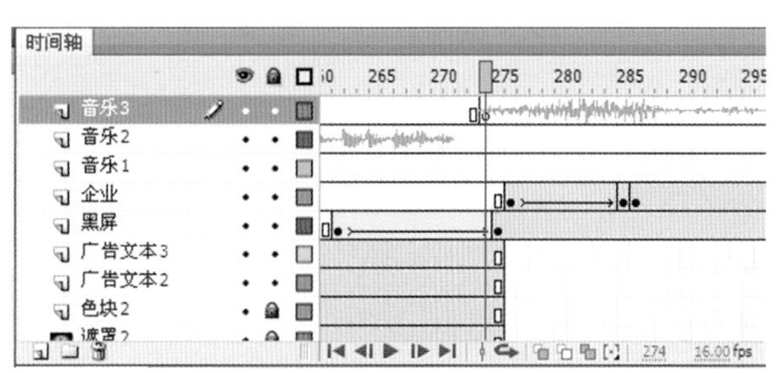

图 5-83 删除多余的帧

(31) 最后，按“Ctrl+Enter”组合键，发布影片，观看汽车广告的最终效果，如图 5-84 所示。

图 5-84 汽车广告最终效果

[知识链接] 耀光特效制作

(1) 新建文档，设置文件大小为 550×400 像素，背景色为黑色。执行“插入”→“新建元件”命令，新建一个图形元件，名称为“我是闪客一族”。单击工具箱中的“文本工具” T ，在舞台中输入“我是闪客一族”六个字，在“属性”面板中，设置文字参数如图 5-85 所示。

(2) 选中字体，单击右键，连续单击 2 次“分离”，把字体打散，再选择“颜料桶工具”，把字体中心填充成红色。各个步骤的文字效果如图 5-86 所示。

(3) 执行“插入”→“新建元件”命令，新建一个图形元件，名称为“辉光”。执行“窗口”→“颜色”命令，打开“颜色”面板，设置“类型”为线性，将三个色标全部设置为白色，第一和第三个的“Alpha”值为 0%，中间的为 80%，接着在舞台中画一个无边框矩形，如图 5-87 所示。

图 5-85　输入文本

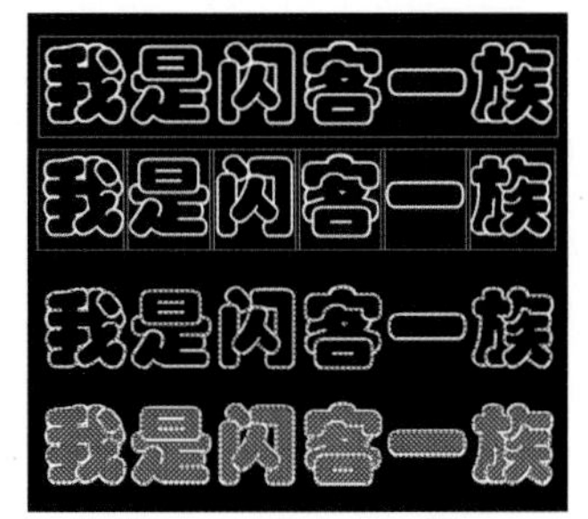

图 5-86　分离文本

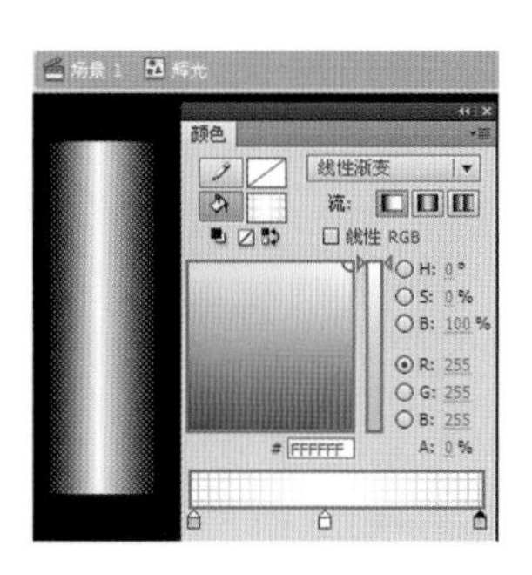

图 5-87　渐变填充设置

(4) 单击时间轴右上角的 场景 1 按钮，切换到主场景，将“图层 1”改名为“底层文字”，在第 25 帧处单击右键插入帧，这一层起显示文字的作用，如图 5-88 所示。

图 5-88　延长帧的时间

(5) 新建一个“辉光”图层，从“库”面板中把“辉光”元件拖到舞台中，如图 5-89 所示。放在“我要学做闪客”元件实例的左边。选择“任意变形工具”，将鼠标放在“辉光”元件实例的任意一个角，拖动鼠标旋转一定角度，使“辉光”元件实例产生一定的倾斜度。在第 35 帧处添加关键帧，在第 35 帧处把“辉光”元件实例拖到“我要学做闪客”元件实例的右边，在第 1 帧和第 30 帧处建立动作补间动画，如图 5-90 所示。

图 5-89　确定起点位置

图 5-90　确定终点位置

(6) 新建一个名为“遮罩层”图层，先复制“底层文字”层的对象，然后选择“遮罩层”的第 1 帧，并在舞台区域单击右键执行“粘贴到当前位置”命令。继续选中“遮罩层”，并单击鼠标右键，选择“遮罩层”，如图 5-91 所示。

提示：在遮罩动画中，遮罩层只显示外框形状变化，不显示颜色的变化。

（7）“我是闪客一族”这个动画已经完成，按“Ctrl+Enter”组合键发布动画进行测试，最终效果如图 5–92 所示。

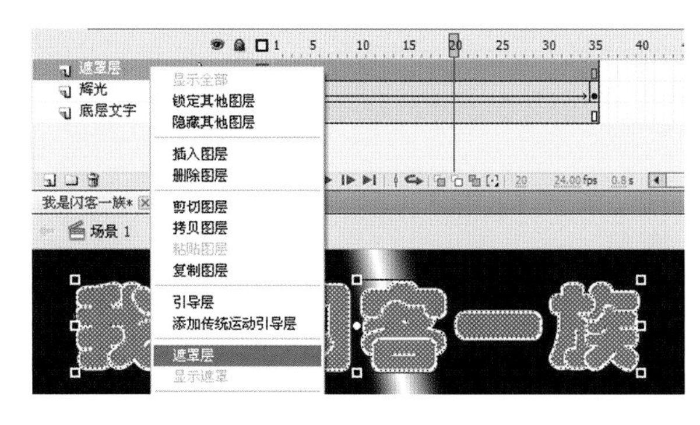

图 5–91　创建遮罩

图 5–92　本例效果

实　训　六

实训名称：电子产品广告

实训目的：了解网络产品广告的流程，理解网络产品广告的设计要领，掌握网络产品广告的制作方法和技巧。学会独立完成产品广告。

实训内容：为某一电子产品制作网络广告，展示产品的特点。

实训要求：从多角度展现电子产品的特点，如产品的质感、产品的造型、产品的功能等。

实训步骤：首先对广告结构进行构思，准备好图片素材和声音素材，接着对构图和界面进行草图设计，然后进行分段制作，最后添加音效、背景音乐和局部调整。

实训向导：模拟读者的视觉进行制作，把握住在段时间，用简洁的画面表现出该产品的特点。如图 5–93 所示的实例画面。

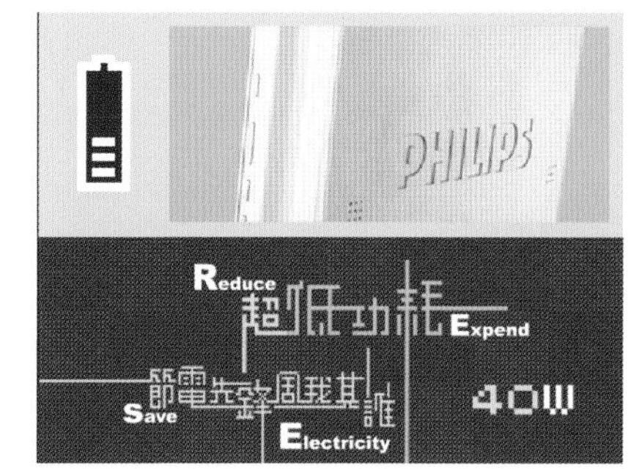

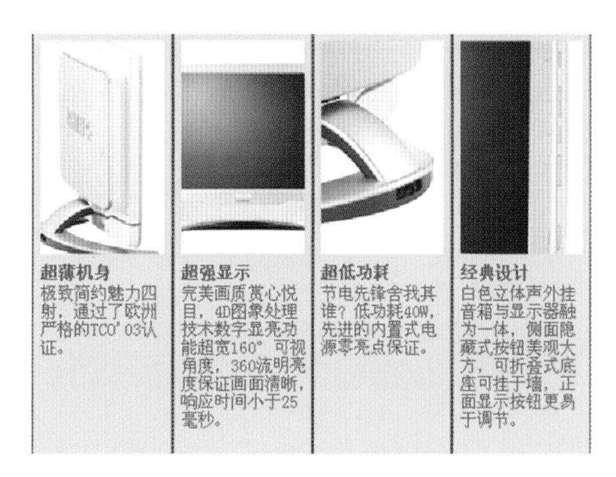

图 5–93　电子产品广告画面

第六章

Flash 交互相册设计

Flash JIAOHU XIANGCE SHEJI

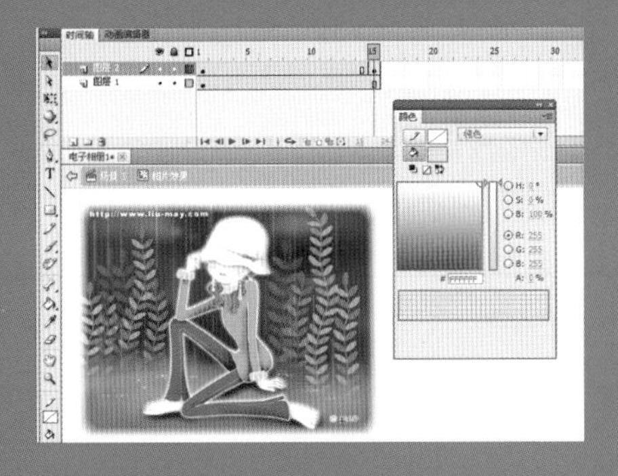

★任务概述

通过对本章的学习，使读者了解 Flash 交互相册的概念与设计要点，掌握 Flash 简单相册集、主题相册的制作方法与技巧。

★能力目标

对 Flash 交互相册有一个较全面的认识，并能把握作品结构的完整性。

★知识目标

了解 Flash 交互相册的特点，理解 Flash 交互相册的设计原则和制作原理，并掌握用 Flash 制作交互相册的技能技巧及相关要求。

★素质目标

使读者具备自学能力，能对 Flash 交互相册进行不同形式的实践练习。

第一节 Flash 交互相册设计基础

Flash 交互相册的形式可以多种多样，内容包罗万象，本章制作精美的 Flash 交互相册，理解交互相册的制作结构和原理，就可以独立完成诸如“作品集”“家庭影集”“求职介绍”“产品推介”等一切想得到的交互相册。

一、交互相册的特点

(1) 交互相册设计包括版面设计、背景动画、相册标题、按钮组、相册显示区、背景音乐，以及编写交互代码等内容。

(2) 与 Photoshop 的结合使用，所使用的图片素材均可在 Photoshop 中进行调整和编辑。

(3) 交互相册版面中的构图安排主次分明，功能明确，遵循形式美法则。

(4) 在相册中加入基本功能的音乐播放器，可适时对背景音乐进行控制。

(5) Flash 制作相册的最大优势——交互功能。可自由选择图片按钮欣赏某一相片，可以选择背景音乐的播放方式。

二、交互相册的设计要领

(1) 作品应该以新颖的版面设计和色彩搭配来吸引读者的视线，同时交互相册的各部分功能明确，整体效果协调统一。

(2) 交互相册的互动一定不能出现错误，因为这是交互相册与纸质相册相比显示出的最大优势，在制作之前，要先确定相册的结构与内容，这样才能避免制作中出现不必要的错误。

第二节 相册集设计与制作

一、案例分析

本例是一个由四张图片组成的简单电子相册，在制作的过程中要把握好互动控制的正确性，制作流程分为五步，演示画面如图 6–1 所示。

首先导入四张图片素材；然后制作按钮组合，包括底图和隐形按钮；接着制作相册集及动态显示效果；继续给影片剪辑命名；最后给按钮添加互动控制。

图 6–1　本例演示的画面

二、操作步骤

（1）新建文件。设置为“宽”800 px，“高”600 px，“背景颜色”为白色，其他选项均使用默认，参数设置如图 6–2 所示。并保存名为“电子相册 1”的 FLA 格式的文件。

（2）本例交互相册以清晰的图片素材和简单的互动向读者展示动态相册效果。选择“图层 1”，将其改名为“按钮组”，然后按“Ctrl+R”组合键导入四张图片素材，效果如图 6–3 所示。

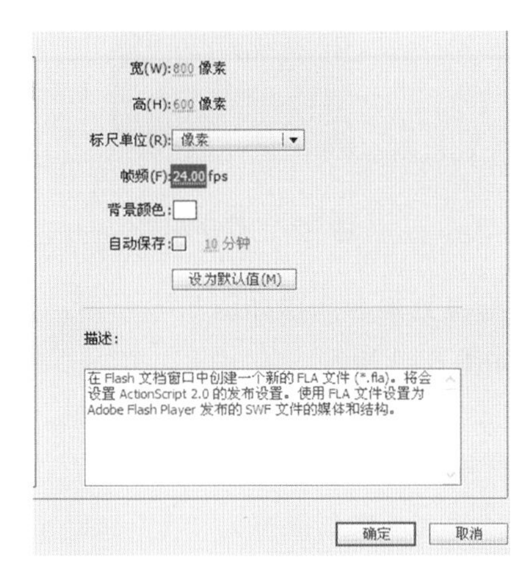

图 6–2　参数设置

图 6–3　导入四张图片素材

(3) 将导入的四张图片重新调整尺寸和排列，效果如图 6–4 所示。选择矩形工具 在舞台绘制浅灰色 (#999999) 的矩形，其大小覆盖四张图片，效果如图 6–5 所示。

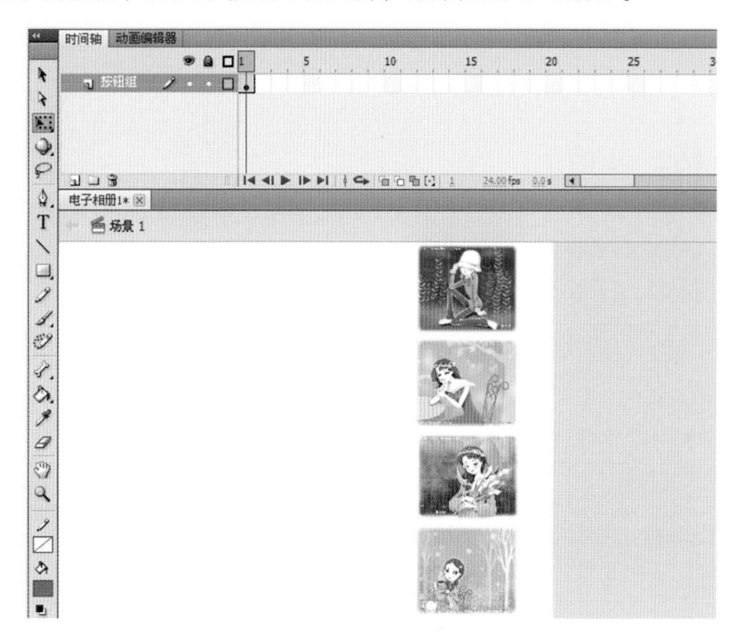

图 6–4　重新排列

图 6–5　绘制灰色矩形

(4) 按钮组的底图处理好后，接着制作相对应的隐形按钮，按 “Ctrl+F8” 组合键新建名为 “隐形” 的按钮元件，并进入其编辑状态，选择矩形工具 在舞台绘制任意颜色的矩形，效果如图 6–6 所示。将 “弹起” 状态的关键帧移至 “点击” 状态，效果如图 6–7 所示。

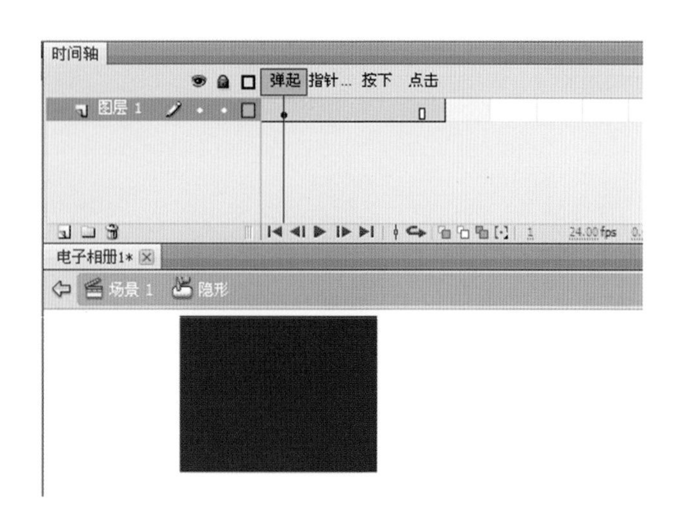

图 6–6　绘制矩形

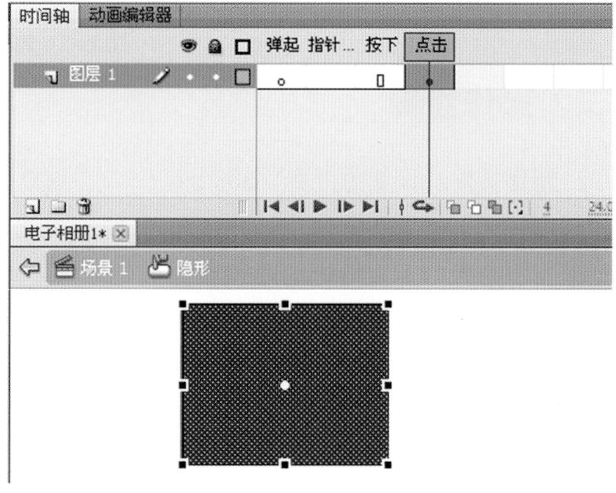

图 6–7　移动矩形

(5) 返回 场景 1 ，将库中的名为 “隐形” 的按钮元件拖曳到舞台内，如图 6–8 所示。用任意变形工具 调整隐形按钮的大小，并将其覆盖在第一张图片之上，如图 6–9 所示。

(6) 将这个隐形按钮连续复制三个，分别覆盖在第二、三、四张图片上，如图 6–10 所示。

(7) 按 “Ctrl+F8” 组合键新建一个名为 “相片” 的影片剪辑元件，进入其编辑状态，在库中将之前导入的四张图片素材拖入工作区内，在 “属性” 面板中将每张图片的大小重新调整为 “宽” 800 px， “高” 600 px，效果如图 6–11 所示。

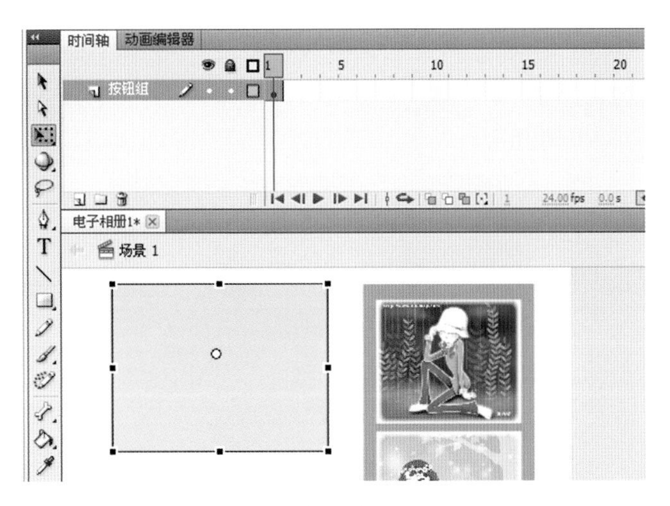

图 6–8　拖曳按钮至舞台

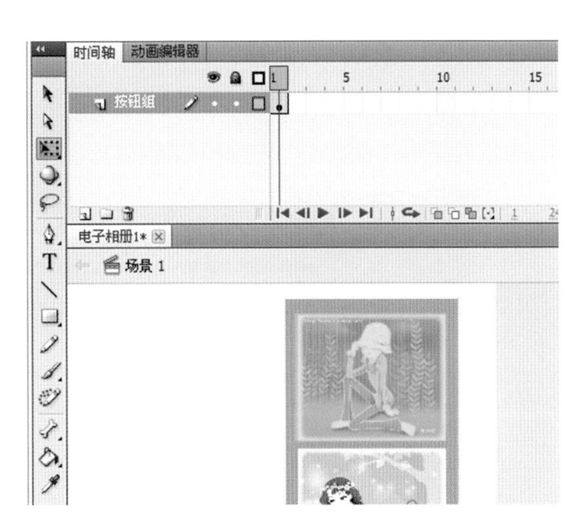

图 6–9　调整按钮位置

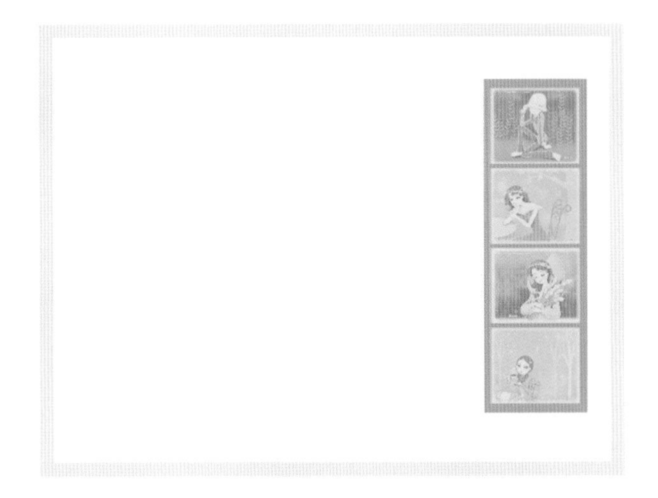

图 6–10　调整所有按钮位置

图 6–11　创建“相片”剪辑

(8) 打开“对齐”面板，选择上对齐和左对齐，将四张相片完全重叠，如图 6–12 所示。依次在第 2、3、4 帧按“F7”键插入空白关键帧，并按照顺序分别将这四张图片剪切并原位粘贴到相应的帧中，效果如图 6–13 所示。

图 6–12　编辑素材至完全重叠

图 6–13　将素材放置相应的帧中

（9）选择“图层 1”的第 1 帧，按“F9”键打开“动作帧”面板，在面板内输入以下代码：stop( );// 停止，效果如图 6–14 所示；依次选择第 2、3、4 帧，在“动作帧”面板中输入相同的代码：stop( );// 停止。“图层 1”中的四个关键帧，因添加代码而出现相应的变化，效果如图 6–15 所示。

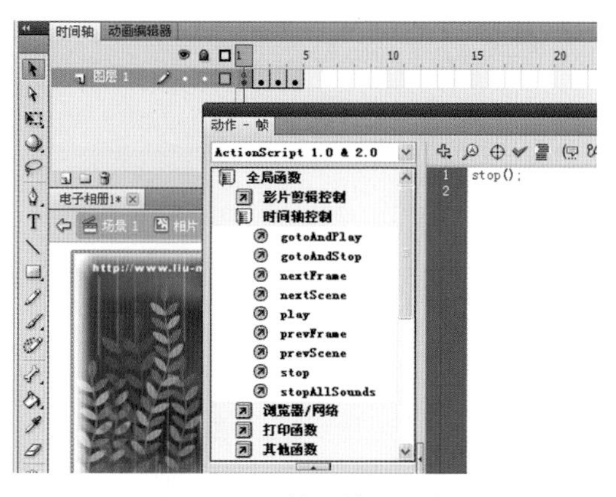

图 6–14　为第 1 帧添加代码

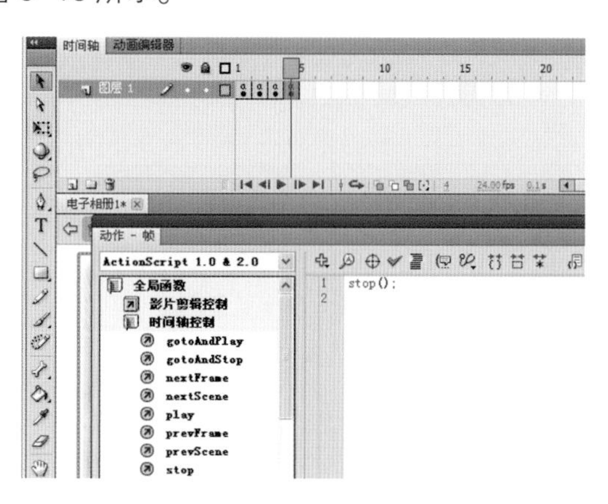

图 6–15　为另三帧添加代码

（10）按“Ctrl+F8”组合键新建名为“相片效果”的影片剪辑元件，进入其编辑状态，将库中已经制作好的“相片”元件拖入工作区，如图 6–16 所示。点击“图层 1”的第 15 帧，按“F5”键延长帧，效果如图 6–17 所示。

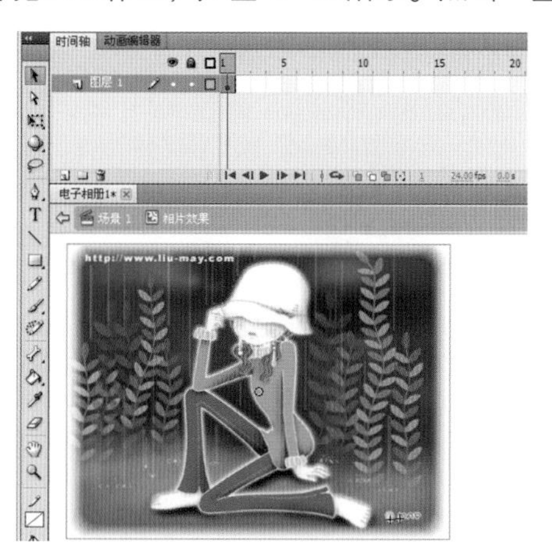

图 6–16　创建“相片效果”剪辑

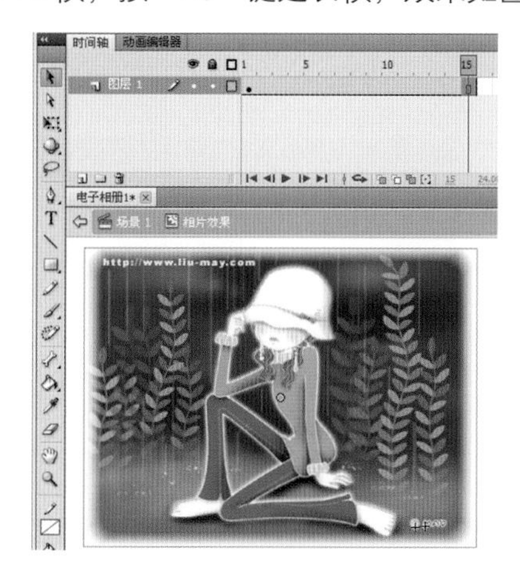

图 6–17　延长帧

（11）新建“图层 2”，使用矩形工具 在舞台上绘制浅白色的矩形，其大小覆盖“图层 1”的元件，效果如图 6–18 所示。在“图层 2”的第 15 帧按“F6”键插入关键帧，选择该帧内的白色矩形，打开“颜色”面板，将白色的 Alpha 值调为“0”，效果如图 6–19 所示。

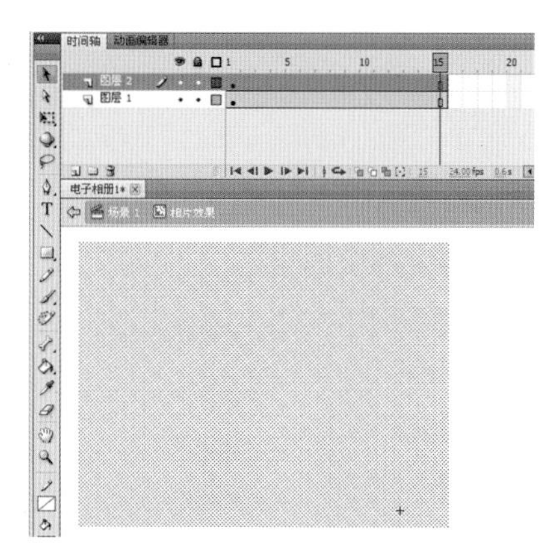

图 6–18　绘制矩形

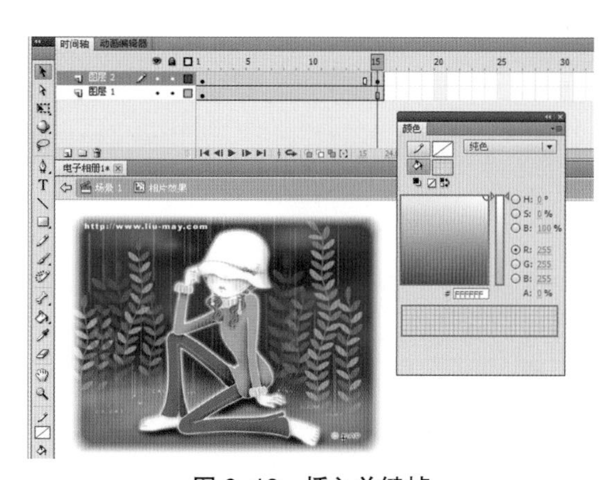

图 6–19　插入关键帧

（12）创建“图层 2”补间动画，将第 1 帧和第 15 帧进行创建补间形状，分别在第 1 帧和第 15 帧添加代码“stop( )”，效果如图 6–20 所示。返回 场景 1，新建名为“相片集”的图层，并将库中的“相片效果”元件拖入工作区内，与舞台的大小重合，如图 6–21 所示。

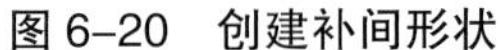
图 6–20 创建补间形状

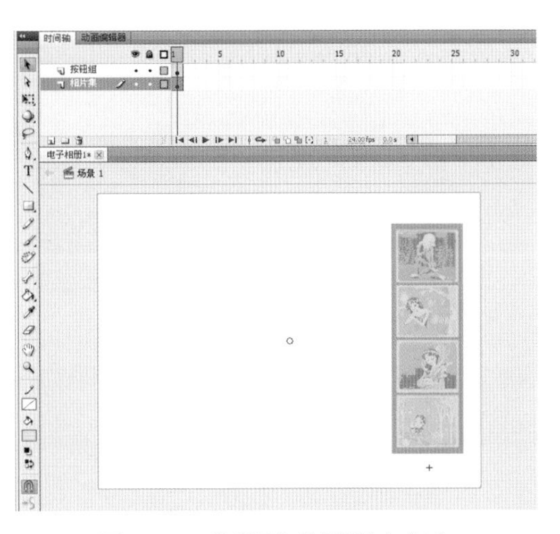

图 6–21 将“相片效果”拖入舞台

（13）要给影片元件命名，选择舞台中的“相片效果”元件，打开“属性”面板，在影片剪辑的实例名称中输入“mc”，效果如图 6–22 所示。双击舞台中的“相片效果”元件，进入其编辑状态，选择舞台中的“相片”元件，打开“属性”面板，在影片剪辑的实例名称中输入“photo”，效果如图 6–23 所示。

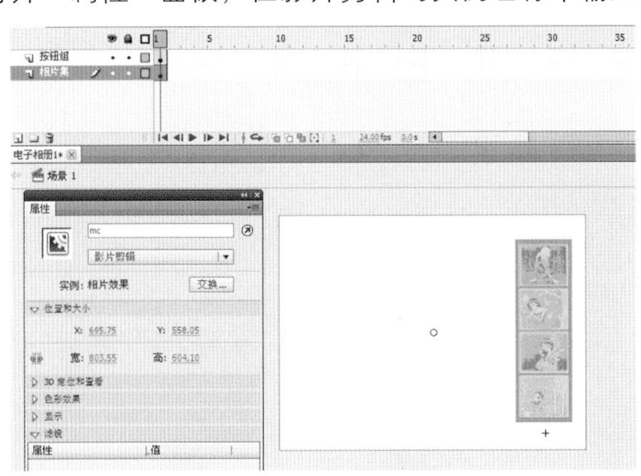

图 6–22 为“相片效果”命名

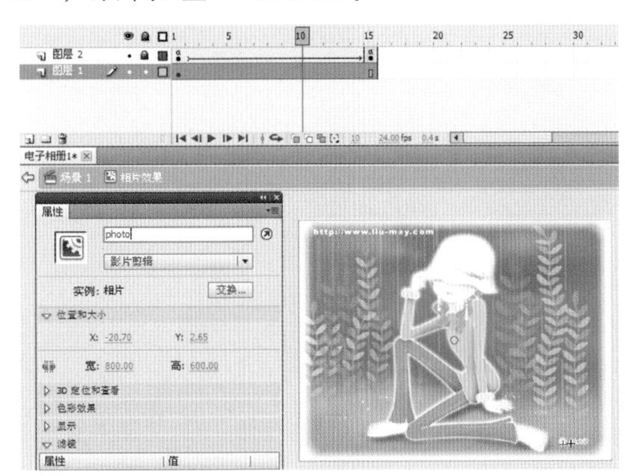

图 6–23 为“相片”命名

（14）返回 场景 1，选择按钮组中的第一个隐形按钮，按“F9”键打开“动作”面板，输入以下控制代码(如图 6–24 所示)：

```
on (release) {
  _root.mc.gotoAndPlay (2)；
  _root.mc.photo.gotoAndStop(1)；
}
```

这是实现帧与帧之间的跳转命令和场景根目录命令。

（15）给第二个隐形按钮添加控制代码(如图 6–25 所示)：

```
on (release) {
  _root.mc.gotoAndPlay(2)；
  _root.mc.photo.gotoAndStop(2)； }
```

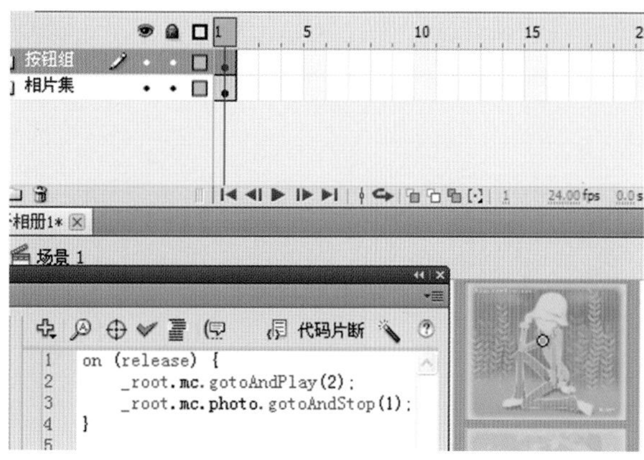

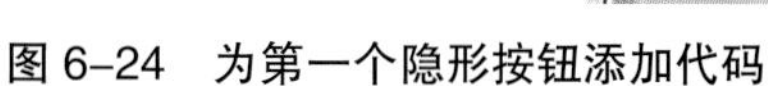
图 6-24　为第一个隐形按钮添加代码

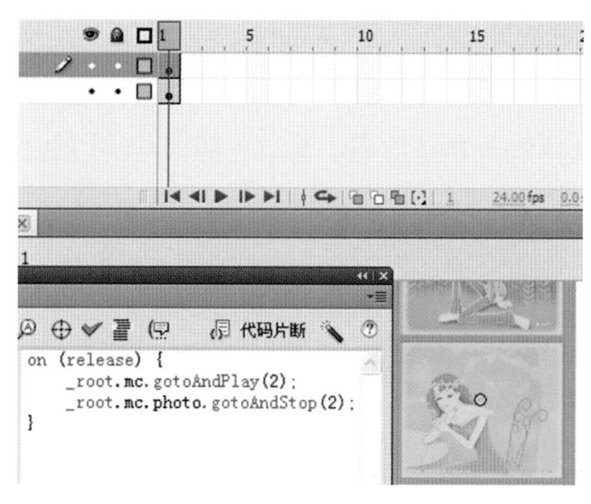

图 6-25　为第二个隐形按钮添加代码

（16）依次给第三个、第四个按钮添加以下代码(如图 6-26、图 6-27 所示)：

```
on (release) {
  _root.mc.gotoAndPlay(2);
  _root.mc.photo.gotoAndStop(3);}

on (release) {
  _root.mc.gotoAndPlay(2);
  _root.mc.photo.gotoAndStop(4);}
```

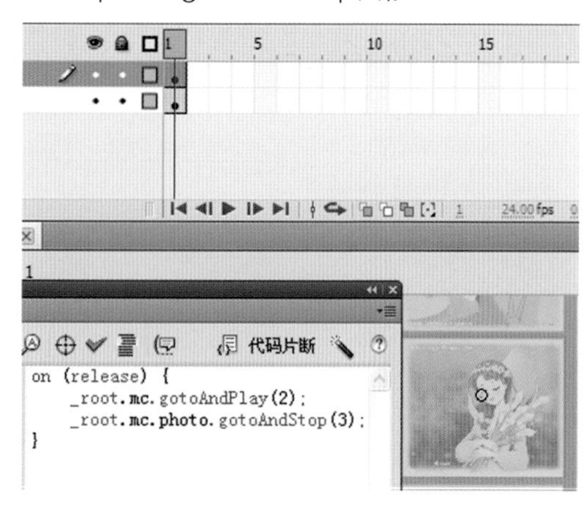

图 6-26　为第三个隐形按钮添加代码

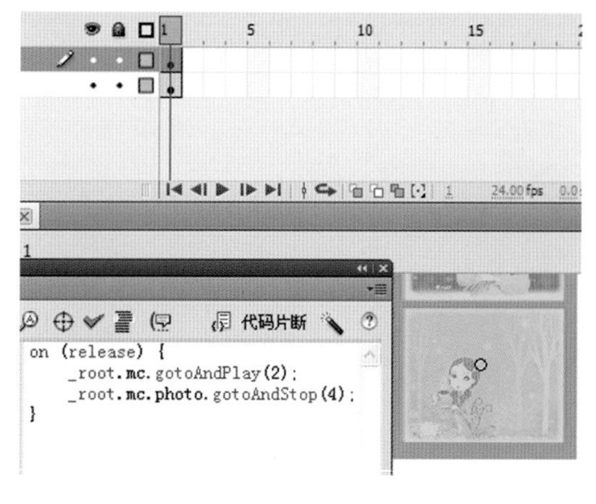

图 6-27　为第四个隐形按钮添加代码

（17）按“Ctrl+Enter”组合键发布影片，最终效果如图 6-28 所示。

图 6-28　最终效果图

[知识链接] 按钮的创建

按钮元件是 Flash 的基本元件之一，它具有多种状态，并且会响应鼠标事件，执行指定的动作，是实现动画交互效果的关键对象。按钮有特殊的编辑环境，通过在四个不同状态的帧时间轴上创建关键帧，可以指定不同的按钮状态，如图 6–29 所示。

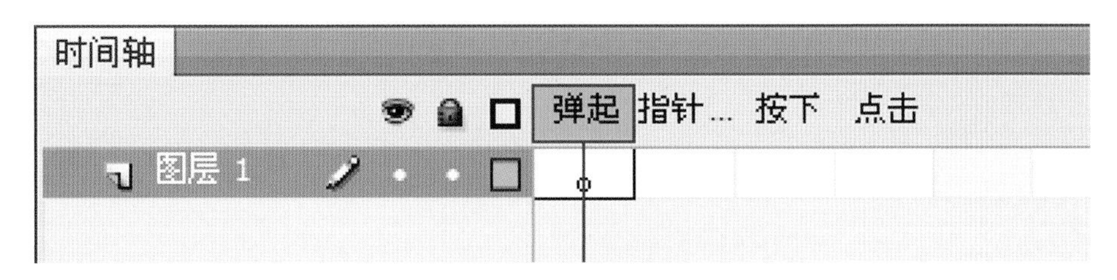

图 6–29　按钮的四帧编辑环境

“弹起”帧：表示鼠标指针不在按钮上时的状态。

“指针经过”帧：表示鼠标指针在按钮上时的状态。

“按下”帧：表示鼠标单击按钮时的状态。

“点击”帧：定义对鼠标做出反应的区域，这个反应区域在影片播放时是看不到的。

“点击”帧比较特殊，这个关键帧中的图形将决定按钮的有效范围。它不应该与前 3 个帧的内容一样，但这个图形应该大到足够包容前 3 个帧的内容。

根据实际需要，还可以把按钮做成如图 6–30 所示的结构。

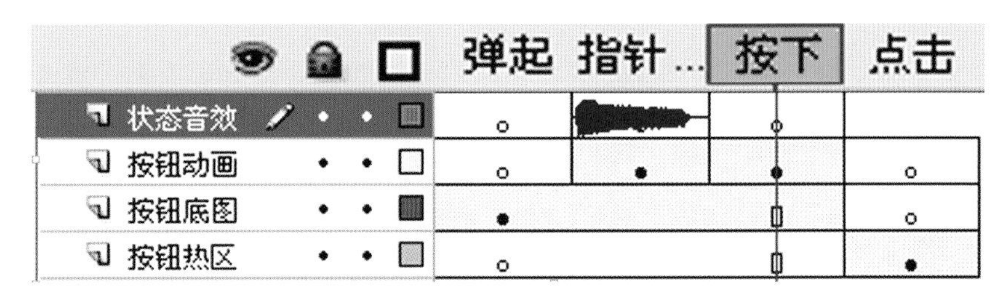

图 6–30　按钮的帧内容可以随意扩充

从图 6–30 中可以看到，按钮的 3 个状态关键帧中，可以放置除按钮本身以外的任何 Flash 对象，其中：“状态音效”图层设置了一种音效；“按钮动画”图层使鼠标不同操作出现不同动画效果；“按钮底图”中可放置不同的图片。

另外，“按钮”还可以设置“实例名”，从而使按钮成为能被 ActionScript 控制的对象。

在丰富多彩的网络交互动画中，按钮起着举足轻重的作用，下面制作一个精美的按钮。

(1) 新建文档，执行“插入”→“新建元件”命令，弹出一个“创建新元件”对话框，在“名称”文本框中输入“圆形按钮”，如图 6–31 所示。进入到按钮元件的编辑场景中，如图 6–32 所示。

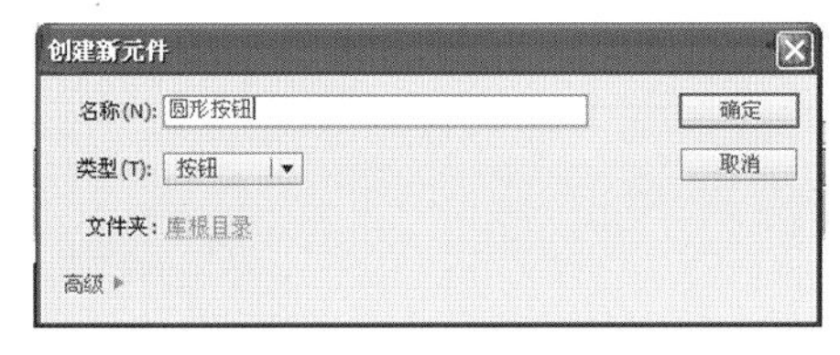

图 6–31　新建按钮元件

图 6–32　圆形按钮的编辑时间轴

(2) 将“图层 1”重新命名为“圆形”，选择这个图层的第 1 帧（弹起帧），利用椭圆工具 绘制出图 6–33 所示的按钮形状。选择“指针经过”帧，按“F6”键插入一个关键帧，并把该帧上的图形重新填充为橄榄绿色，如图 6–34 所示。

(3) “按下”帧的图形和“弹起”帧的图形相同，因此利用复制帧的方法即可得到。先用鼠标右键单击“弹起”帧，在弹出的菜单中选择“复制帧”命令，然后用鼠标右键单击“按下”帧，在弹出的菜单中选择“粘贴帧”命令即可。

(4) 选择“点击”帧，按“F7”键插入一个空白关键帧，这里要定义鼠标的响应区。用矩形工具 绘制一个矩形，如图 6–35 所示。

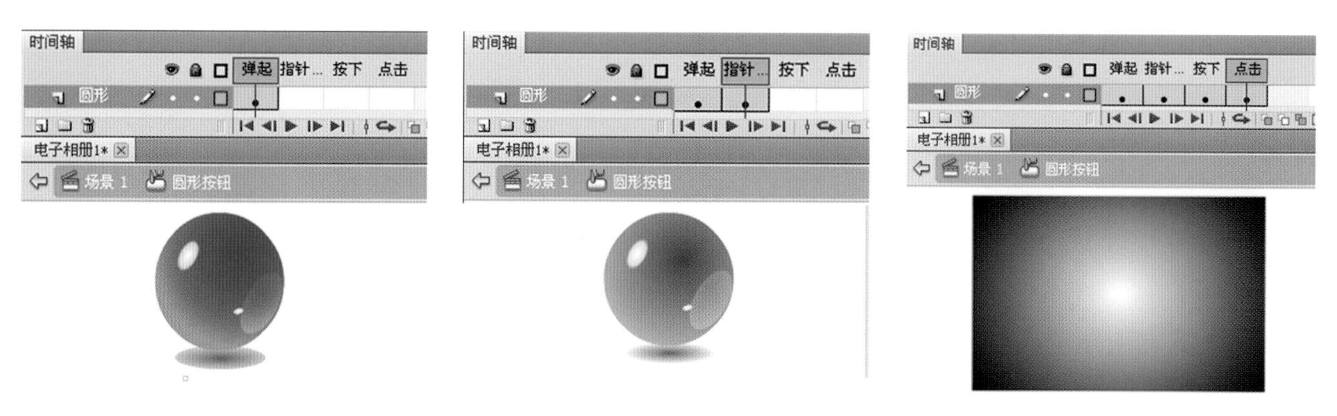

图 6–33 “弹起”的图形　　图 6–34 “指针经过”帧上的图形　　图 6–35 “点击”帧上的图形

提示：制作动画效果的按钮，只需要在按钮的“指针经过”状态或“按下”状态中添加动画效果的影片元件即可。

(5) 为了使按钮更实用更具动感，下面在圆形按钮图形上再增加一些文字特效。创建“文字 1”图层在“圆形”图层上新建一个图层，并重新命名为“文字 1”。在这个图层的第 1 帧，用文本工具 输入“play”文字，字体颜色用黑色，如图 6–36 所示。

(6) 新建一个名为“文字 2”的图层。将“文字 1”图层上的文字复制到“文字 2”图层的第 1 帧上。方法是单击选择“文字 1”图层上的文字，执行“编辑”→“复制”命令，然后单击选择“文字 2”图层的第 1 帧，执行“编辑”→“粘贴到当前位置”命令即可。除了“文字 2”图层，锁定其他图层，然后选择这个图层上的文字对象，按向上方向键和向左方向键各两次，最后将文字的颜色更改为绿色。这样就形成了一个具有立体效果的文字，如图 6–37 所示。

(7) 选择“文字 2”图层的第 2 帧，按“F6”键插入一个关键帧，将这个关键帧上的文字颜色改为蓝色，如图 6–38 所示。

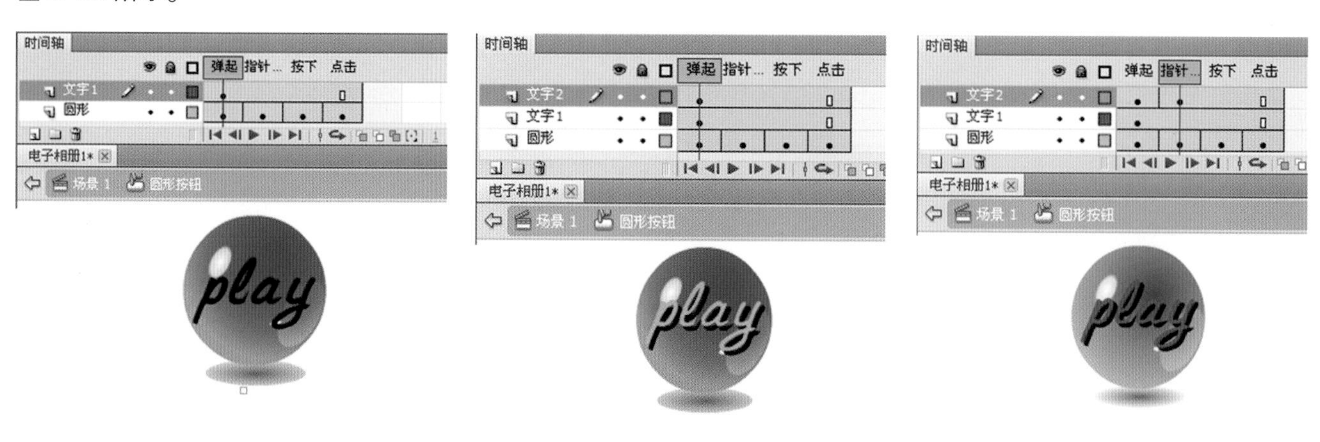

图 6–36 创建“文字 1”图层　　图 6–37 “弹起”帧的效果　　图 6–38 “指针经过”帧的效果

（8）至此，这个按钮元件就制作好了，返回 场景 1，从“库”面板中将“圆形按钮”元件拖放一个实例到舞台上，然后按下“Ctrl + Enter”组合键测试动画，效果如图 6–39 所示。

图 6–39　本例效果

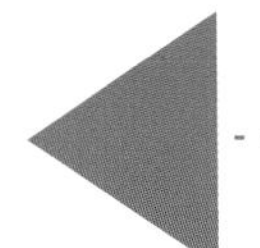

第三节 主题相册设计与制作

一、案例分析

本例的内容是以清晰的图片素材和不同的动画效果，加上编写互动程序，向观众展示主题相册动态交互效果。制作流程分为五步，演示画面如图 6–40 所示。

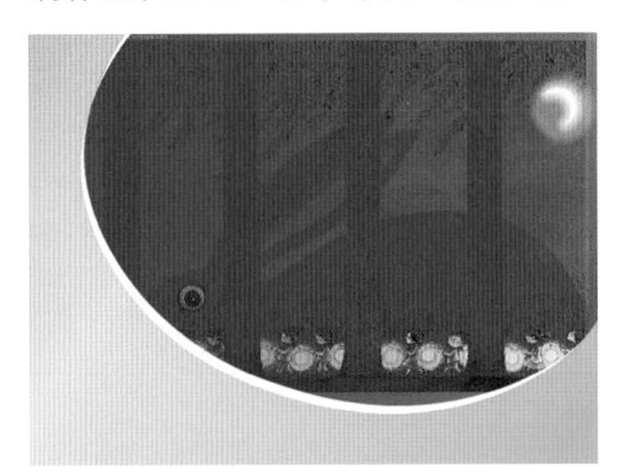

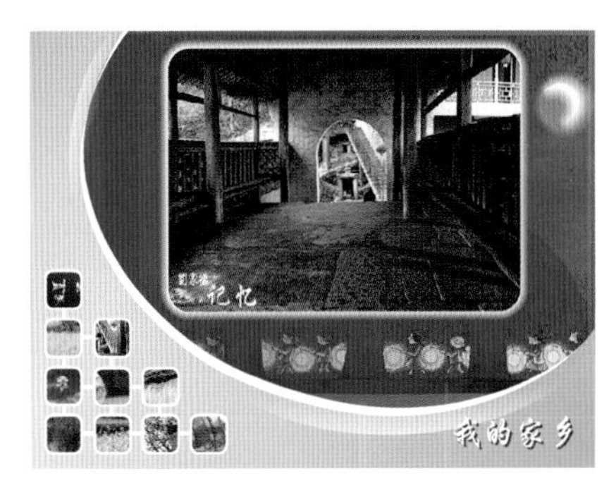

图 6–40　主题相册演示的画面

首先设计并制作版面，注意标题、构图、颜色、动画的处理；然后制作按钮组合，包括十个图形按钮和一个带动画的隐形按钮；接着制作相册集和影片剪辑的动态效果；分别给多个影片剪辑在“属性”面板中命名；最后给四个隐形按钮添加交互代码。

二、操作步骤

（1）执行“文件”→“新建”命令，打开“新建文档”对话框，具体参数如图 6–41 所示，单击“确定”按钮。并保存名为“我的家乡”的 FLA 格式的文件。

（2）选择“图层 1”，将其改名为“版面”，然后按“Ctrl+R”组合键导入一张名为“背景图”的图片素材，效果如图 6–42 所示。

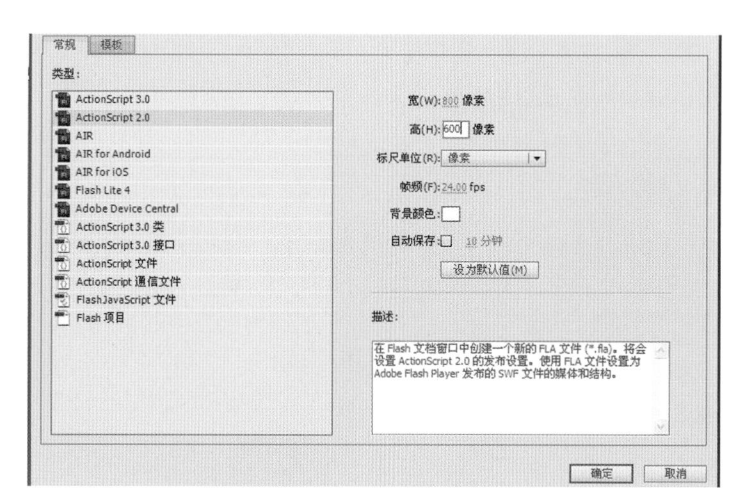

图 6-41　参数设置

图 6-42　导入素材

(3) 选择矩形工具 ，配合椭圆工具 绘制图 6-43 所示的图形，并填充由橘黄色至橘红色的渐变色。同时选择椭圆工具 ，配合白色的渐变填充，为图形增加细节效果。

(4) 制作月亮的朦胧效果，按“Ctrl+G”组合键创建一个组。选择椭圆工具 配合“Shift”键绘制一个正圆，并填充浅黄色。将黑色轮廓线往左下方移，删除轮廓线中的内容，剪切出弯弯月亮的形状，效果如图 6-44 所示。

图 6-43　绘制白色图形

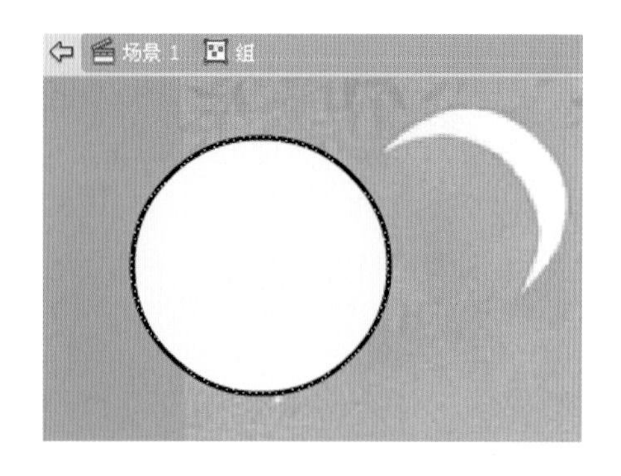

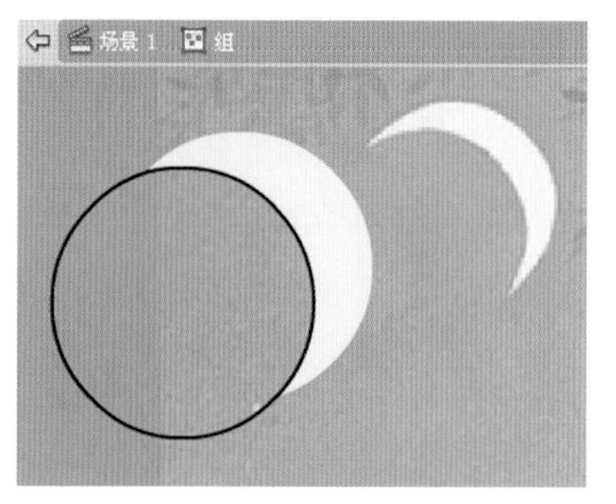

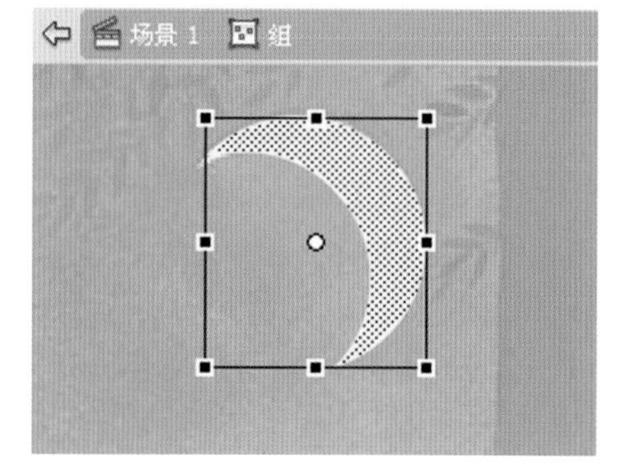

图 6-44　绘制弯弯的月亮

(5) 执行“修改”→“形状”→“柔化填充边缘”命令，打开“柔化填充边缘”对话框，参数设置如图 6-45 所示，得到图 6-46 所示的效果。

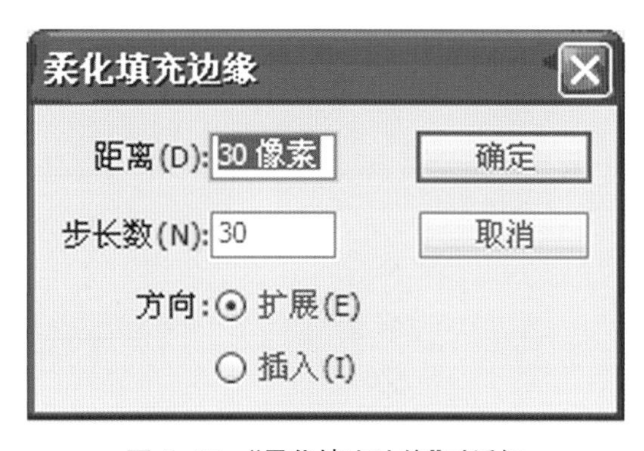

图 6-45 “柔化填充边缘”对话框

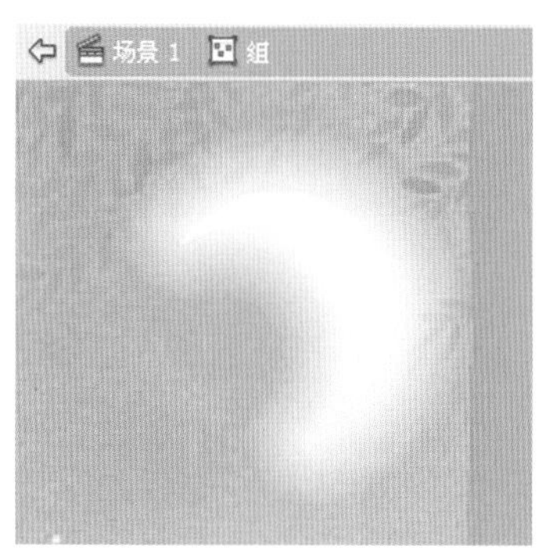

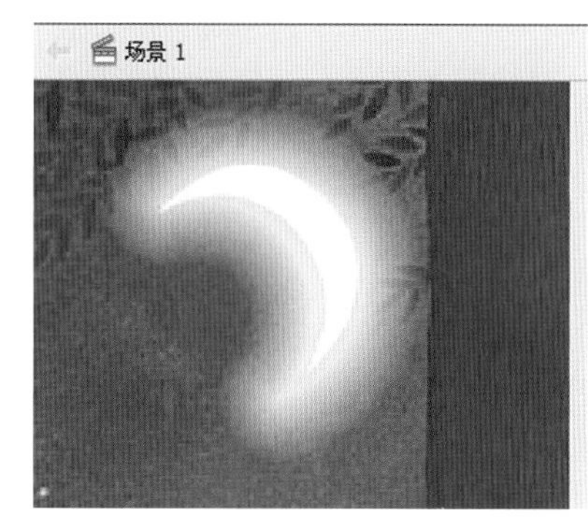

图 6-46 制作月亮的效果

(6) 按“Ctrl+F8”组合键，创建一个名为“月亮”的影片剪辑元件，进入编辑状态。选择椭圆工具绘制一个正圆形，填充浅黄色，柔化填充边缘，营造月光若隐若现的效果，并连续在第 8 帧、第 15 帧插入关键帧，将第 8 帧中的图形进行适当的缩小。设定第 1 帧至第 15 帧“创建补间形状”。效果如图 6-47 所示。

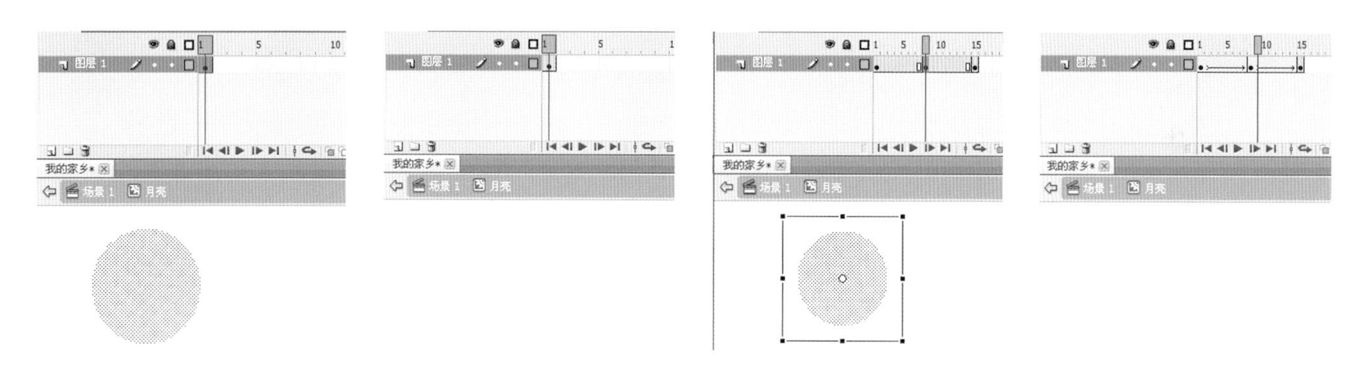

图 6-47 制作月亮的闪耀动画效果

(7) 返回 场景 1，预览“月亮”元件的效果，在“属性”面板中将元件的 Alpha 值设置至 30%，呈现半透明效果，接着把元件移至背景图的月亮之上。效果如图 6-48 所示。

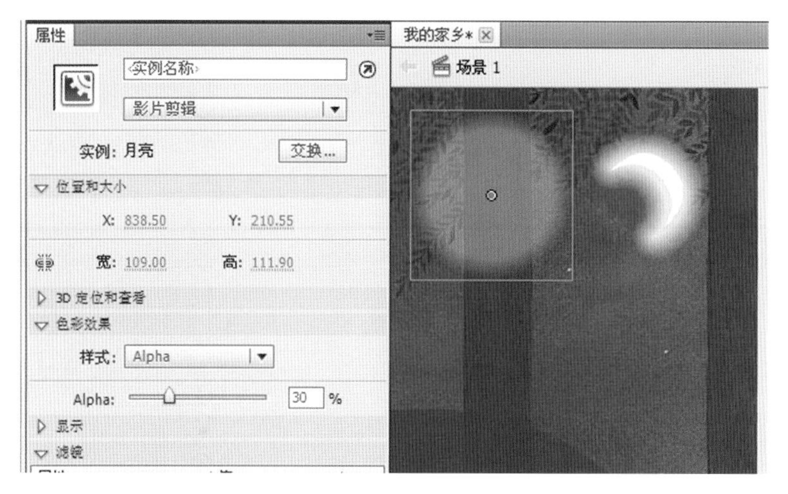

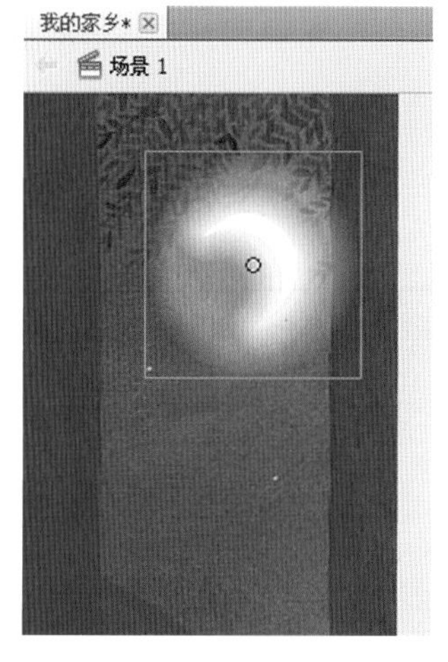

图 6-48 效果的层叠

(8) 按“Ctrl+F8”组合键，导入十张图片素材至库中，如图 6-49 所示。新建“按钮”层，使用矩形工具绘制白色矩形，接着用选择工具拖曳矩形四个角的编辑点，使其转换为圆角矩形，如图 6-50 所示。

图 6-49　导入十张素材

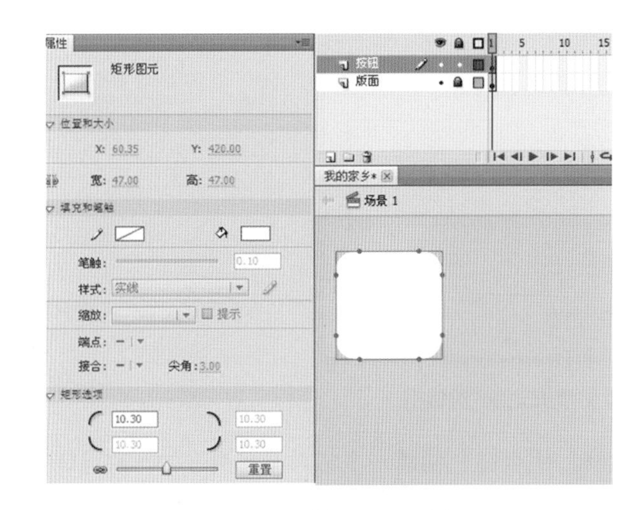

图 6-50　绘制圆角矩形

（9）选择图形，按“F8”键，将图形转为“按钮底图 1”的影片剪辑元件，进入编辑状态。新建“图层 2”，把“图层 1”移至“图层 2”上面。将“库”面板中素材“1.jpg”移至舞台区域，如图 6-51 所示。选择“图册 1”并单击右键选择“遮罩层”，为图片添加遮罩效果，如图 6-52 所示。

图 6-51　拖曳素材至“按钮底图 1”

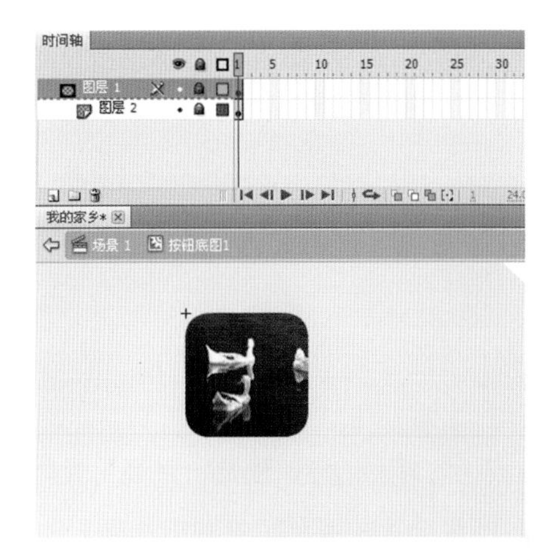

图 6-52　创建遮罩效果

（10）打开“库”面板，选择“按钮底图 1”元件，单击右键，在弹出的菜单中选择“直接复制”命令，弹出“直接复制元件”对话框，复制名为“按钮底图 2”的元件，如图 6-53 所示。使用同样的方法，依次连续复制 8 次元件，如图 6-54 所示。

图 6-53　将元件复制一次

图 6-54　再将元件复制 8 次

（11）从“库”面板中双击进入“按钮底图 2”，选择“图层 2”中的图片，单击“属性”面板中的“交换”按钮，打开“交换位图”对话框，在该对话框中选择“2.jpg”，元件中的图片素材就交换了，如图 6–55 所示。将图层锁定，预览如图 6–56 所示的效果。按照同样的方法，依次替换其他 8 个按钮底图的图片素材。

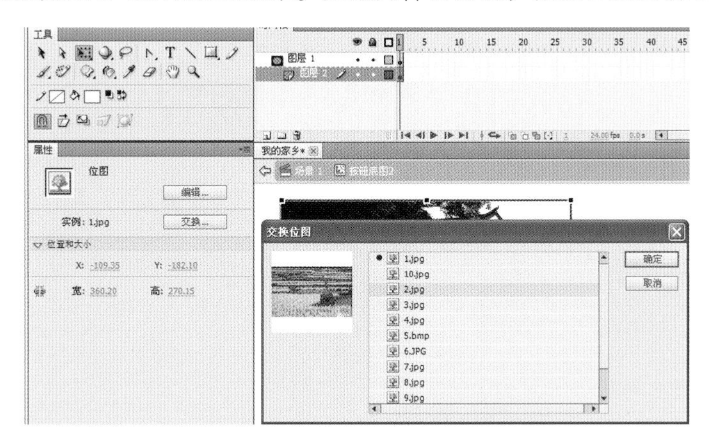

图 6–55　交换图片素材

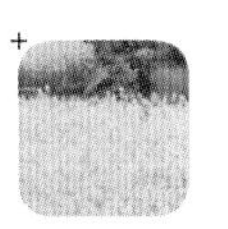

图 6–56　替换素材

（12）回到 场景 1 浏览效果，为了使画面颜色统一协调，给按钮底图绘制一个略大的白色圆角矩形，效果如图 6–57 所示。连续复制 9 个矩形，分别移至每个按钮底图的下一层，效果如图 6–58 所示。为了将十个按钮底图作为一个整体，使画面更具设计感，选择“直线工具”绘制白色粗线，把十个图形连成一个整体，如图 6–59 所示。

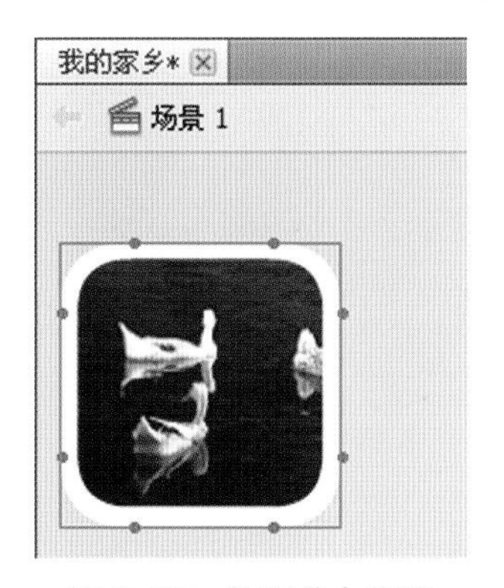

图 6–57　绘制单个矩形

图 6–58　复制矩形

图 6–59　连接矩形

（13）在舞台中绘制与按钮底图同样大小的白色矩形，按“F8”键，将矩形转为“隐形按钮”的按钮元件。进入“隐形按钮”编辑状态，将“弹起”状态的关键帧移至“指针经过”状态，如图 6–60 所示。选择矩形，按“F8”键转为“按钮动画”的影片剪辑元件。将矩形的颜色透明度设置为 40%，按“F5”键，延长一般帧至第 7 帧，效果如图 6–61 所示。

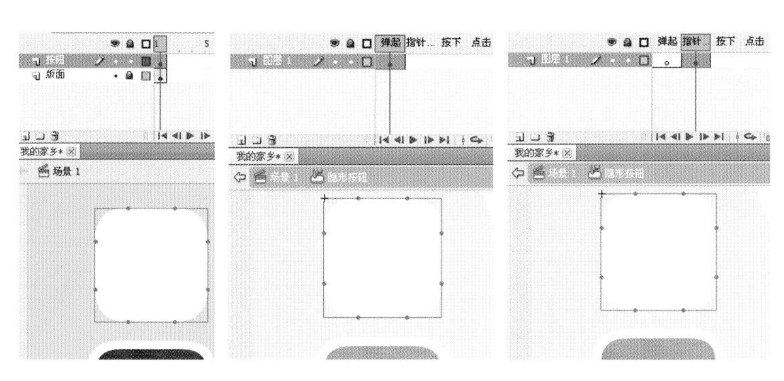

图 6–60　创建隐形按钮

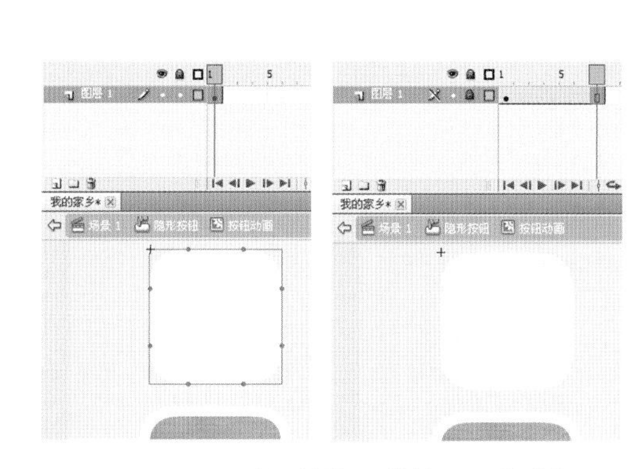

图 6–61　将按钮的第 2 帧转为影片剪辑

（14）在“图层 1”下方新建“图层 2”，绘制矩形，接着在第 4 帧、第 7 帧插入关键帧，并将第 4 帧中的图形移至画面所示的位置。创建“图层 2”的形状补间效果，如图 6-62 所示。

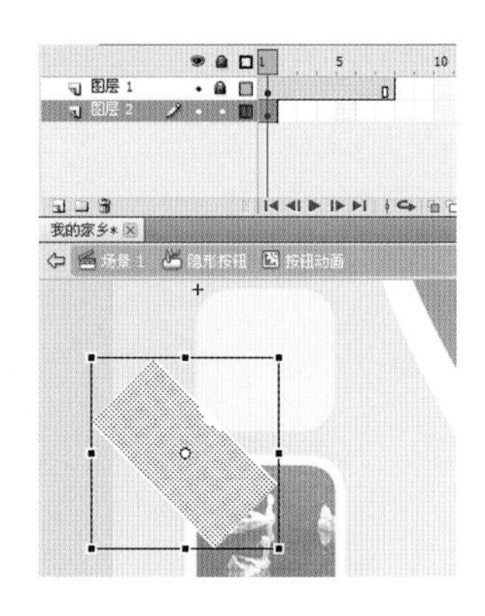
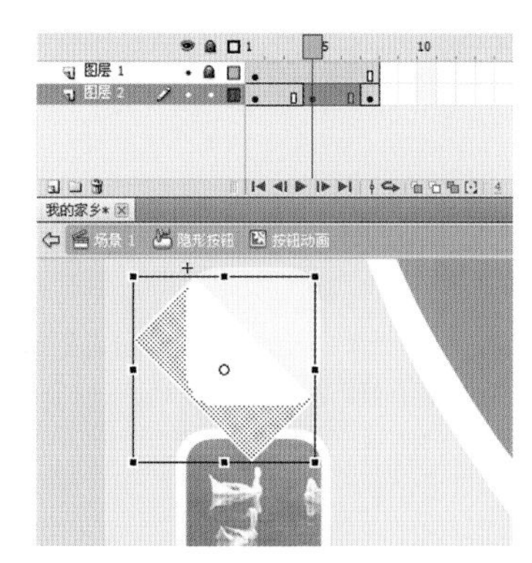
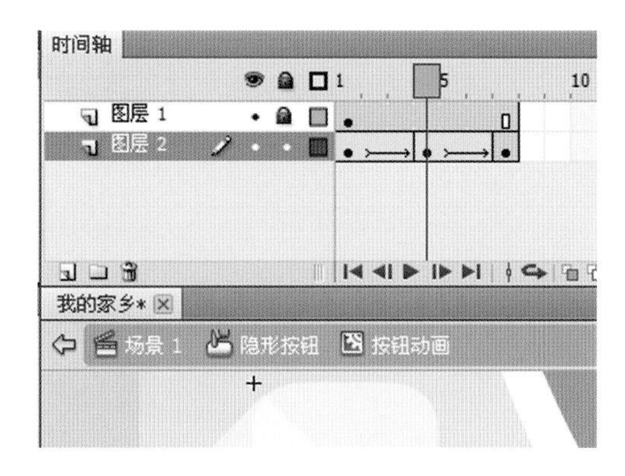

图 6-62　创建按钮的动画效果

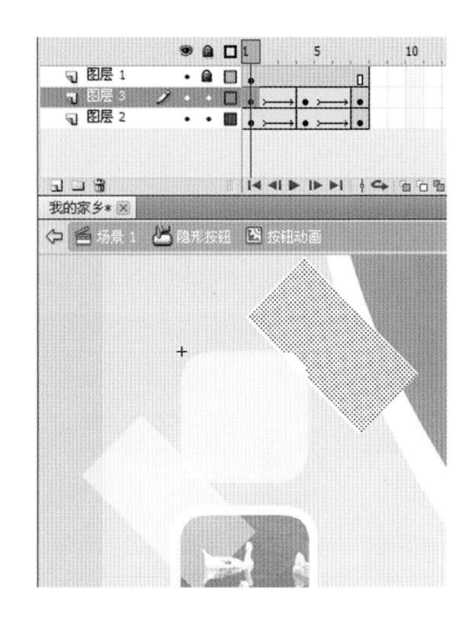
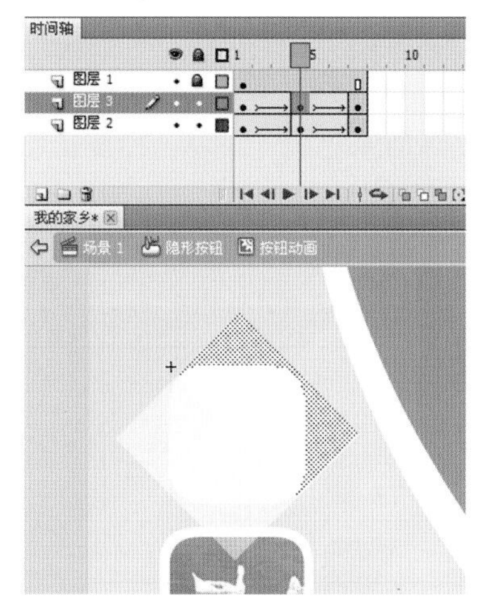
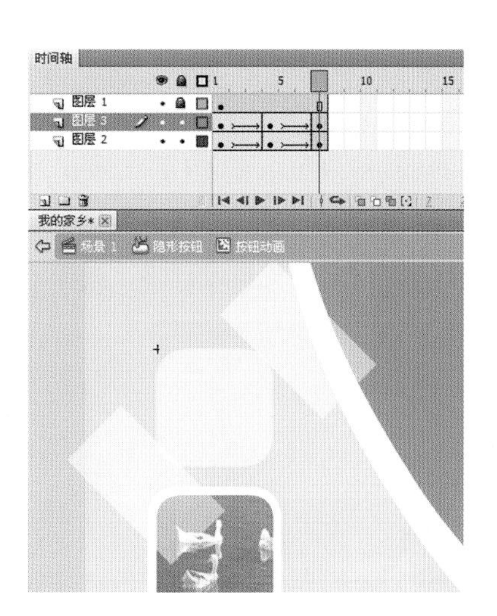

图 6-63　创建相类似的动画效果

（15）在“图层 2”上新建“图层 3”，运用同样的方法制作与“图层 2”同类型的动画，只是在三个关键帧中图形的位置不同，效果如图 6-63 所示。

（16）选择“图层 1”，单击右键，在弹出的菜单中选择“遮罩层”，给“图层 3”“图层 2”添加遮罩效果。单击“图层 3”的第 7 帧，按“F9”键打开“动作一帧”面板，输入命令“stop( );”。返回到“隐形按钮”，在第 4 帧中绘制与第 2 帧一样形状的矩形。位置、大小不变，任意颜色，如图 6-64 所示。

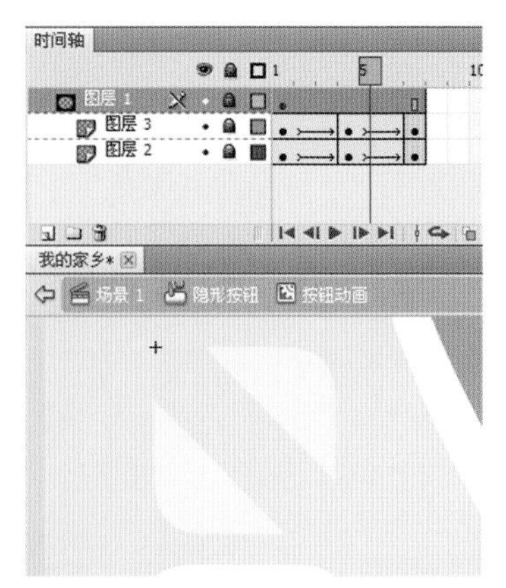
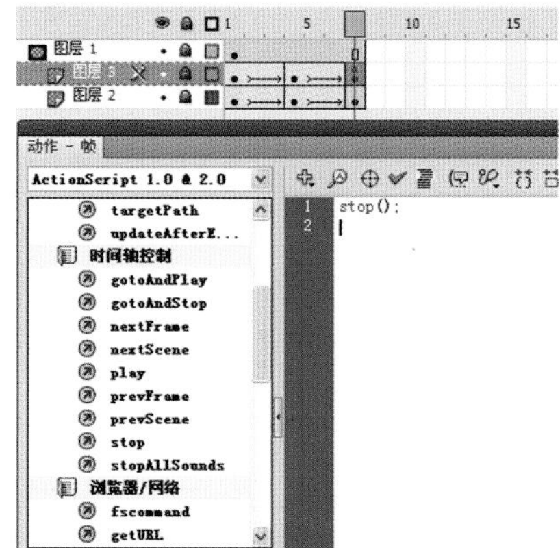

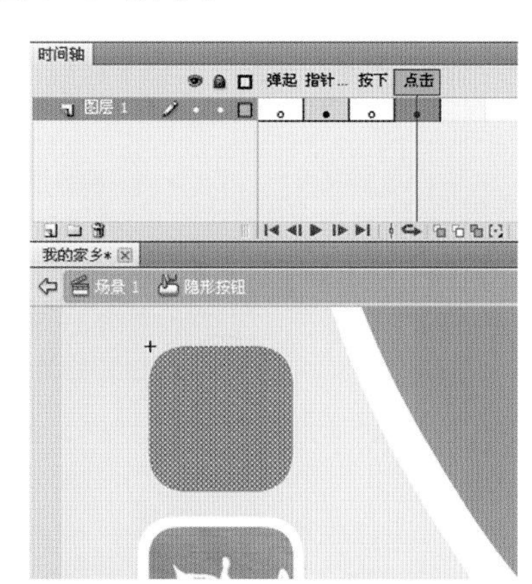

图 6-64　为按钮的动画效果添加代码

（17）将 mp3 格式的音效文件导入库中，新建“图层 2”，单击“图层 2”的“指针经过”状态，从库中将“Button17.wav”音效文件拖曳到舞台，为按钮的第二个状态添加音效，为当鼠标移至按钮时添加按钮的声音效果。返回“场景 1”，预览场景中的隐形按钮效果，如图 6-65 所示。

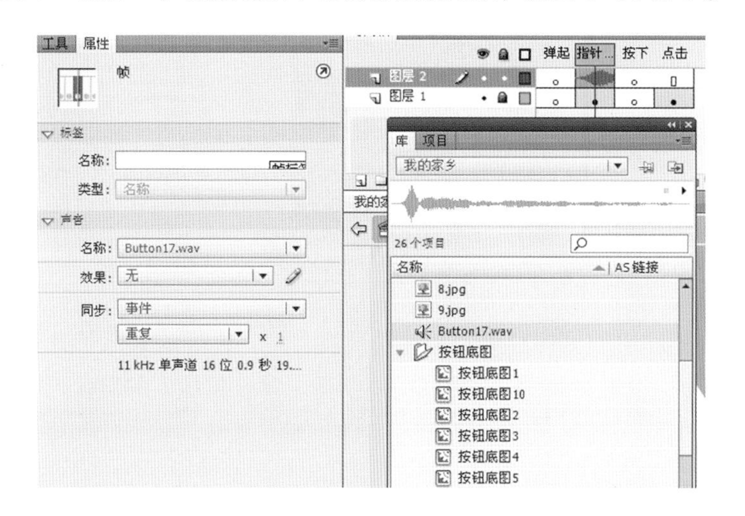

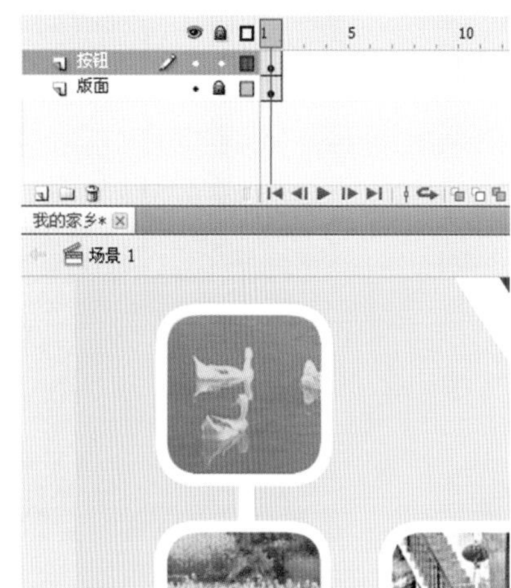

图 6-65　为按钮添加音效

（18）新建“相册”层，选择矩形工具 在舞台中绘制图 6-66 所示的矩形，注意“属性”面板中参数设置。执行“修改”→“形状”→“柔化填充边缘”命令，为矩形添加柔边效果，如图 6-67 所示。

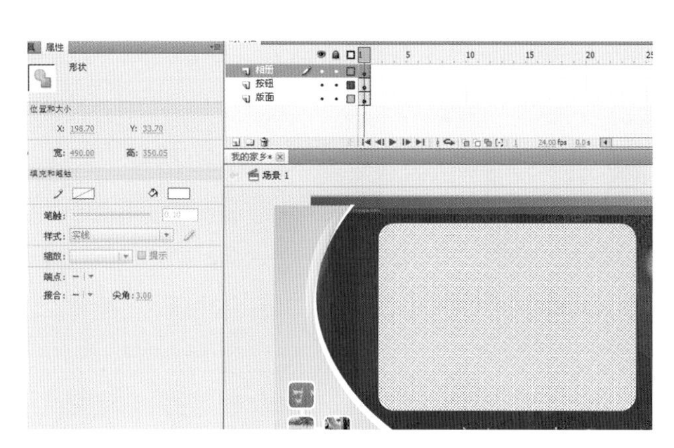

图 6-66　绘制圆角矩形　　　　图 6-67　制作矩形的柔边效果

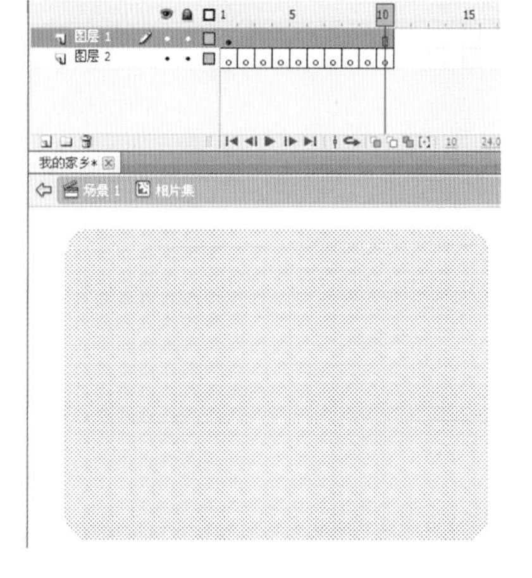

图 6-68　制作“相片集”

图 6-69　创建十张图片的遮罩效果

(19) 创建名为“动态相册”的影片剪辑，把库中的“相片集”元件移至舞台中，将帧延长至第 8 帧。新建“图层 2”，并在舞台中绘制与“相片集”同样形状、大小的矩形，如图 6-70 所示。第 8 帧插入关键帧，将矩形的 Alpha 设置为 0%，然后创建补间形状，选择第 8 帧，并按“F9”键打开“动作一帧”面板，输入“stop( );”命令，如图 6-71 所示。

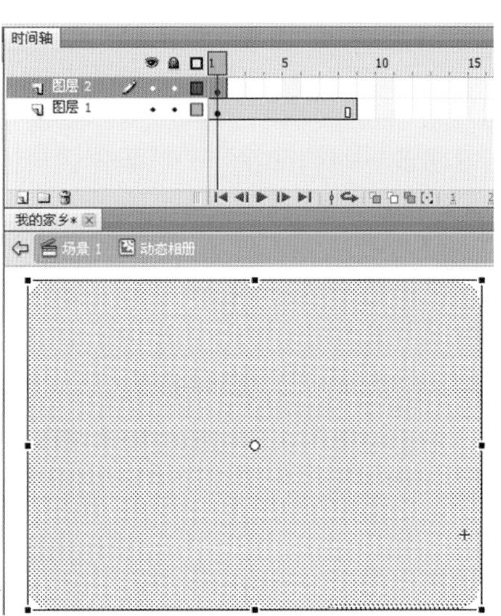

图 6-70　将“相片集”拖曳进入“动态相册”

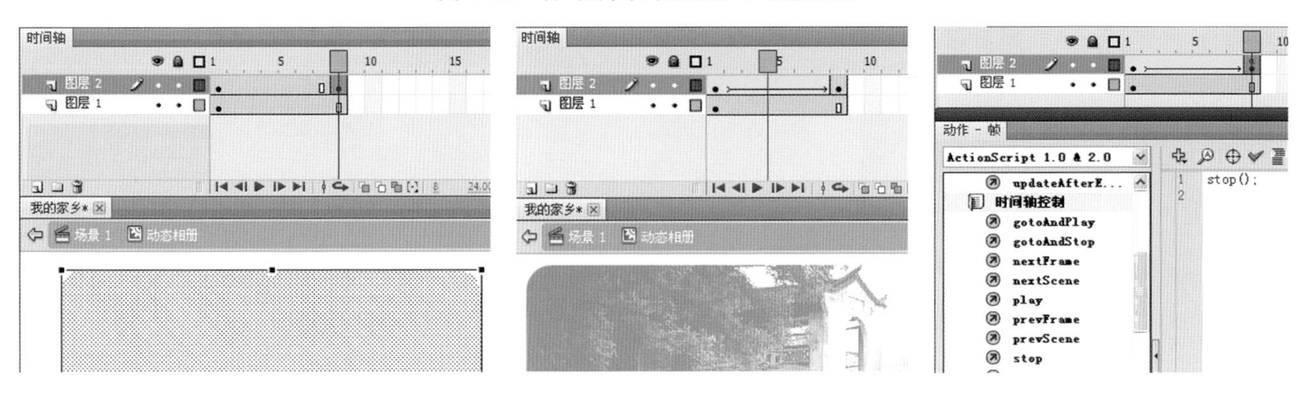

图 6-71　制作 " 相片集 " 渐显动画效果

(20) 返回“场景 1”，将库中的“动态相册”拖曳至舞台的合适位置，选择这个元件，在“属性”面板中命名影片剪辑为“mc”，如图 6-72 所示。双击“动态相册”元件，进入其编辑状态，选择“图层 1”中的“相片集”元件，在“属性”面板中命名影片剪辑为“photo”，如图 6-73 所示。

图 6-72 为“动态相册”命名

图 6-73 为“相片集”命名

（21）返回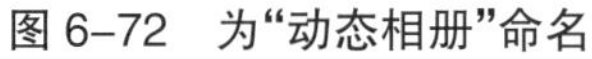，选择按钮组中的第一个隐形按钮，按“F9”键打开“动作 – 按钮”面板，输入如图 6-74 所示的代码，这个按钮的代码是实现帧与帧之间的跳转命令和场景根目录命令。接着，将写有代码的第一个按钮，依次复制 9 个，确保每个按钮底图上都覆盖一个隐形按钮，在复制的过程中，连代码也一并被复制，如图 6-75 所示。

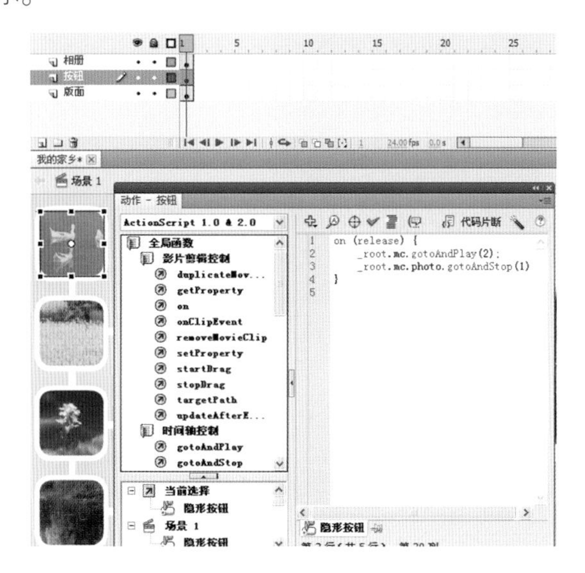

图 6-74 为第一个隐形按钮编写代码

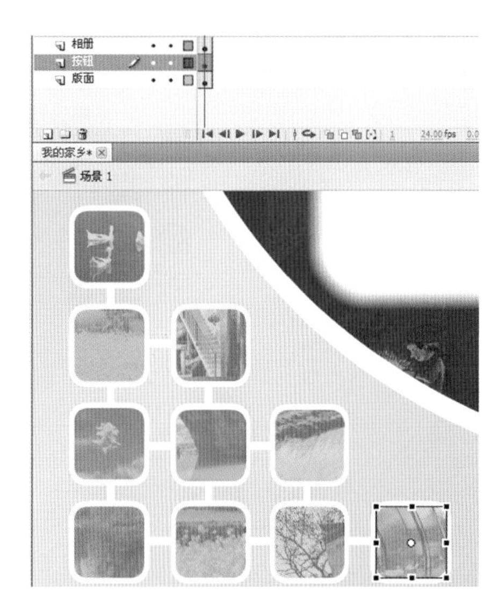

图 6-75 复制隐形按钮

（22）选择第二个隐形按钮，将动作面板中第三行代码中的“(1)”改为“(2)”，即跳转到“相片集”的第 2 张图片，如图 6-76 所示。将剩下 8 个按钮代码中第三行代码中的“(1)”按照顺序依次改为 (3)、(4)、(5)、(6)、(7)、(8)、(9)、(10)，如图 6-77 所示。

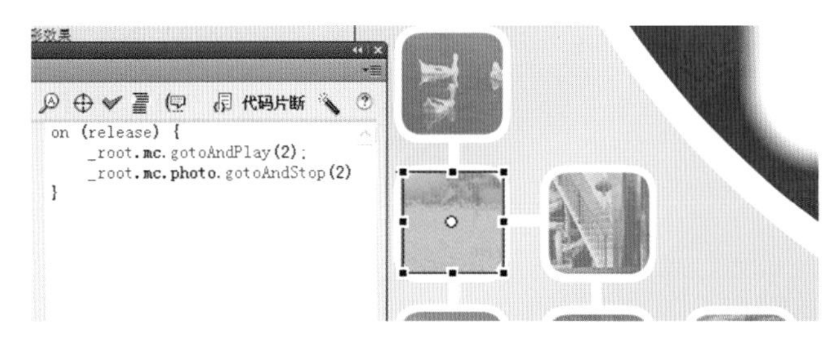

图 6-76 为第二个隐形按钮编写代码

图 6-77 为其他 8 个按钮编写代码

（23）预览效果，发现画面的右下角有些空，新建“元件 1”，进入编辑状态，制作简单的几何形移动动画，如图 6-78 所示。

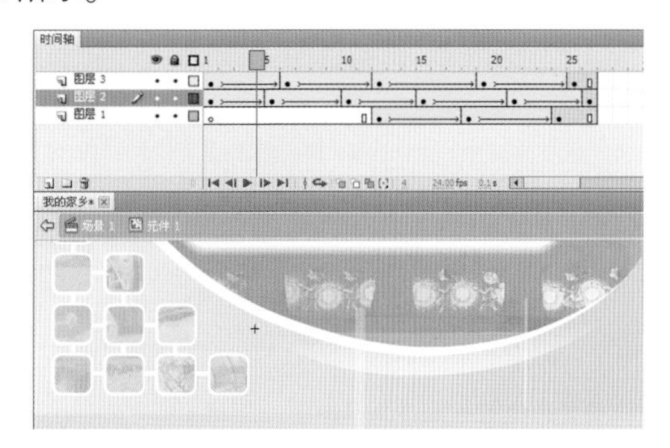

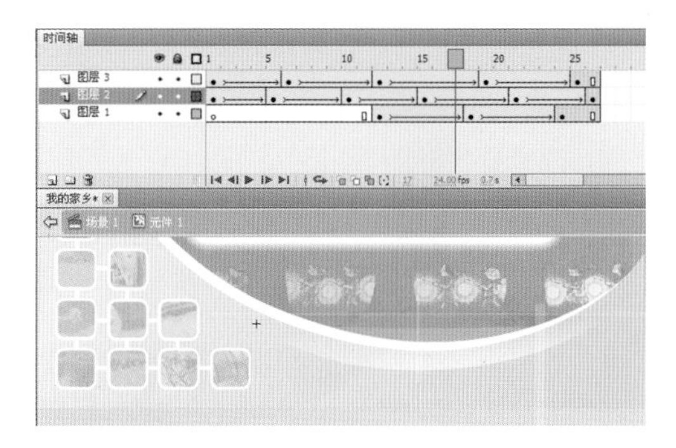

图 6-78　制作“元件 1”的动画

（24）添加主题相册的名字“我的家乡”，加上阴影显得层次丰富。按“Ctrl+Enter”组合键发布影片，观看最终相册效果，如图 6-79 所示。

图 6-79　主题相册最终效果

[知识链接] 脚本基础

Flash 的脚本是软件自带的一种程序代码，它可以进行交互性控制，Flash 提供了一个专门处理动作脚本的编辑环境即动作面板。

（1）动作面板的组成

动作面板是 Flash 的程序编辑环境，它由两部分组成。右侧部分是脚本输入区，这是输入代码的区域。左上角部分是动作工具箱，每个动作脚本语言元素在该工具箱中都有一个对应的条目，如图 6-80 所示。

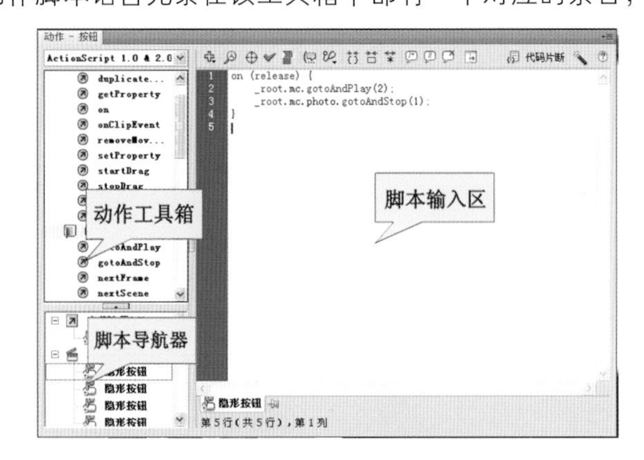

图 6-80　动作面板

在动作面板中，左下角为脚本导航器，是 FLA 文件中相关联的帧动作、按钮动作具体位置的可视化表示形式，可以在这里浏览 FLA 文件中的对象以查找动作脚本代码。如果单击脚本导航器中的某一项目，则与该项目关联的脚本将出现在脚本输入区中，并且播放头将移到时间轴上的该位置。

（2）添加动作脚本

可直接在脚本输入区中编辑动作、输入动作参数或删除动作，还可以双击动作工具箱中的某一项或脚本输入区上方的“将新项目添加到脚本中”按钮 ，向脚本输入区添加动作。

如果想定义一个按钮的动作脚本，该按钮用来控制影片播放，那么需要先选中这个按钮，然后切换到“动作”面板，在动作工具箱中展开“全局函数”，选择“影片剪辑控制”类别，双击该类别下的“on”动作，这样脚本输入区中就自动出现相应的 on 动作脚本，并且屏幕上同时还弹出了关于 on 动作的参数设置菜单，如图 6–81 所示。

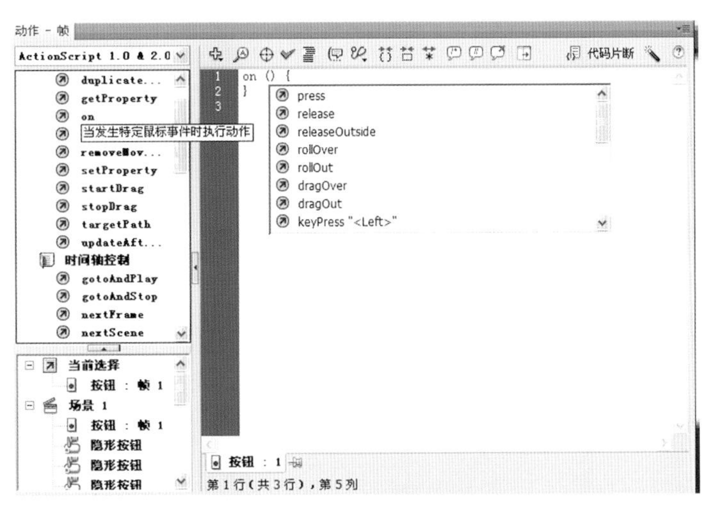

图 6–81　添加 on 动作

双击参数提示菜单中的某一个参数，比如 press，接着输入大括弧{，然后再切换到动作工具箱，展开“全局函数”中的“时间轴控制”类别，双击这个类别下面的“play”动作，这时，在脚本输入区中会出现一个新的命令，再输入一个大括弧}，最后单击脚本输入区上方的“自动套用格式”按钮 ，将脚本输入区中的脚本变得更清楚一些，完成效果如图 6–82 所示。

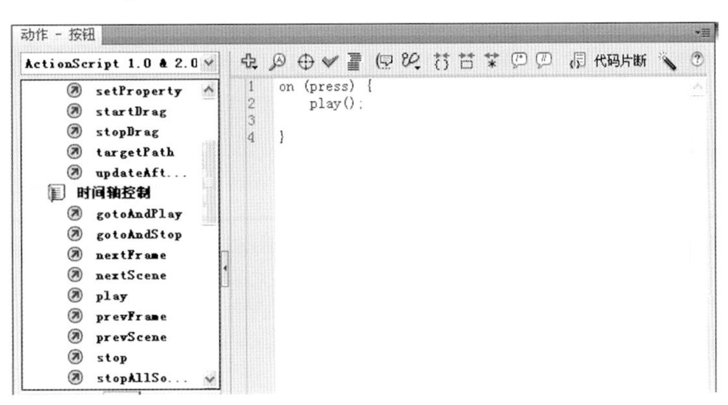

图 6–82　完成的动作脚本

（3）关于代码提示

在动作面板中编辑动作脚本时，Flash 可以检测到正在输入的动作并显示代码提示，即包含该动作完整语法的工具提示，或列出可能的方法或属性名称的弹出菜单。当精确输入或命名对象时，会出现参数、属性和事件的代码提示，这样，动作脚本编辑器就会知道要显示哪些代码提示， 如图 6–83 所示。脚本输入区上面有一个“显示代码提示”按钮 ，在编辑动作脚本时，随时单击这个按钮也可以显示代码提示。

（4）检查语法和标点

要彻底弄清编写的代码是否能像预期的那样运行，就需要发布或测试文件。不过，可以不必退出 FLA 文件就能迅速检查动作脚本代码，语法错误列在“编译器错误”面板中。还可以检查代码块两边的小括号、大括号或中括号（数组访问运算符）是否齐全，如图 6-84 所示。在动作面板中，可以用以下两种方法检查语法：单击脚本输入区上方的“语法检查”按钮 ；在动作面板中，按“Ctrl+T”组合键。

图 6-83　代码提示

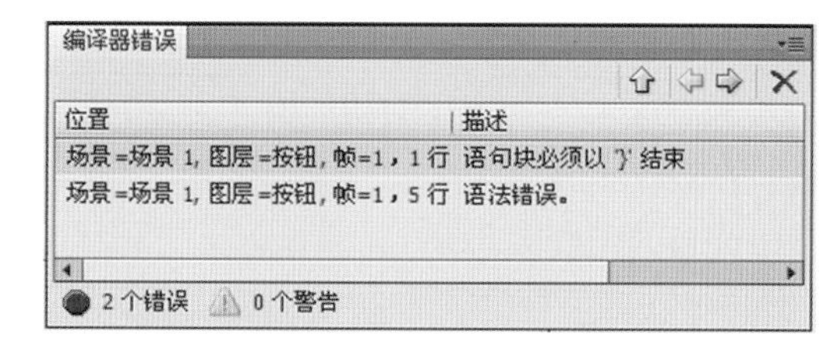

图 6-84　编译器错误报告

实　训　七

实训名称：设计主题相册

实训目的：了解 Flash 交互相册的特点和设计要领，掌握交互相册的结构和交互原理，学会独立制作交互相册。

实训内容：收集并整理个人的静态设计作品，制作以“个人作品集”为主题的交互相册。

实训要求：主题相册的内容包括标题、界面设计、按钮组制作、动态相片集的制作，交互链接和编代码。

实训步骤：首先对相册结构与界面进行草图设计；然后收集个人作品素材；接着制作界面和按钮组；继续制作动态相片集；最后进行交互链接和编写代码。

实训向导：强调主题相册的整体效果，画面风格统一，界面设计参考如图 6-85 所示。

图 6-85　相册界面参考

第七章

Flash 网页设计

Flash WANGYE SHEJI

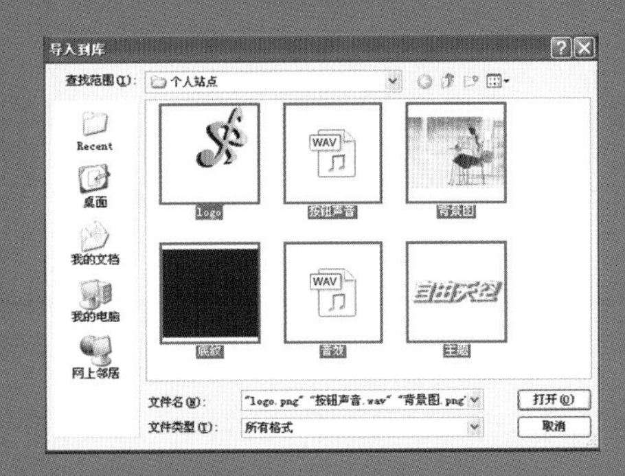

★任务概述

通过对本章的学习，使读者了解 Flash 网页设计的概念，掌握 Flash 导航栏、Flash 下拉菜单、Flash 个人站点的设计与制作。

★能力目标

对 Flash 网页设计有初步认识，并能把握网页结构的完整性，为 Flash 网站设计奠定基础。

★知识目标

了解 Flash 网页设计的特点，掌握网页界面的框架设计的结构和原理，并能灵活运用 Flash 制作网页。

★素质目标

使读者具备自学能力，能从不同的切入点进行 Flash 网页的设计与制作。

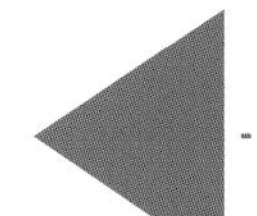

第一节 Flash 网页设计基础

网页是企业或者个人向网友提供信息、产品消息和服务的一种联络平台，是企业开展电子商务的基础和重要渠道，企业的网址被称为企业无形资产的组成部分，而网站是在因特网上进行宣传和展示企业形象和理念的重要窗口。因此，优秀的网页可以吸引网友的目光，尤其是网站的首页显得极其重要。Flash 不仅是一款矢量图形编辑和动画创作软件，同时也常用来开发、设计、制作整体的网站。Flash 制作的网页不仅色彩变化丰富，而且有很强的动感，特别适合进行网页设计创作。

一般来说，网站包括以下几部分。

(1) 首页：网站的门面，代表企业的形象，应该特别注重设计和规划。

(2) 框架页：网站的主要结构页面，又称首页或内页，大型网站往往以框架页为首页。

(3) 普通页：网站主要承载信息的页面，设计要求不高，但要求链接准确、文字无误、图文并茂，并沿袭网页的风格。

(4) 弹出页：一般用于广告、新闻、消息、到其他网站的链接等，一般使用很少。

综上所述，从功能上来看，首页主要承担着树立企业形象的作用，所以一个好的网络广告设计可以给网站增辉添彩、树立网站形象，并达到广告的预期效果。

一、Flash 网页的特点

对于传统的 HTML 格式的网页理论来讲，网页的制作要做到：在目标明确的基础上，完成网站的构思创意和总体设计方案，对网站的整体风格和特点做出定位，规划网站的颜色和结构。使用 Flash 进行网页设计时，首先需要明确网页的主题、企业的标志、网页的风格等，然后要做的就是想法和理论经过鼠标和键盘付诸实践，最后要注意的是 Flash 网页的制作可以有一定的随意性，不需要局限于传统网页制作的思路中。

二、Flash 网页的设计要领

Flash 网页设计需要讲究色彩的搭配和结构的安排。虽然网页的设计不同于 Flash 动画设计，但是它们也有许多相似之处，我们应该充分加以利用它们的共同点并以大胆想象，将它们的不同点进行结合，在制作的时候要表现出色彩的和谐与清晰。此外，页面的排版效果也可以在制作的过程中进行随机调整和修改。

第二节 Flash 下拉菜单设计与制作

一、案例分析

下拉菜单一般用于网页的导航栏，通过导航栏的链接才能进入二级页面，甚至三级页面。下拉菜单的形式可以很丰富，但其结构原理和制作方法大同小异。只要理解并学会一个案例的制作，就可以在此基础上制作多丰富多样的下拉菜单。制作流程分为四步：首先制作四个导航栏；然后制作四个下拉菜单的动画效果并输入文本，同时编辑静态效果；接着添加导航栏按钮；最后为影片剪辑命名，并添加代码。

二、操作步骤

（1）新建文件，参数设置为“宽”500 px，“高”400 px，“背景颜色”为深灰色（#666666），其他选项均使用默认。并保存名为“下拉菜单”的 FLA 格式的文件。

（2）执行“文件”→“导入”→“导入到库”命令，打开“导入到库”对话框，选择要导入的四张.png 格式的图片素材，单击“打开”按钮，将四张图片导入到库中，如图 7–1 所示。可以看到库中显示，每个图片文件都自动生成一个图形元件，共有四个图形元件。将四个图形元件的名字依次改为“a1”“a2”“a3”“a4”，如图 7–2 所示。

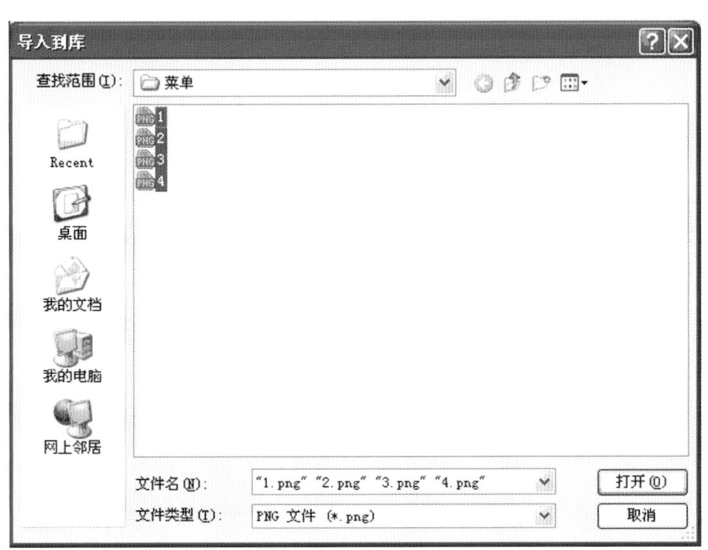

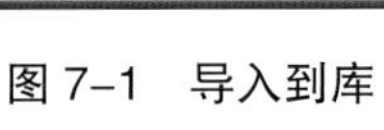
图 7–1 导入到库

图 7–2 自动生成元件

（3）分别进入元件“a1”“a2”“a3”“a4”的编辑状态，预览画面，效果如图 7–3 所示。

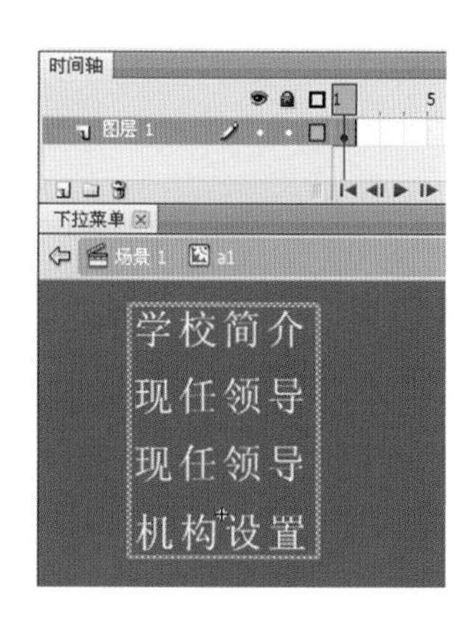

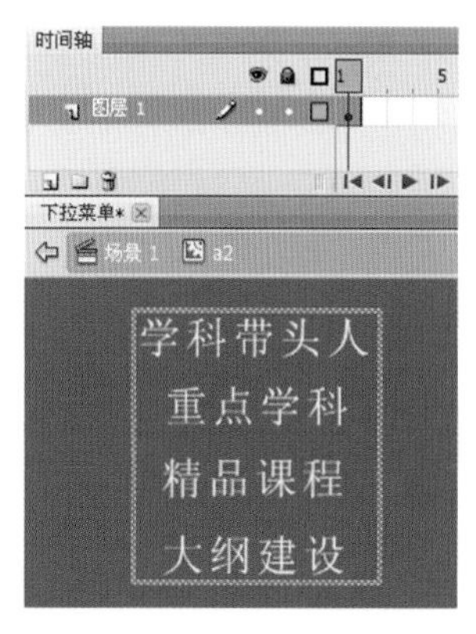

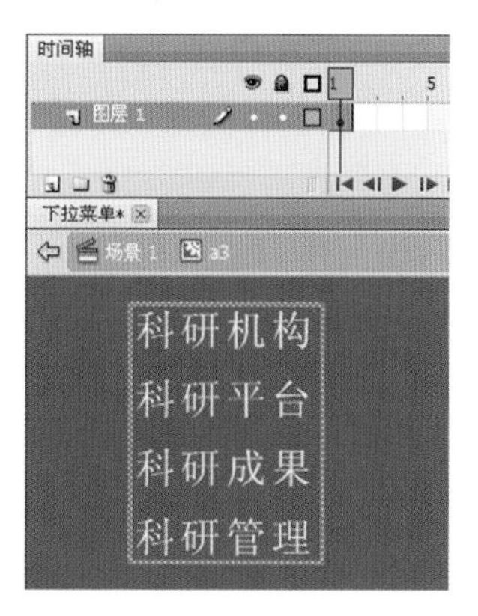

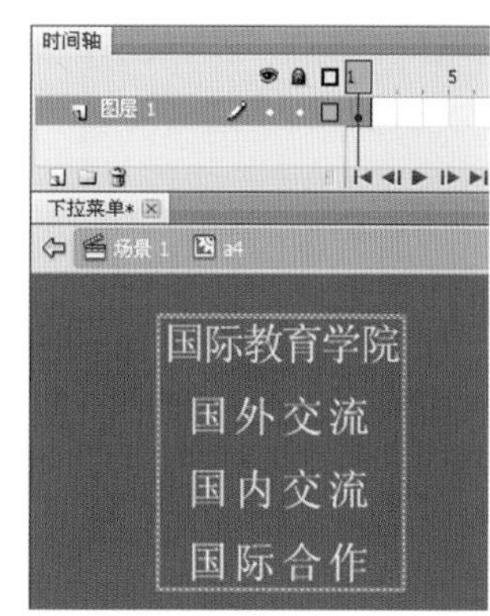

图 7-3　元件“a1”“a2”“a3”“a4”的效果

（4）将场景 1 中的“图层 1”改名为“menu”，并在舞台中编辑如图 7-4 所示的主菜单内容。

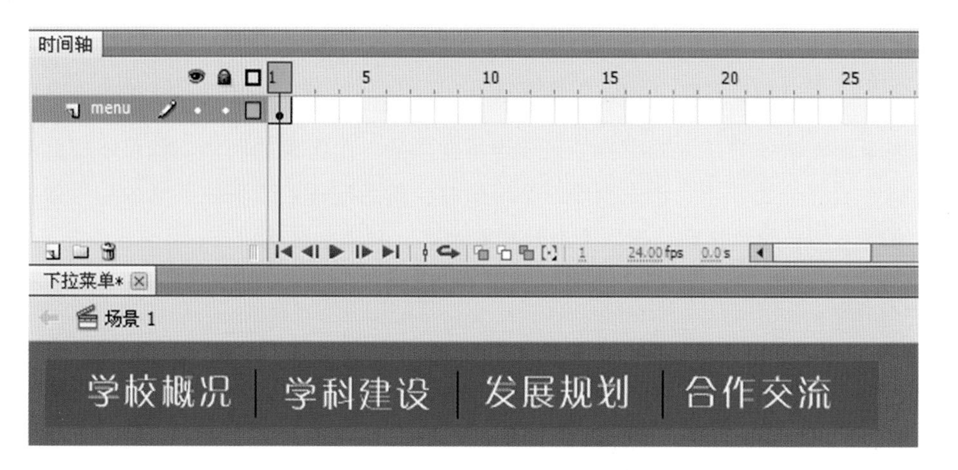

图 7-4　编辑主菜单

（5）按“Ctrl+F8”组合键新建名为“an”的按钮元件，进入编辑状态，在“指针经过”帧插入空白关键帧，然后选择工具箱中的矩形工具 在舞台绘制白色（Alpha 值为 20%）矩形，如图 7-5 所示。

（6）按“Ctrl+F8”组合键新建名为“an1”的按钮元件，进入编辑状态，在“指针经过”帧插入空白关键帧，然后选择工具箱中的矩形工具 在舞台绘制蓝色的矩形，并将帧延长至“点击”状态，效果如图 7-6 所示。

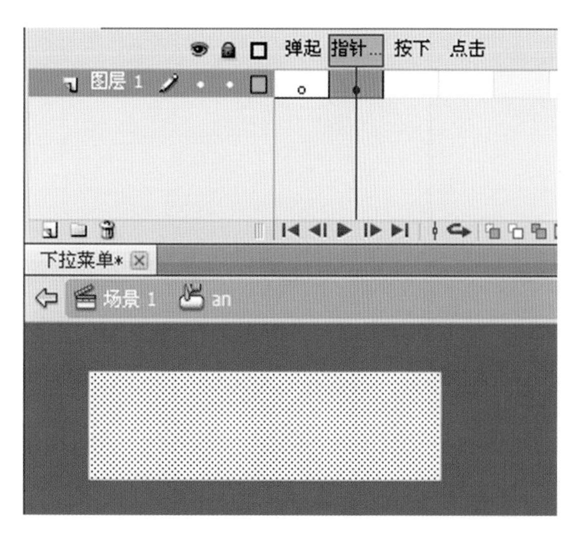

图 7-5　创建按钮“an”

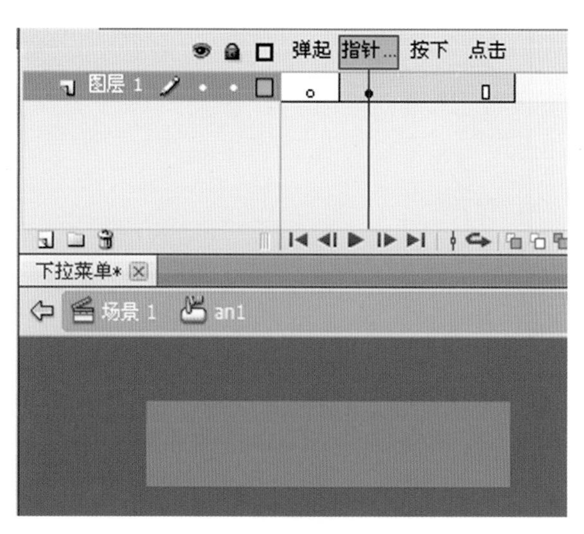

图 7-6　创建按钮“an1”

（7）返回 场景 1，在“menu”层下新建“b1”层，在第一个导航下方绘制浅灰色横长矩形，如图 7–7 所示。选择矩形，将矩形转换为影片剪辑元件“b1”，如图 7–8 所示。进入元件编辑状态，如图 7–9 所示。

图 7–7　绘制矩形

图 7–8　转换为元件

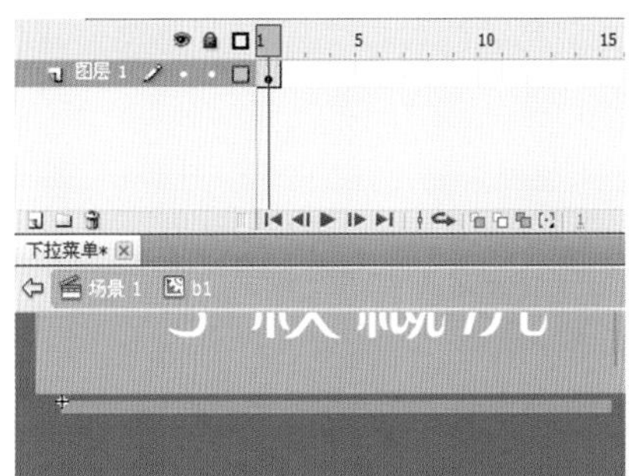

图 7–9　元件编辑状态

（8）在第 10 帧中插入关键帧，并将矩形往下方拉伸，设定第 1 帧和第 10 帧之间“创建补间形状”，呈现出矩形逐渐显现的效果，如图 7–10 所示。

（9）新建“图层 2”，在第 10 帧插入空白关键帧，将“库”面板中的元件“a1”拖曳至舞台中，调整至如图 7–11 所示的大小，将两个图层的帧延长至第 30 帧。

（10）在“图层 2”第 15 帧中插入关键帧，选中第 10 帧的对象，将 Alpha 值设置为 0%。设定第 10 帧和第 15 帧“创建传统补间”，如图 7–12 所示，并将当前图层的帧延长至第 275 帧。

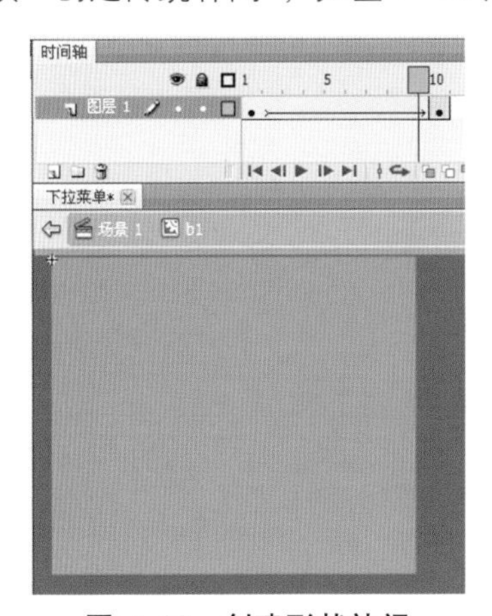

图 7–10　创建形状补间

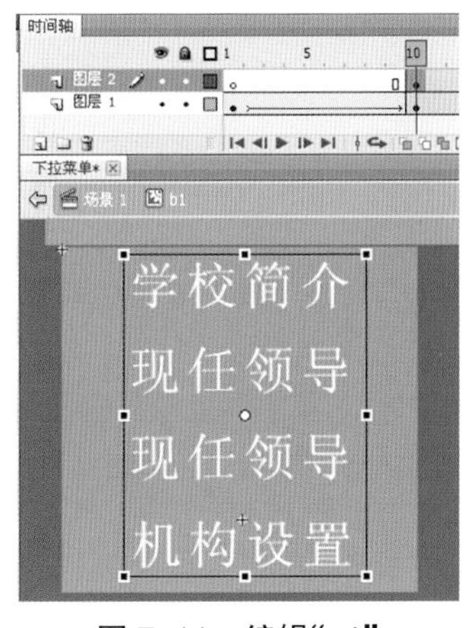

图 7–11　编辑“a1”

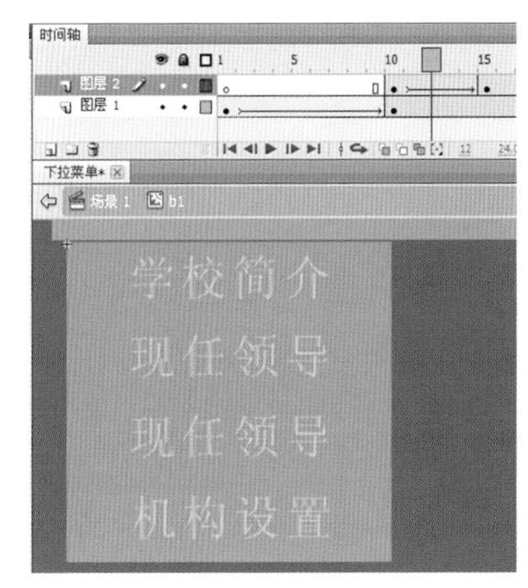

图 7–12　创建渐显效果

（11）在“图层 1”上新建“图层 3”，并在第 15 帧插入空白关键帧，将“库”面板中的元件“an1”连续拖曳四个，放置舞台中，调整位置和尺寸，大小正好覆盖下拉菜单中的文字，如图 7–13 所示。

（12）新建“图层 5”，在第 30 帧插入空白关键帧，同时选中第 1 帧和第 30 帧，按“F9”键打开“动作 – 帧”面板添加代码“stop(　);”，如图 7–14 所示。

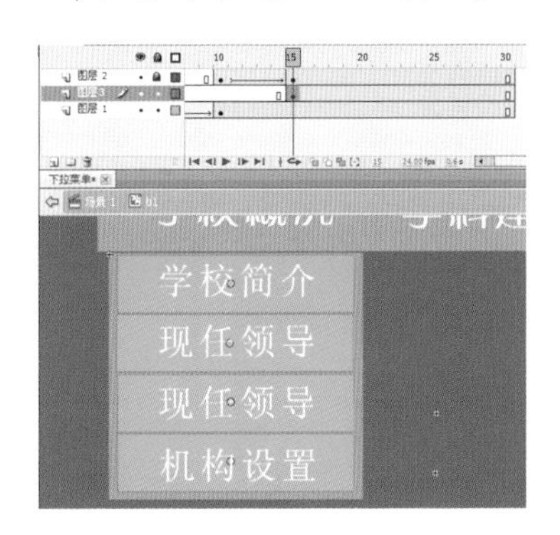

图 7–13　复制“an1”

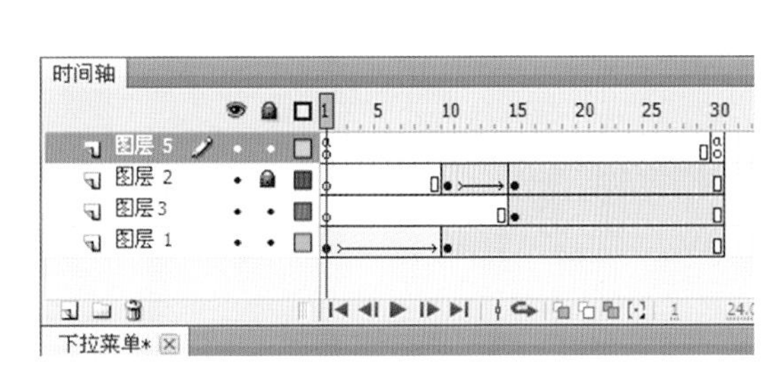

图 7–14　添加代码

（13）在“库”面板中，直接将元件“b1”复制为“b2”“b3”“b4”。接着双击元件“b2”，进入“b2”的编辑状态，将“图层 2”中“a1”逐渐显现的效果替换为“a2”逐渐显现的效果。使用同样的方法，将“b3”图层 3 的动画替换为“a3”逐渐显现的效果。将“b4”图层 3 的动画替换为“a4”逐渐显现的效果，如图 7–15 所示。

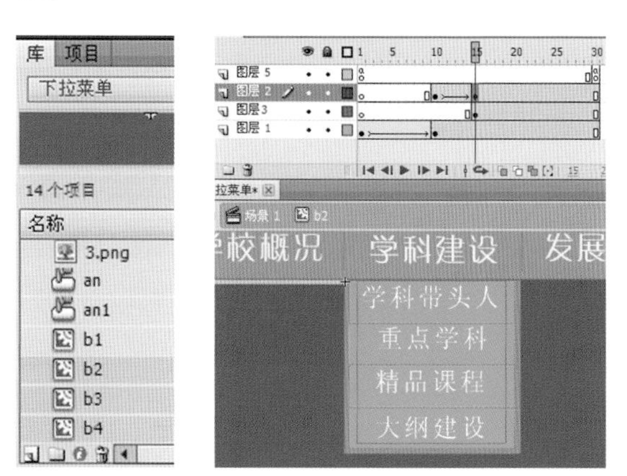

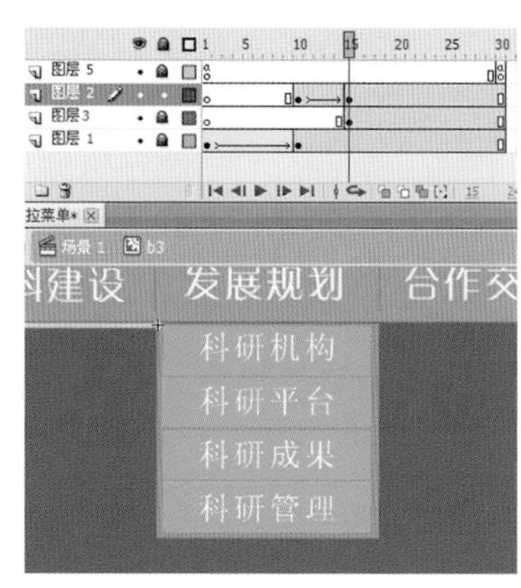

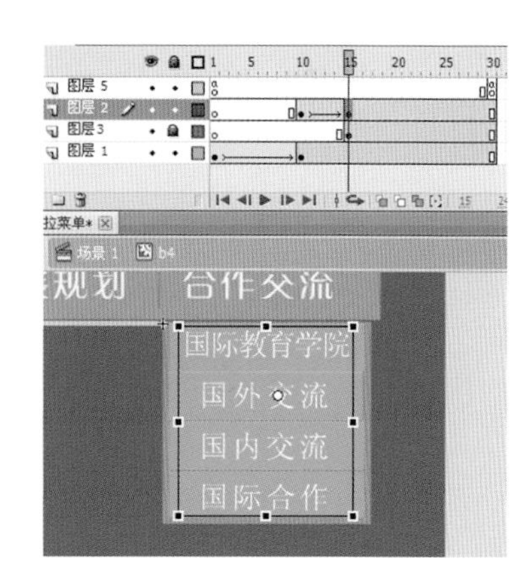

图 7–15 修改元件“b2”“b3”“b4”的效果

（14）返回 场景 1，新建“b2”“b3”“b4”层，分别将“库”面板中的元件“b2”“b3”“b4”拖曳至相应的图层中，如图 7–16 所示。

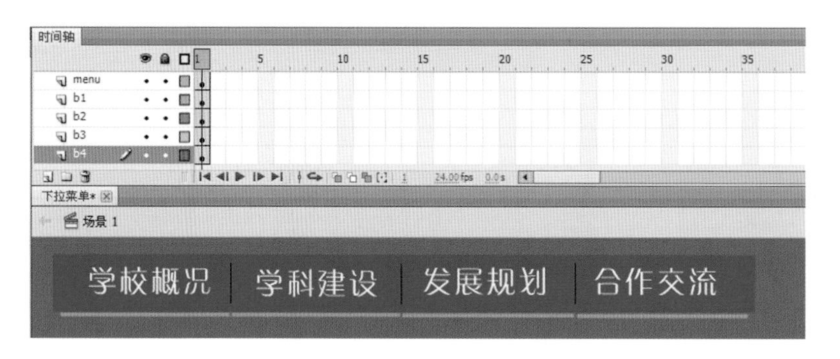

图 7–16 拖曳元件“b2”“b3”“b4”至场景 1

（15）选择舞台中元件“b1”，在“属性”面板中设定名字为“b1”,这里的命名要与动作面板中的代码名字保持一致。使用同样的方法，依次给元件“b2”“b3”“b4”在“属性”面板中命名为“b2”“b3”“b4”，如图 7–17 所示。

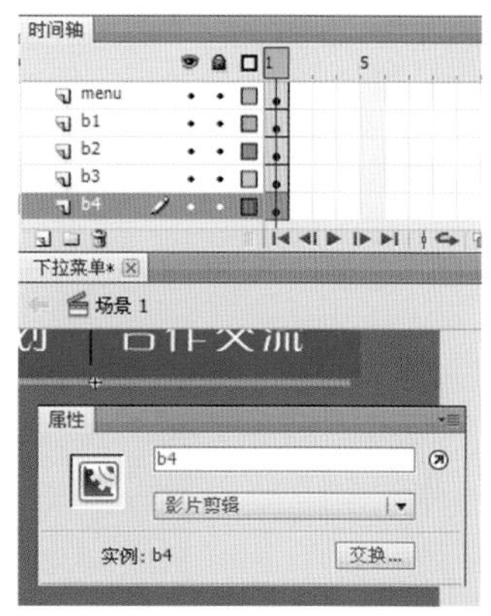

图 7–17 分别给四个影片剪辑元件命名

（16）新建“botton”层，将“库”面板中的隐形按钮“an”拖曳至舞台中，调整位置和尺寸，大小正好覆盖了导航栏的“学校概况”，如图 7–18 所示。

（17）选择当前按钮“an”，按“F9”键打开“动作 – 按钮”面板添加图 7–19 所示的代码。

图 7–18 给“学校概况”添加按钮

图 7–19 为按钮添加代码

（18）将当前按钮复制三个，分别覆盖在导航栏文字“学校建设”“发展规划”“合作交流”之上。在复制按钮的同时，代码也一并被复制，分别调整这三个按钮中的代码，如图 7–20 所示。

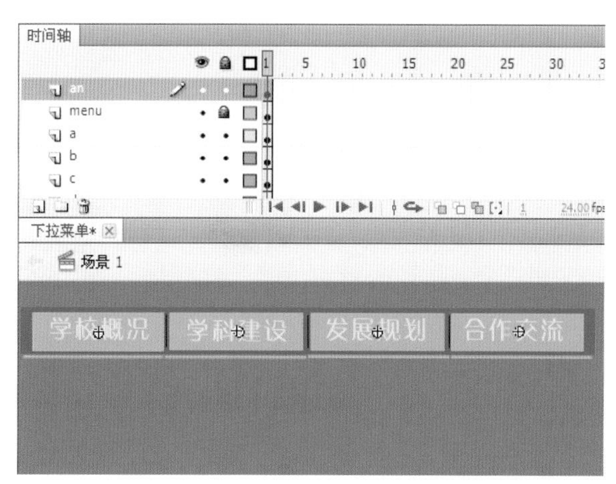

复制按钮

给“学科建设”添加代码

给“发展规划”添加代码

给“合作交流”添加代码

图 7–20 给另三个导航菜单添加代码

(19) 按“Ctrl+Enter”组合键发布影片，观看如图 7–21 所示效果。

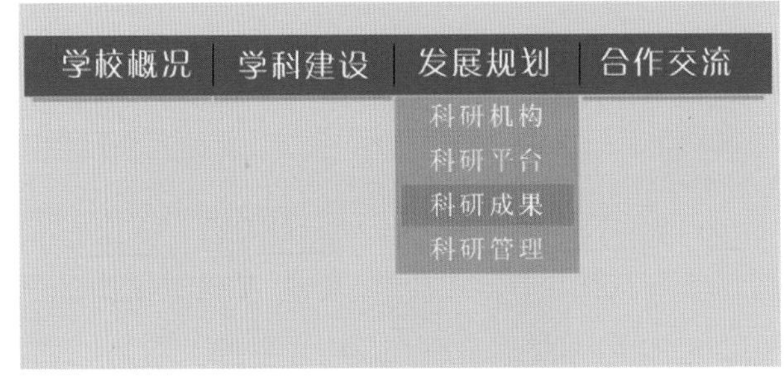

图7–21 下拉菜单的效果

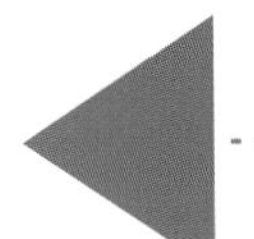

第三节 个人站点设计与制作

个人站点是学生向企业展示的窗口，学生将优秀作品以网站的形式进行汇总展示。其次，还可以通过网站的框架结构设计、页面设计等信息，间接传达个人性格特点与设计理念。因此，做好个人站点设计的重要性是显而易见的。

完成网页设计要做到定位明确、风格统一、构思巧妙、色调协调、布局合理、使用方法得当等原则。运用 Flash 制作网站要注意页面的灵活性。个人站点的特点是布局简洁明了，色彩鲜艳，图文并茂。

如何使用 Flash 进行制作，首先需要明确主题、网页的风格等，其次主页的设计需要讲究色彩的搭配和结构的安排。虽然网页的设计不同于 Flash 动画设计，但是它们之间也有许多相似之处。

一、案例分析

本例属于个性化的个人作品展示站点，能将之前章节的案例进行链接加载，个人站点也是一个展示窗口，能将所有的优秀作品分类，以动态加互动的形式进行推广与展示。

Flash 站点的制作采用了很多连接形式，在制作时要注意几点：第一，要多考虑运用“影片剪辑”，每个“影片剪辑”的命名条理要清楚；第二，为场景外的文件加载命令，要注意层级关系；第三，相对路径的连接，每种连接形式要灵活运用，尽量减少文件的大小以便网站运行快捷。

本例将页面的结构大致分成不同的板块，然后在不同的图层中对它们进行绘制编辑，在版面完成后对网页中的按钮、广告和信息等部分再进行逐一的调整。

首先制作四个导航栏；然后制作四个下拉菜单的动画效果，输入文本，并编辑静态效果；继续添加导航栏按钮；最后为影片剪辑命名并添加代码。

二、操作步骤

(1) 在本地计算机中选择一个路径，新建名为“个人站点”的文件夹，这个文件夹就像个仓库，将整个站点需要的素材和后面要制作的 FLA 格式、SWF 格式的动画文件，都集中存放在这个文件夹中，如图 7–22 所示。

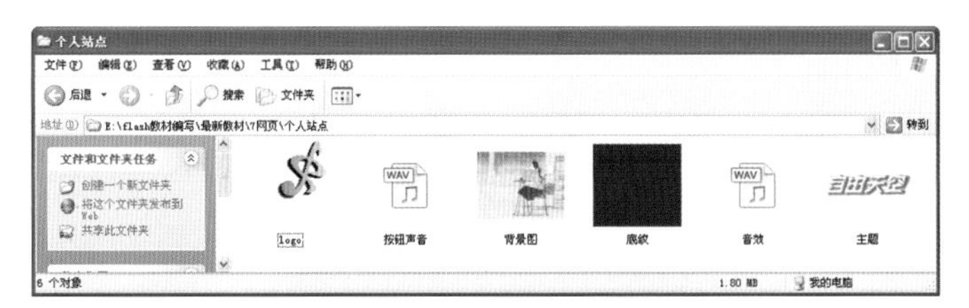

图 7–22 “个人站点”文件夹

（1）新建文件，参数设置为“宽”900 px，“高”600 px，其他选项均使用默认。并保存名为“主页”的 FLA 格式的文件。

（2）打开“导入到库”对话框，选择要导入的两个声音素材和四个图片素材，单击“打开”按钮，如图 7–23 所示。库中显示每个图片素材都自动生成一个相应的图形元件，共有四个图形元件，将文件重新命名，将全部导入生成的素材放置到库文件夹中，如图 7–24 所示。

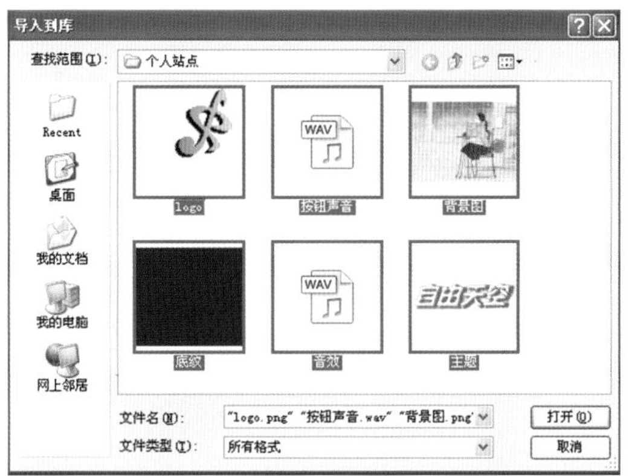

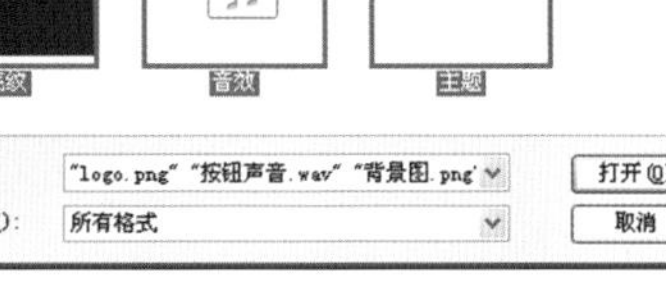

图 7–23 导入到库　　　　图 7–24 “库”面板中的元素

（3）将“图层 1”改名为“背景”，将“库”面板中的元件“底纹”拖曳至舞台中，调整位置和尺寸，大小正好覆盖了文档的底色，如图 7–23 所示。为红色底纹增加深浅变化的效果，使用矩形工具绘制四个细长矩形，并进行线性渐变填充，效果如图 7–24 所示。

（4）新建“版式 1”图层，使用矩形工具 在舞台中心的位置绘制带有立体效果的矩形，用浅灰色填充，绘制白色与黑色的轮廓线，如图 7–25 所示。

（5）将两个图层的帧延长至第 35 帧，在“版式 1”图层第 4 帧插入关键帧，用任意变形工具 将矩形拉至图 7–26 所示的尺寸，并设定第 1 帧和第 4 帧“创建补间形状”，呈现矩形变大的效果。在第 5、6 帧插入关键帧，将第 5 帧的矩形略缩小，如图 7–27 所示。

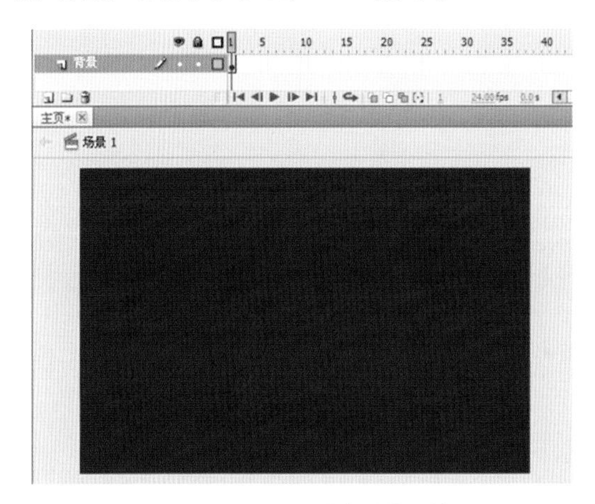

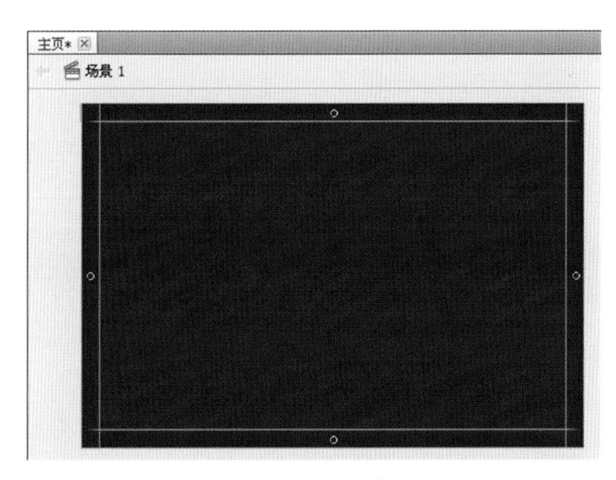

图 7–23 添加“底纹”元件　　　　图 7–24 制作效果

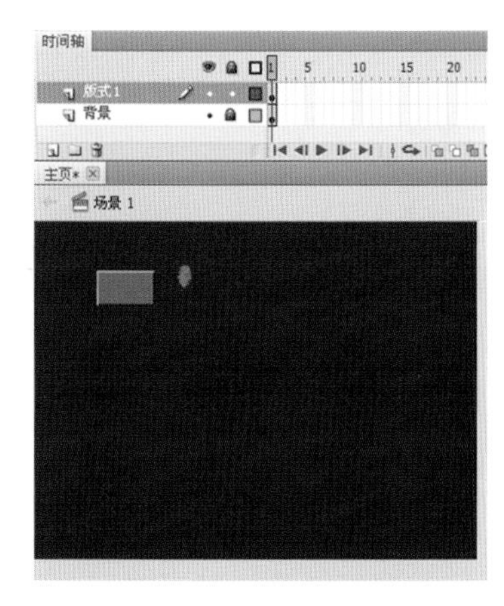
图 7–25　绘制较小矩形

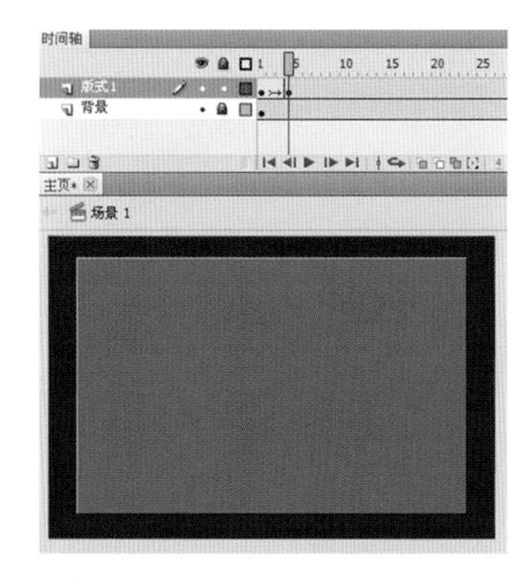
图 7–26　拉大矩形

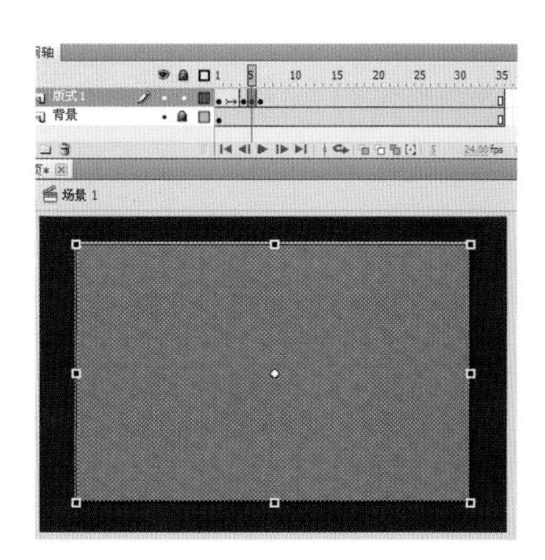
图 7–27　编辑矩形

（6）新建“版式 2”图层，在第 7 帧插入空白关键帧，使用矩形工具 在舞台的左边绘制如图 7–28 所示的矩形。在第 10 帧插入关键帧，用任意变形工具 将矩形拉至如图 7–29 所示的尺寸。设定第 7 帧和第 10 帧“创建补间形状”，呈现矩形变宽的效果。

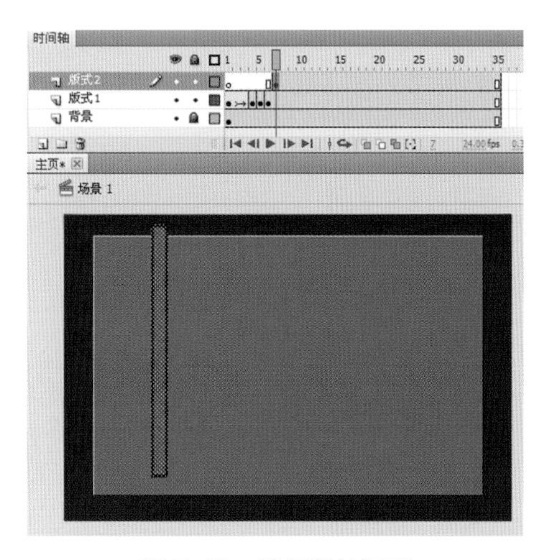
图 7–28　绘制竖长矩形

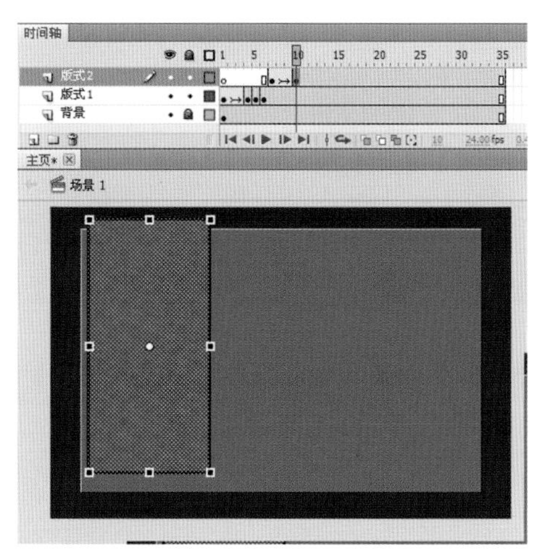
图7–29　创建补间形状

（7）新建“版式 3”图层，在第 10 帧插入空白关键帧，使用矩形工具 在舞台的左边绘制矩形，如图 7–30 所示。在第 13 帧插入关键帧，用任意变形工具 将矩形拉至如图 7–31 所示的尺寸，设定第 10 帧和第 13 帧“创建补间形状”，呈现矩形变宽的效果。

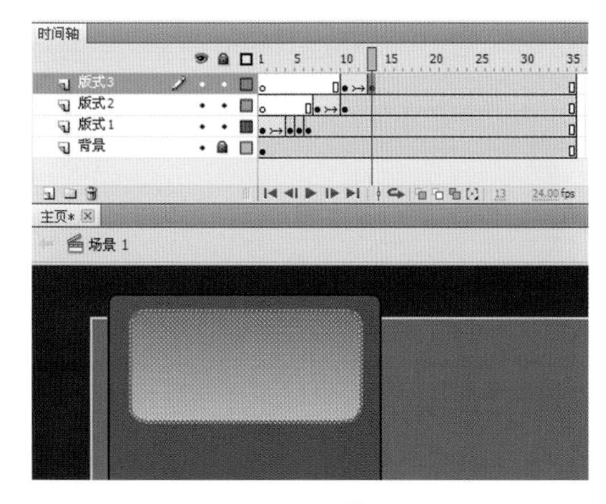
图 7–30　绘制横长矩形

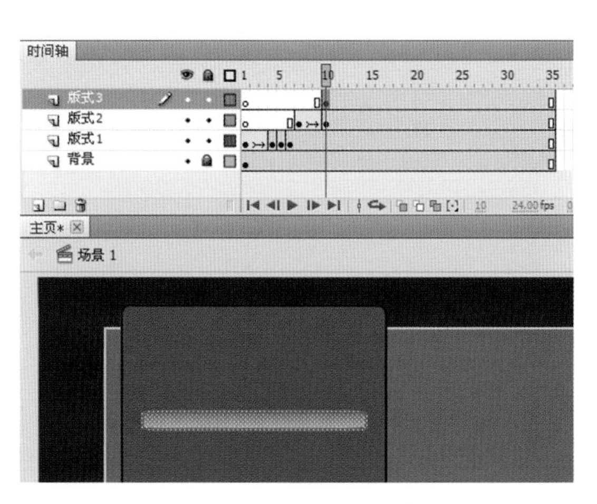
图 7–31　创建补间形状

(8) 新建“主题”图层，在第 13 帧插入空白关键帧，将“库”面板中的元件“主题”拖曳至舞台中，调整位置和尺寸，同时将“属性”面板中的 Alpha 值设置为 40%，如图 7-32 所示。在第 16 帧插入关键帧，用任意变形工具 将元件拉至如图 7-33 所示的尺寸，设定第 13 帧和第 16 帧“创建传统补间”。

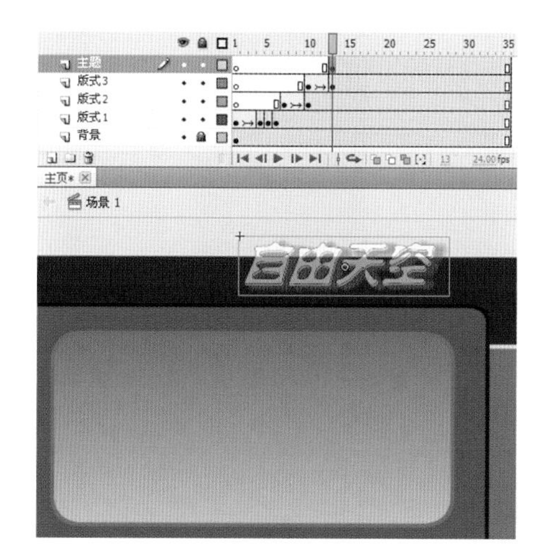

图 7-32 编辑“主题”的效果

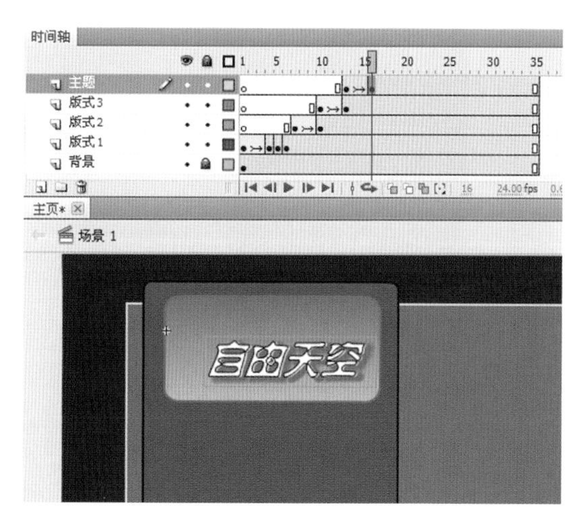

图 7-33 为“主题”创建传统补间

(9) 新建“logo”图层，在第 13 帧插入空白关键帧，将“库”面板中的元件“logo”拖曳至舞台中，调整位置和尺寸，同时将“属性”面板中的 Alpha 值设置为 40%，如图 7-34 所示。在第 16 帧插入关键帧，用任意变形工具 将元件拉至如图 7-35 所示的尺寸，设定第 13 帧和第 16 帧“创建传统补间”。

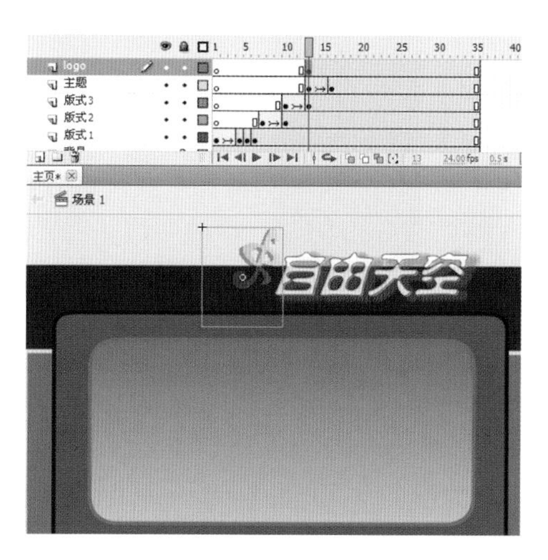

图 7-34 编辑“logo”的效果

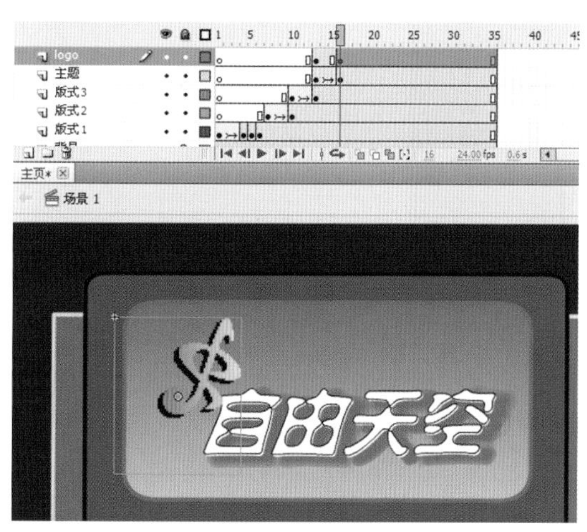

图 7-35 为“logo”创建传统补间

(10) 创建“图片动画”影片元件，进入元件编辑状态，执行“文件”→“导入”→“导入到舞台”命令，将三张风景图片导入舞台中。并在“属性”面板中设置宽为 400 px，高为 800 px，效果如图 7-36 所示。

(11) 分别在第 15 帧、第 30 帧插入关键帧，并将帧延长至第 45 帧，接着把三张素材分别置入第 1 帧、第 15 帧、第 30 帧，单击时间轴下方的“编辑多帧”，将没有重合的三张图片移动位置至完全重合，如图 7-37 所示。

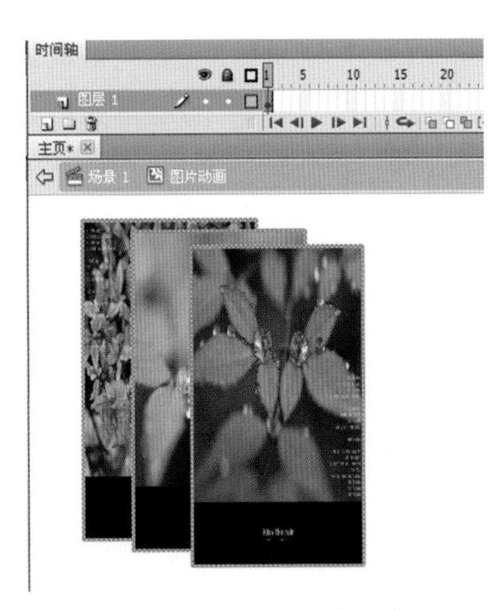

图 7-36 导入三张图片

图 7-37 图片的编辑

（12）新建“图层 2”，选择矩形工具 ，绘制与下层完全重合的黑色矩形，如图 7-38 所示，在第 5 帧、第 10 帧、第 15 帧插入关键帧。选择第 5 帧、第 10 帧的矩形，在“颜色”面板中将 Alpha 值设置为 0%，并设定第 1 帧和第 5 帧、第 10 帧和第 15 帧“创建补间形状”，如图 7-39 所示。

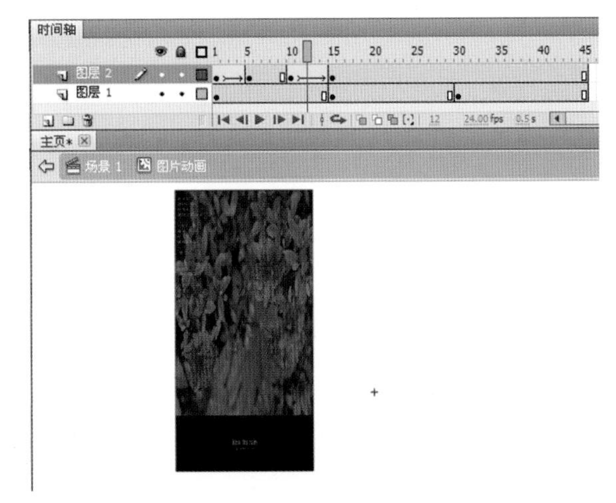

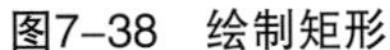

图7-38 绘制矩形

图 7-39 为第 1 张素材创建补间形状

（13）选择第 1 帧至第 15 帧，右键单击，在弹出的菜单中选择“复制帧”，分别选择第 16 帧、第 31 帧，右键单击，在弹出的菜单中选择“粘贴帧”，将这段动画连续复制两次，如图 7-40 所示。

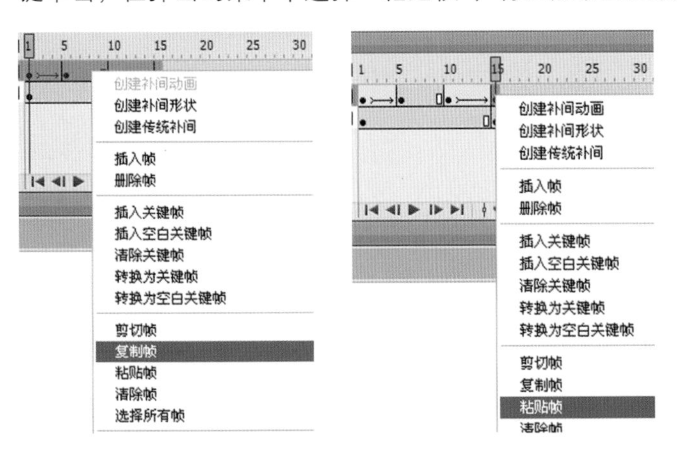

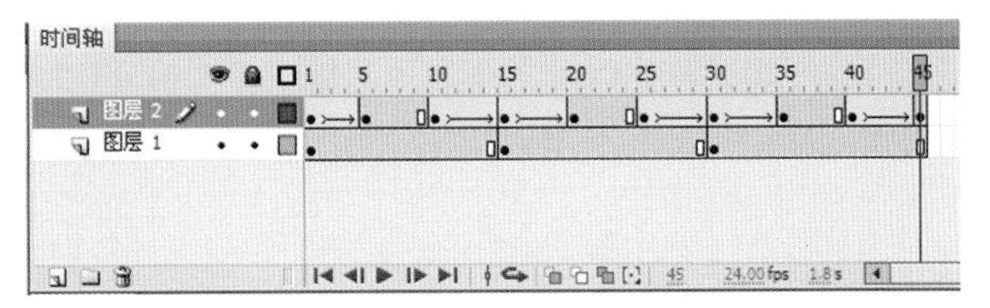

图 7-40 将动画复制两次

（14）返回场景 1，新建“动画 1”图层，在第 16 帧插入空白关键帧，将库中元件“图片动画”拖曳至舞台中，调整图 7-41 所示的位置和尺寸。新建“动画 2”图层，在第 19 帧插入空白关键帧，用绘制白色（Alpha 值为 50%）矩形，调整位置和尺寸至与下层的对象完全重合，如图 7-42 所示。

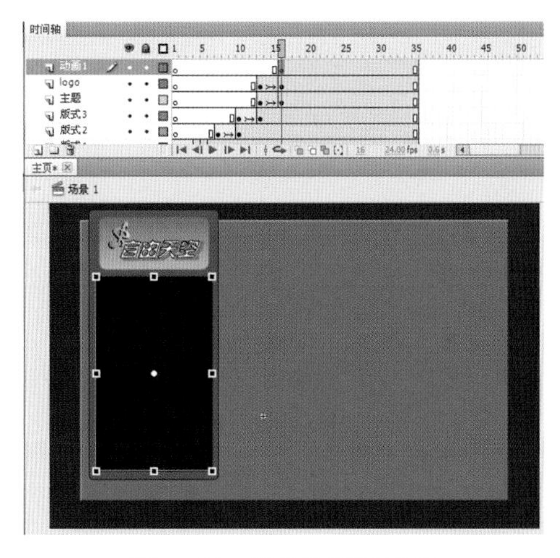

图 7-41　编辑“图片动画”

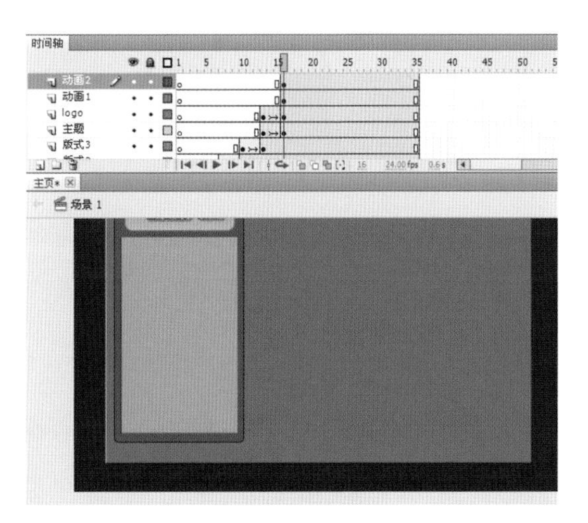

图 7-42　绘制矩形

（15）在第 19 帧插入关键帧，用任意变形工具 将对象编辑至如图 7-43 所示的尺寸。设定第 16 帧和第 19 帧“创建补间形状”。

（16）现在制作导航菜单，新建名为“导航 1”的按钮元件。用矩形工具 绘制矩形，选择两种颜色，轮廓线颜色比填充色稍深，输入文本“个人简历”，如图 7-44 所示。

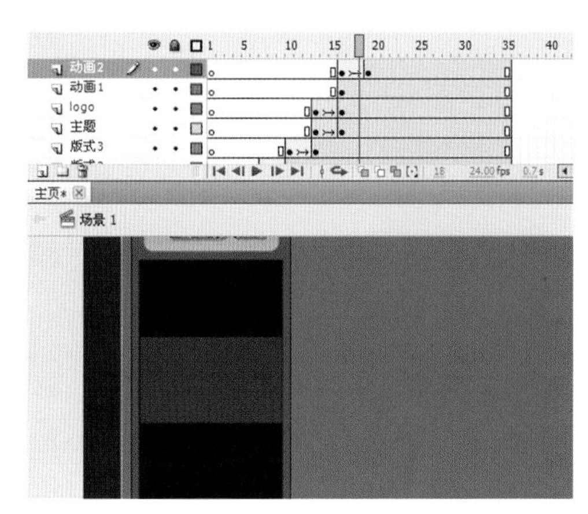

图 7-43　为矩形创建补间形状

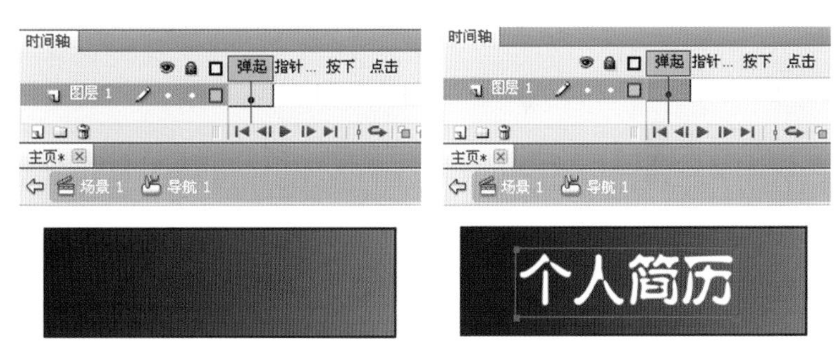

图 7-44　制作“导航 1”的第 1 帧

（17）在“指针经过”状态插入关键帧，激活当前对象，按“Ctrl+Alt+S”组合键打开“缩放与旋转”对话框，将缩放比例设置为 110%，同时在文本下方绘制如图 7-45 所示的图形，并将其移至文本上方，这样处理是为了让按钮的每个状态呈现不同的效果。接着在“按下”状态插入空白关键帧，将“弹起”帧的对象复制，并原位粘贴至“按下”状态，如图 7-46 所示。

（18）新建“图层 2”，在“指针经过”帧插入空白关键帧，并在“库”面板中将元件“0 按钮声音”拖曳至舞台，给按钮的第二个状态添加音效，如图 7-47 所示。

（19）在“库”面板中将按钮“导航 1”连续复制三个，重新命名为“导航 2”“导航 3”“导航 4”，进入“导航 2”的编辑状态，将三帧的文本更改为“设计作品”，同样的方法，将“导航 3”中的文本更改为“佳作欣赏”，“导航 3”中的文本更改为“我的相册”，如图 7-48 所示。

图 7-45　制作第 2 帧效果　　图 7-46　制作第 3 帧　　图 7-47　添加音效

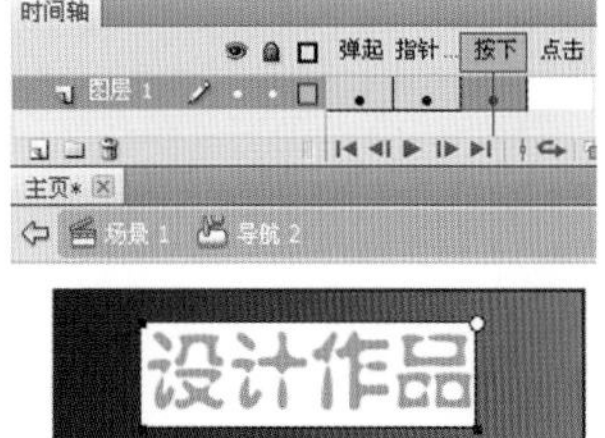

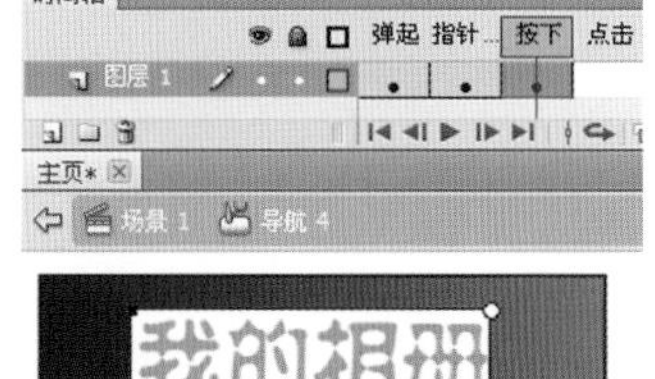

图 7-48　制作“导航 2”“导航 3”“导航 4”

(20) 返回 场景 1 ，新建“导航”图层，在第 22 帧插入空白关键帧，将“库”面板中的按钮元件“导航 1”“导航 2”“导航 3”“导航 4”拖曳至舞台中，调整位置和尺寸，如图 7-49 所示。

图 7-49　在舞台中排列导航菜单

(21) 在“导航”图层下新建“版式 4”图层，在第 19 帧插入空白关键帧，用绘图工具绘制图形，在第 22 帧插入关键帧，用编辑图形至如图 7-50 所示的效果。设定第 19 帧和第 22 帧“创建补间形状”，如图 7-51 所示。

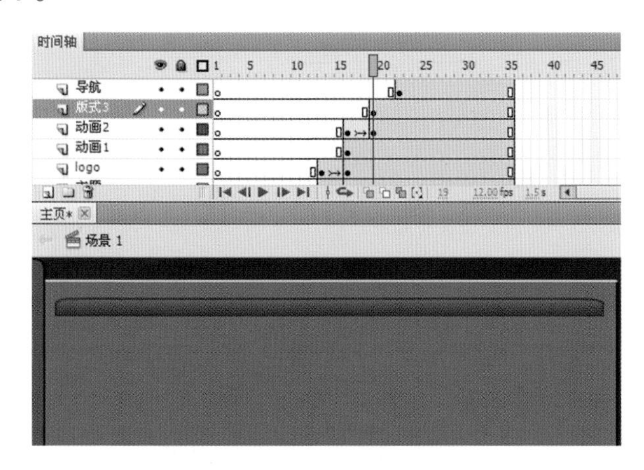

图 7-50　绘制灰色矩形

图 7-51　为矩形创建补间形状

(22) 在“导航”图层上新建“遮罩”层，在第 22 帧插入空白关键帧，用绘图工具绘制如图 7–52 所示的图形。接着在第 25 帧插入关键帧，用任意变形工具 编辑图形。设定第 22 帧和第 25 帧“创建补间形状”，如图 7–53 所示。

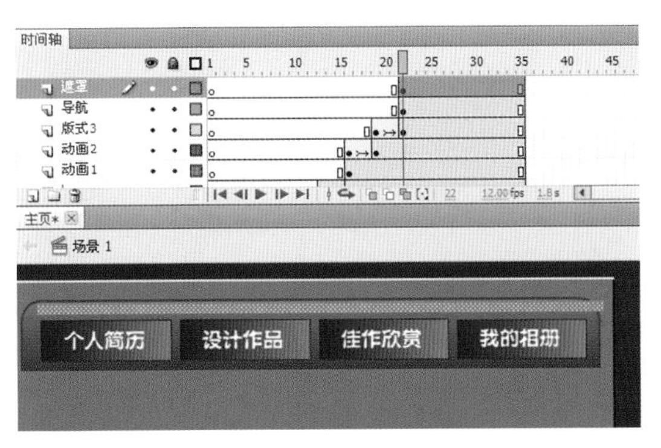

图 7–52　绘制绿色矩形

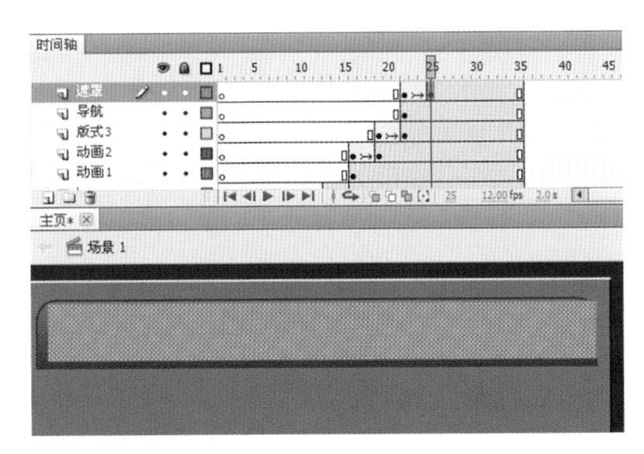

图 7–53　创建“遮罩”层动画效果

(23) 右键单击“遮罩”层，选择下拉菜单中的“遮罩层”，这时“遮罩”层和“导航”层会变成遮罩层与被遮罩层的关系，如图 7–54 所示。

(24) 新建“版式 5”层，在第 25 帧插入空白关键帧，用绘图工具绘制如图 7–55 所示的图形，在第 28 帧插入关键帧，用任意变形工具 编辑图形至如图 7–56 所示的效果，设定第 25 帧和第 28 帧“创建补间形状”。

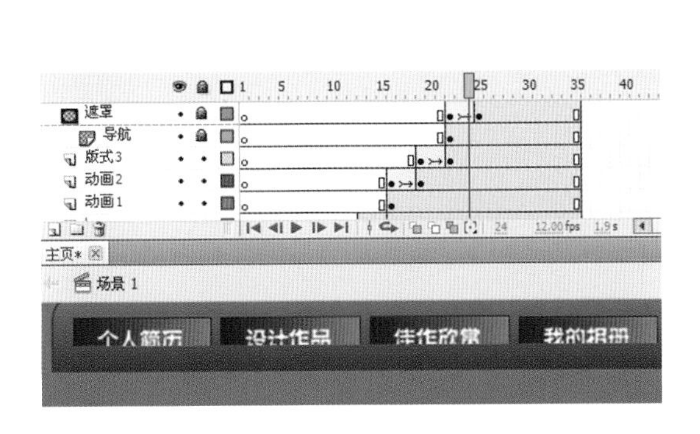

图 7–55　创建遮罩效果

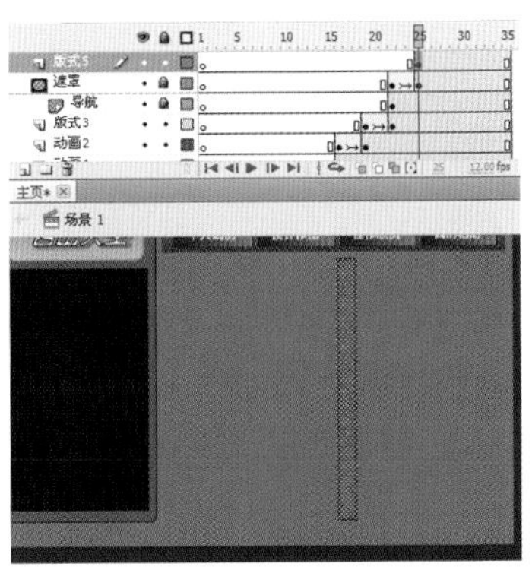

图 7–56　绘制矩形

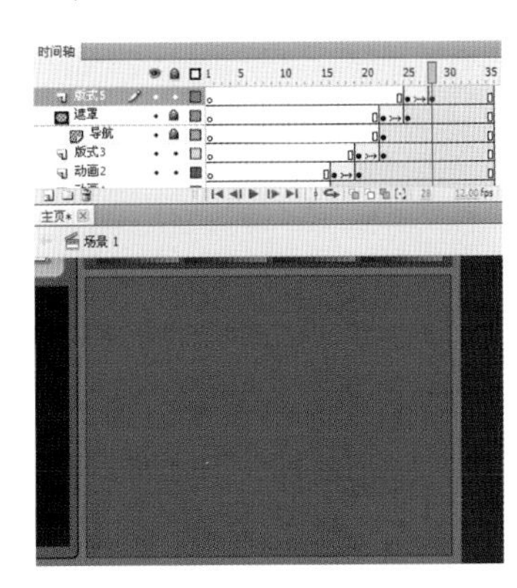

图 7–57　创建补间形状

(25) 新建“底图”图层，在第 28 帧插入空白关键帧，将“库”面板中的图形元件“背景图”拖曳至舞台中，调整位置和尺寸，如图 7–57 所示。新建“动画 3”图层，在第 28 帧插入空白关键帧，绘制如图 7–58 所示的图形。

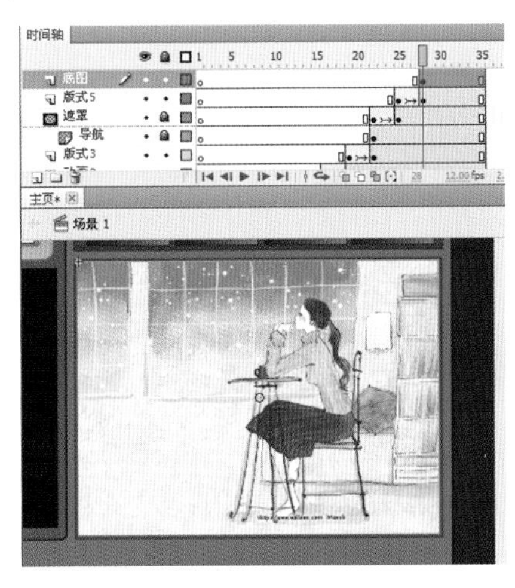

图 7–57　编辑“背景图”效果

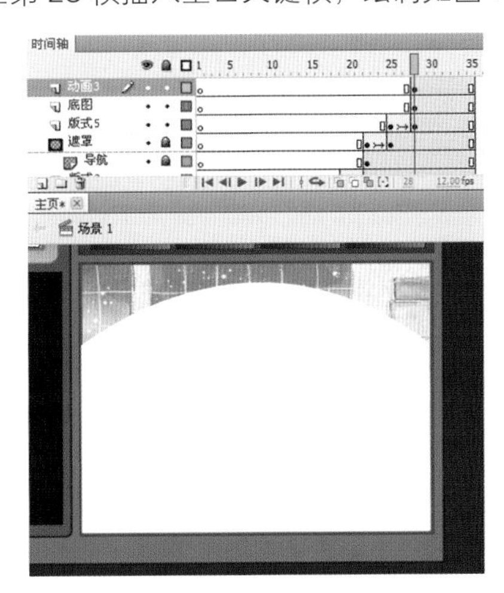

图 7–58　绘制图形

（26）在第 31 帧插入关键帧，绘制如图 7–59 的图形，继续在第 32 帧插入关键帧，绘制如图 7–60 的图形。接着在第 34 帧插入关键帧，绘制如图 7–61 的图形，并设定第 28 帧和第 30 帧、第 31 帧和第 34 帧“创建补间形状”。

（27）新建“格言”图层，在第 35 帧插入关键帧，并在舞台中输入励志格言，文本效果如图 7–62 所示。选择这句格言，按“F8”键将其转为“励志格言”影片元件，进入元件编辑状态，在第 60 帧插入关键帧，将文本移至文档左边，设定第 1 帧和第 60 帧“创建补间形状”。

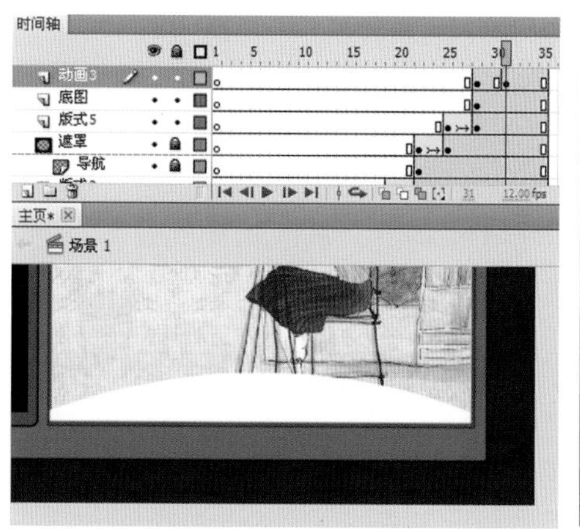

图 7–59　绘制图形

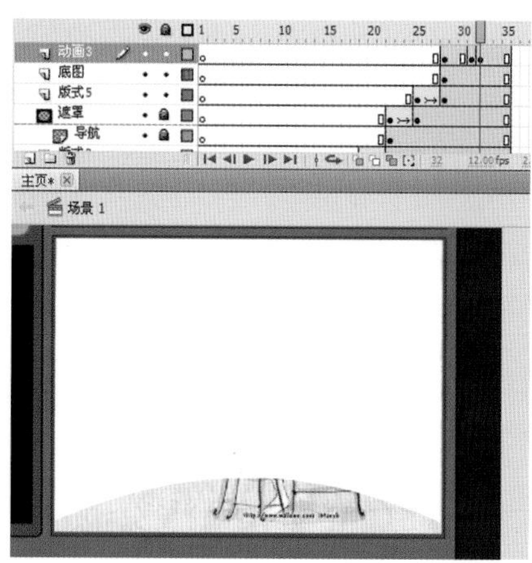

图 7–60　再绘制图形

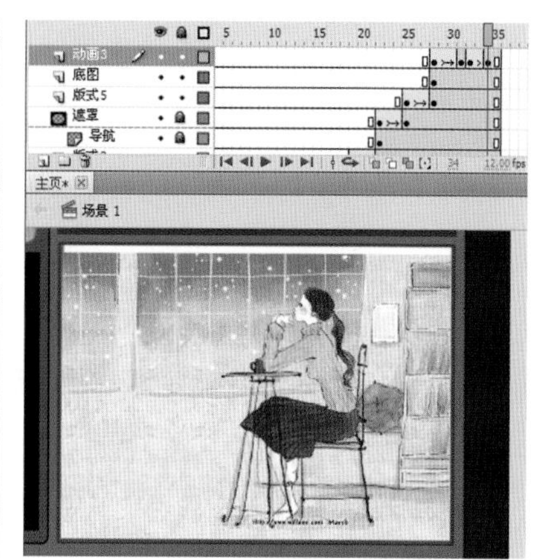

图 7–61　创建补间形状

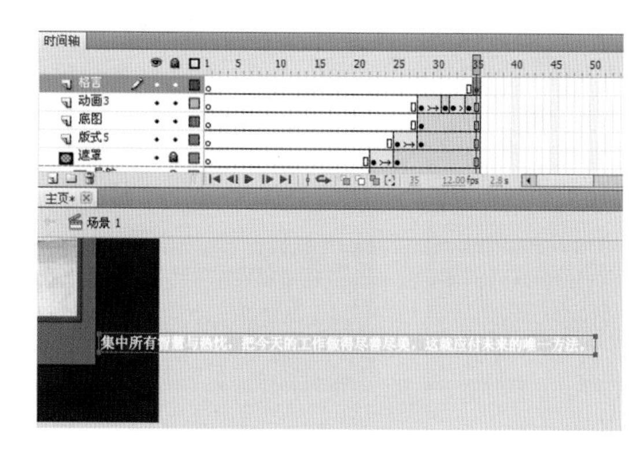

图 7–62　输入文本

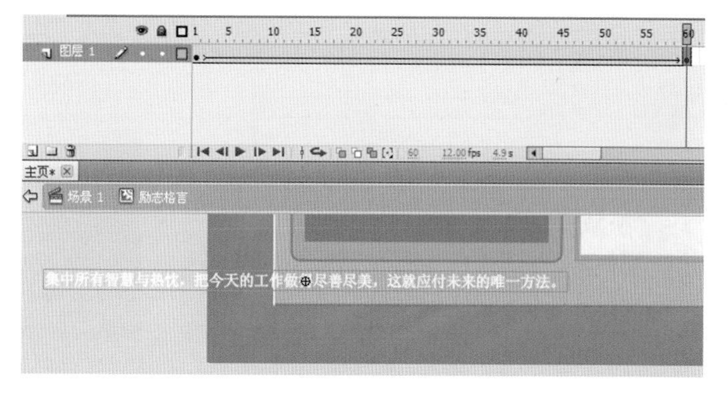

图 7–63　移动文本

（28）新建“图层 2”，在舞台中绘制如图 7–64 所示的矩形，并右键单击“图层 2”，选择下拉菜单中的“遮罩层”显示遮罩效果，如图 7–65 所示。

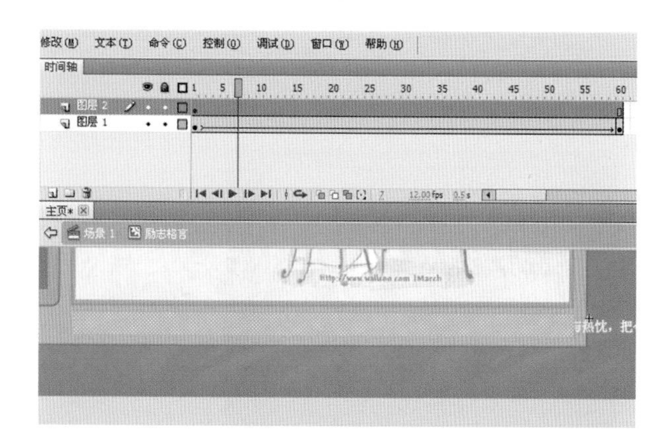

图 7–64　绘制遮罩层的图形

图 7–65　创建遮罩效果

(29) 返回 场景 1，给主页的片头动画添加音效，单击“格言”层的第 1 帧，将“库”面板中的“0 音效”拖曳至舞台中，单击“格言”层的第 35 帧，按“F9”键打开动作面板添加代码“stop();”，如图 7–66 所示。

(30) 预览页面效果，黄色方框内的位置就是加载影片所显示的范围，如图 7–67 所示。

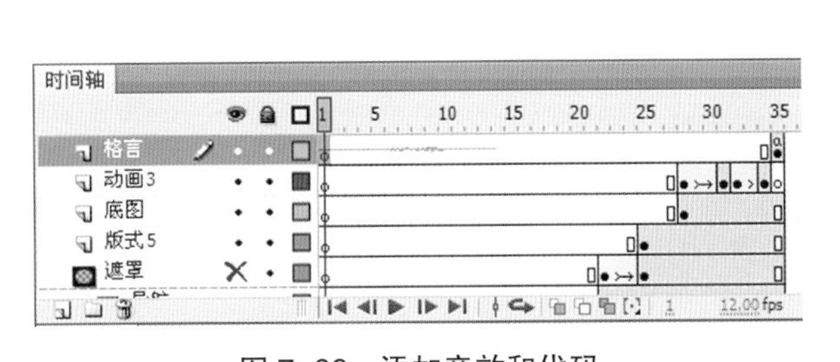

图 7–66 添加音效和代码

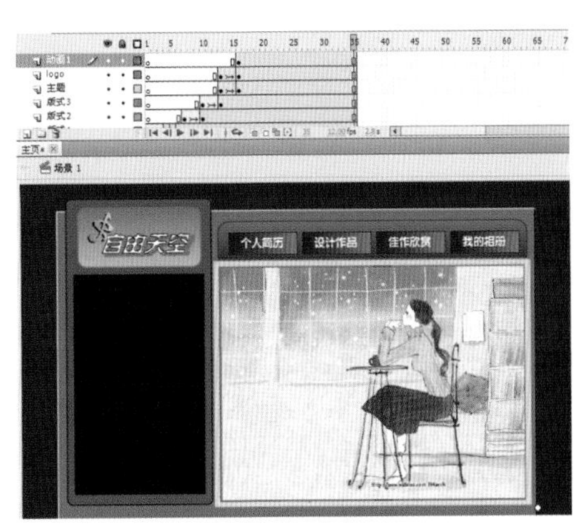

图 7–67 预览效果

提示：片头动画已经完成，接下来要对链接的.swf 文件进行加载。在这个例子中，要加载四个.swf 格式的动画文件，包括个人简历、设计作品、佳作欣赏、我的相册，由于代码的命令只能用英文编写，因此，加载的影片名也只能用英文。

(31) 先看看“a”“b”“c”“d”四个文件的 FLA 文件，文档中的画面内容所在的位置与主页预留的位置保持一致，如图 7–68 所示。

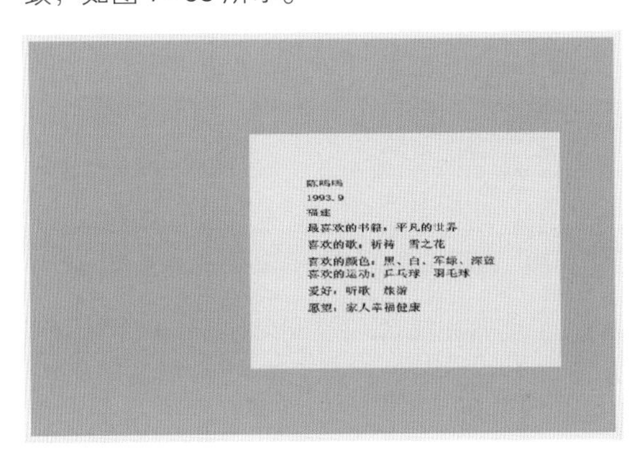

影片“a”

影片“b”

影片“c”

影片“d”

图 7–68 “a”“b”“c”“d”四个 FLA 文件的画面效果

（32）最后来添加代码。选择导航“个人简历”，打开动作面板，编写代码（见图 7–69）：

```
on (release) {
    loadMovie("a.swf", 1);
    unloadMovie(2);
    unloadMovie(3);
    unloadMovie(4);}
```

意思是当鼠标点击并释放按钮时，加载影片“a.swf”，同时卸载其他三个影片。

（33）选择导航“设计作品”，打开动作面板，编写代码（见图 7–70）：

```
on (release) {
    loadMovie("b.swf", 2);
    unloadMovie(1);
    unloadMovie(3);
    unloadMovie(4);}
```

意思是当鼠标点击并释放按钮时，加载影片“b.swf”，同时卸载其他三个影片。

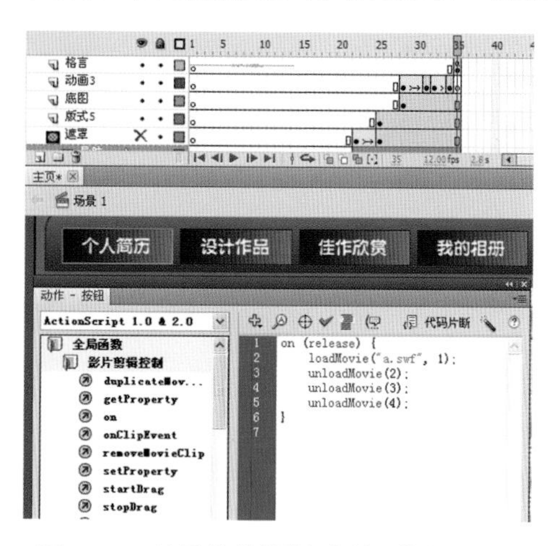

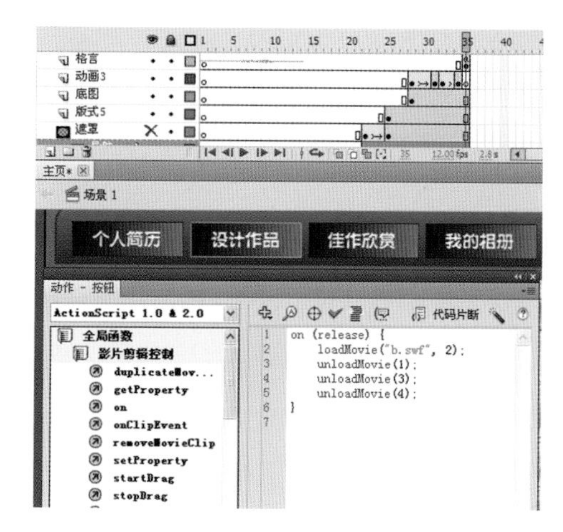

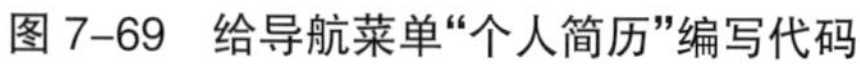
图 7–69　给导航菜单“个人简历”编写代码

图 7–70　给导航菜单“设计作品”编写代码

（34）选择导航“设计作品”，打开动作面板，编写代码（见图 7–71）：

```
on (release) {
    loadMovie("c.swf", 3);
    unloadMovie(2);
    unloadMovie(1);
    unloadMovie(4);}
```

意思是当鼠标点击并释放按钮时，加载影片“c.swf”，同时卸载其他三个影片。

（35）选择导航“设计作品”，打开动作面板，编写代码（见图 7–72）：

```
on (release) {
    loadMovie("d.swf", 4);
    unloadMovie(2);
    unloadMovie(3);
    unloadMovie(1);}
```

意思是当鼠标点击并释放按钮时，加载影片“d.swf”，同时卸载其他三个影片。

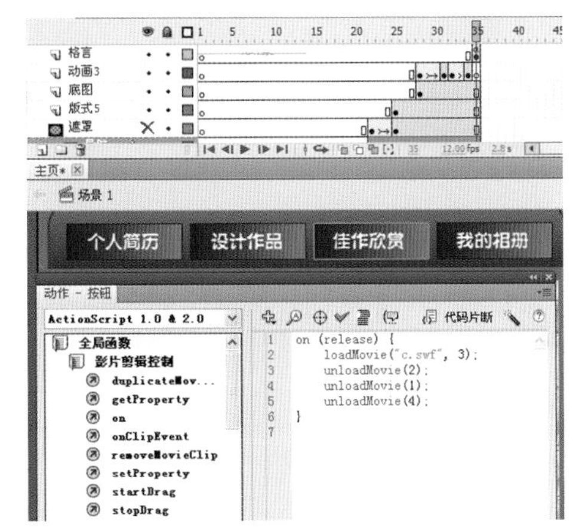

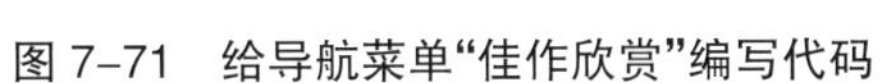
图 7-71　给导航菜单“佳作欣赏”编写代码

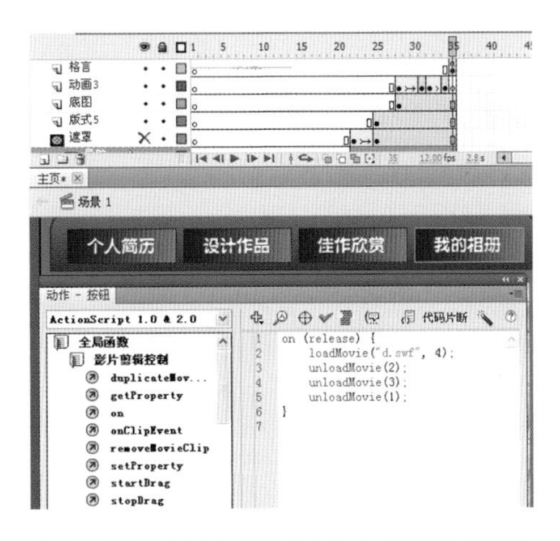

图 7-72　给导航菜单“我的相册”编写代码

(36) 按“Ctrl+Enter”组合键发布影片，观看如图 7-73 所示的最终效果。

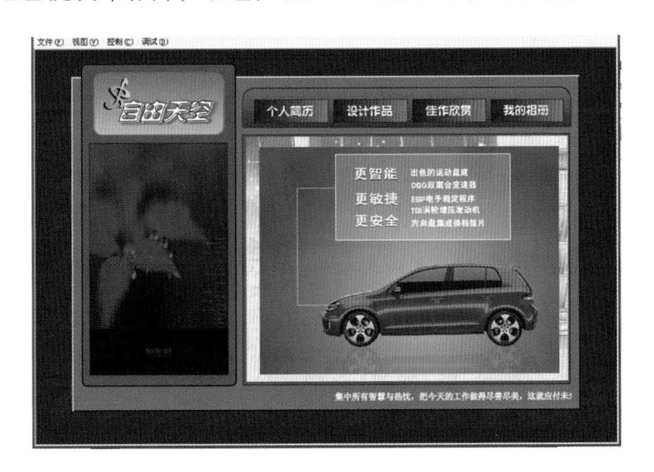

图 7-73　个人站点最终效果

[知识链接] 运用 Fscommand 命令

一、Fscommand 命令的类型与特点

当打开一个 Flash 文件时，打开的是一个全屏显示的动画。单击“关闭”按钮后全屏动画关闭。以上这些效果都是靠 Fscommand 命令来实现的。以下是 Fscommand 主要指令。

全屏播放：fscommand(fullscreen,true)，效果是 flashplayer 播放器将以全屏方式进行影片播放。

屏蔽右键：fscommand(showmenu,false)，效果是在 flashplayer 窗口中点击鼠标右键时，将不会出现快捷菜单。

禁止影片缩放：fscommand(allowscale,false)，效果是当影片中应用位图时，如果被放大或拉伸显示，将会出现图像模糊或锯齿，为了避免这些影响视觉的操作，使用此指令可以禁止影片尺寸被改变。

屏蔽键盘：fscommand(trapallkeys,true)，效果是此命令用于锁定键盘输入，使所有设定的快捷键都无效，flashplayer 播放器此时不识别任何键盘输入信号（除了 Ctrl+Alt+Del 组合键）。

关闭播放器：fscommand(quit)。

效果：结束放映，播放器窗口自动关闭，此 Action 适合添加到影片的最后一帧当然也可以放一个按钮上来实现“终止影片播放”功效。

二、操作步骤

(1) 新建文件，参数设置为“宽”500px，“高”400px，其他选项均使用默认。

(2) 在图层的第一个空白关键帧上添加命令：fscommand ("Fullscreen","true")

这里“Fullscreen”命令设置为“Ture”，让动画以全屏状态播放，如图 7-74 所示。

(3) 新建“关闭”层，按 Ctrl+F8 组合键新建元件按钮为“关闭”，点击按钮添加命令：

on (release) {fscommand("quit");}

这里“quit”的意思是关闭播放，如图 7–75 所示。

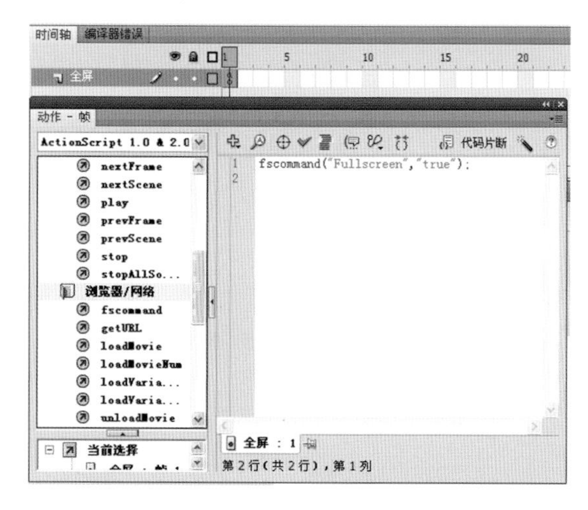

图7–74　全屏播放

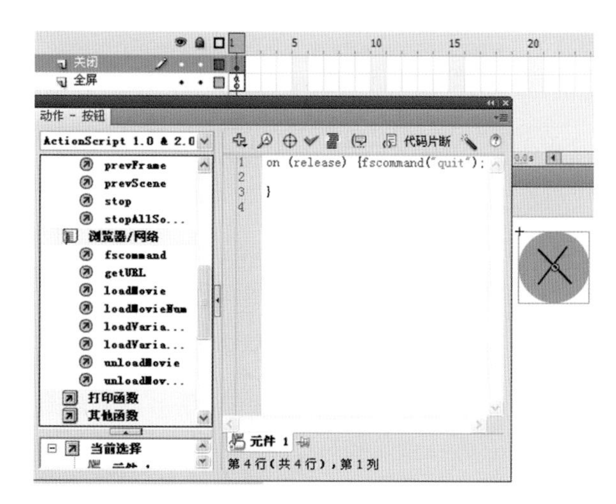

图 7–75　关闭播放

(4) 新建“屏蔽右键”层，在空白帧上添加命令：

fscommand (“showmenu”，“false”);

这里“showmenu”命令设置为“false”，让右键菜单不显示，如图 7–76 所示。

(5) 新建“屏蔽键盘”层，在关键帧上添加命令：

fscommand (“trapallkeys”，“true”);

这里“trapallkeys”设置为“true”，指屏蔽键盘让用户无法用 Esc 键退出，如图 7–77 所示。

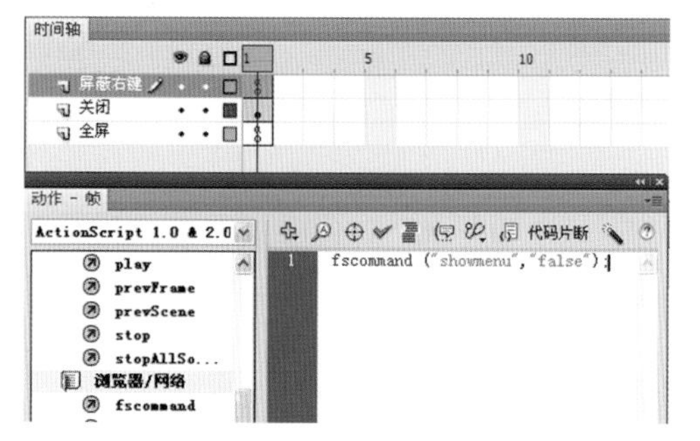

图 7–76　屏蔽右键

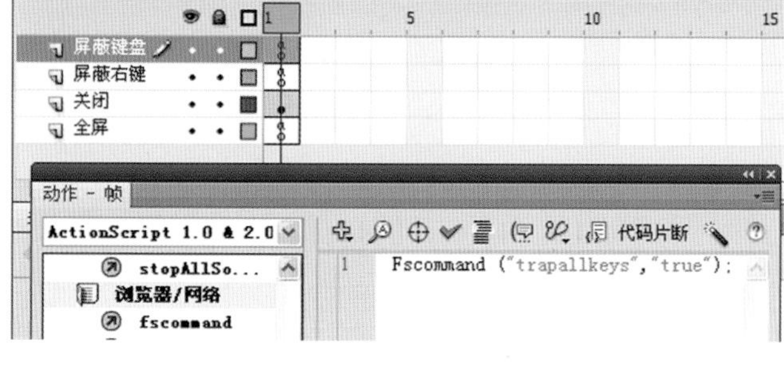

图 7–77　屏蔽键盘

(6) 新建“禁止缩放”层，在空白关键帧上添加命令：

fscommand (“allowscale”，“false”)

这里“allowscale”命令设置为“false”，意思是禁止影片缩放，如图 7–78 所示。

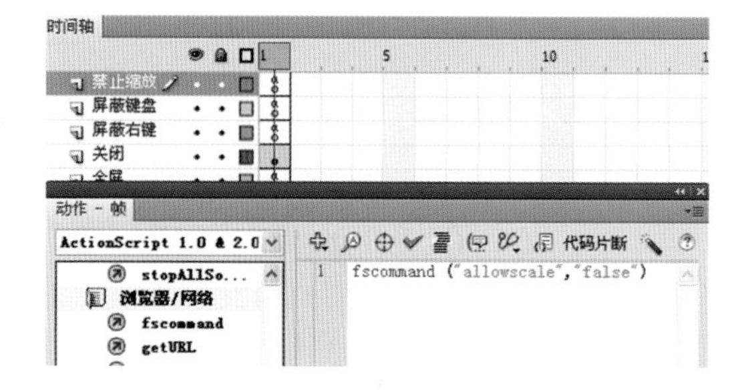

图 7–78　禁止缩放

Flash 站点的制作采用了很多连接形式，在制作的时候，第一，要多考虑运用“影片剪辑”，每个“影片剪辑”的命名条理要清楚；第二，主页外的文件加载命令，要注意层级关系；第三，相对路径的连接。每种连接形式要灵活运用，尽量减少文件的大小以便网站运行快捷。

实　训　八

实训名称：设计下拉菜单

实训目的：掌握下拉菜单的制作原理和结构，学会下拉菜单的制作方法和技巧。

实训内容：自己设计下拉菜单，形式风格不限。

实训要求：下拉菜单由导航栏和二级菜单组成，导航包括四大版块的内容。制作规范，功能正确，注重视觉设计，更重视交换设计。

实训步骤：分小组进行讨论，先设计好板块，然后制作导航栏，接着制作二级菜单，最后添加代码，创建交互。

实训向导：将制作的重点放在元件的结构上，保证交互创建正确。

实　训　九

实训名称：设计个人站点

实训目的：了解网站整体框架、结构的设计，掌握片头动画、主页设计、链接加载的制作方法，学会独立完成个人站点的设计制作。

实训内容：结合所学的内容设计一个个性站点。

实训要求：根据自己爱好做出一个综合性较强的网站，包含简单的片头动画、场景跳转、功能菜单等复杂效果的站点，测试、优化后上传到网络上。

实训步骤：准备素材；制作片头动画、导航栏、主页效果；处理加载影片的效果；加载外部影片。

实训向导：将个人优秀作品，包括平面设计、动画设计、个人相册等内容板块融入整个网站中。

如图 7-79 所示为页面参考。

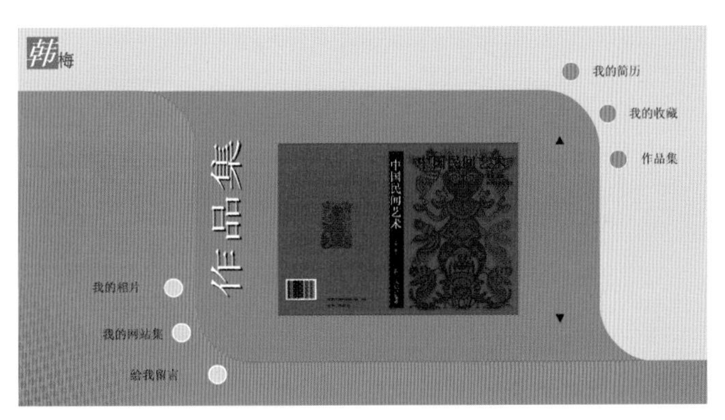

图 7-79　页面参考

参考文献

Flash WANGLUO SHEJI YU ZHIZUO

[1] 周国栋.Flash 角色 / 背景 / 动画短片设计完全手册[M].北京：人民邮电出版社，2014.

[2] 史小燕.网络广告设计与制作[M].武汉：华中科技大学出版社，2014.

[3] 周黎.中文版 Flash 动画设计典型商业案例[M].北京：电子工业出版社，2010.

[4] 吴乃群.Flash 动画设计案例教程[M].北京：清华大学出版社，2010.